生态需水计算及补水工程设计实例

赵星伟　郑文超　金相楠　著

黄河水利出版社
·郑州·

图书在版编目(CIP)数据

生态需水计算及补水工程设计实例 / 赵星伟, 郑文超, 金相楠著. -- 郑州 : 黄河水利出版社, 2025. 2.

ISBN 978-7-5509-4158-8

Ⅰ. TV21; TV68

中国国家版本馆 CIP 数据核字第 2025MW2254 号

策划编辑:岳晓娟　　电话:0371-66020903　　QQ:2250150882

责任编辑　郭　琼　　　　责任校对　兰文峡

封面设计　张心怡　　　　责任监制　常红昕

出版发行　黄河水利出版社

地址: 河南省郑州市顺河路 49 号　邮政编码: 450003

网址: www. yrcp. com　E-mail: hhslcbs@ 126. com

发行部电话: 0371-66020550、66028024

承印单位　河南新华印刷集团有限公司

开　　本　787 mm×1 092 mm　1/16

印　　张　14.5

字　　数　344 千字

版次印次　2025 年 2 月第 1 版　　2025 年 2 月第 1 次印刷

定　　价　98.00 元

前　言

生态流量是保障河湖生态功能的重要指标，是统筹生活、生产和生态用水，优化水资源配置的重要基础。生态需水及其保障工作在恢复干涸河流的流量、促进植被复苏等方面发挥着关键的作用，事关国家水安全保障和生态文明建设大局。

传统的水资源分配方案常常将水资源使用权优先赋予生活、农业和工业，生态需水通常被忽略或排挤，随着近代社会经济用水的不断增长，河湖生态用水不足问题日益凸显，诱发诸如地面沉降、植被退化、土地沙化、河道断流、海水入侵、生态灾难等严重的生态环境问题。在“山水林田湖草沙”一体化生态建设新思想指引下，水利部将复苏河湖生态环境作为新时期水利高质量发展的重要路径，生态需水作为复苏河湖生态环境的重要基础和先决条件，其重要意义不言而喻。

本书以近年来国家倡导在生态保护的背景下实施的生态需水保障性工程为实例，总结了不同水资源条件及生态需水对象的生态需水计算方法、补水工程设计方案。

全书共分为 13 章，第 1 章介绍了河湖生态需水的基本概念、国内外研究进展以及常用的计算方法；第 2 章介绍了北京市温榆河公园生态需水量计算及补水工程设计方案；第 3 章介绍了天津大港湿地生态需水量计算及补水工程设计方案；第 4 章介绍了河北省张家口市怀安县生态需水量计算及补水工程设计方案；第 5 章介绍了山西省大同市阳高县白登河生态需水量计算及补水工程设计方案；第 6 章介绍了山西省大同市浑源县神溪湿地生态需水量计算及补水工程设计方案；第 7 章介绍了四川省成都市锦江-东湖生态需水量计算及补水工程设计方案；第 8 章介绍了四川省泸州市纳溪区生态需水量计算及补水工程设计方案；第 9 章介绍了海南省海口市江东新区主要河流生态需水量计算及补水工程方案；第 10 章介绍了福建省漳州市九十九湾生态需水量计算及补水工程设计方案；第 11 章介绍了安徽省宿州市主城区水系治理案例；第 12 章介绍了北海市滨海国家湿地公园水环境治理案例；第 13 章介绍了合肥市西南部城市活水案例。

本书由赵星伟、郑文超、金相楠执笔撰写。

在上述项目执行和本书的撰写过程中，得到了中水北方勘测设计研究有限责任公司邬龙、许伟、廖先容、冯亚耐、李晓雷、刘大鹏、刘红艳、赵一丞、李婕等同事的大力支持和帮助；同时，本书对他人的论点和成果都尽量给予引证，如有不慎遗漏之处，恳请相关作者谅解。作者对所有为本书出版作出贡献的老师、同事和朋友致以衷心的感谢！

生态需水计算方法众多，涉及生态、环境、水文、水资源、水利工程等多个专业内容，该领域的许多科学问题仍是较长时间内研究的热点和难点，限于作者水平，书中难免存在不足之处，敬请广大读者批评指正！

作　者

2025 年 1 月

目　录

第 1 章　河湖生态需水概述

1.1　基本概念

水是生命之源、生产之要、生态之基。水与人类生存发展、人类幸福感密切关联。随着“绿水青山就是金山银山”等生态文明理念日益深入人心，人民对享受美好生态环境的愿景越来越强烈，提升河湖水生态健康、建设幸福河湖是人民对美好生活的迫切需求，也是当前及今后水利改革发展面临的主要挑战之一。

生态流量是保障河湖生态功能的重要指标，是统筹生活、生产和生态用水，优化配置水资源的重要基础，事关国家水安全保障和生态文明建设大局。生态流量的概念是为了遏制过度用水导致的河流生态系统退化而提出的，其定义没有统一的标准。2001 年，《中国可持续发展水资源战略研究综合报告及各专题报告》提出，广义生态需水是指维持全球生态系统水分平衡，包括水热平衡、水盐平衡、水沙平衡等所需用的水；狭义的生态环境需水是指为维护生态环境不再恶化，并逐渐改善所需要消耗的水资源总量。这一概念得到众多学者支持，很多研究也以此定义为基础。

随着我国生态需水的概念日益受到关注，多个规范给出了生态需水的定义，如《河湖生态环境需水计算规范》（SL/T 712—2021）、《水利部关于做好河湖生态流量确定和保障工作的指导意见》（水资管〔2020〕67 号）、《水电工程生态流量计算规范》（NB/T 35091—2016）等规范、文件等（见表 1.1-1）。《河湖生态环境需水计算规范》（SL/T 712—2021）在《河湖生态环境需水计算规范（SL/Z 712—2014）》以及以往文件和规范的基础上，对范围、过程和标准都进行了扩展和补充，较为全面，提出河湖生态环境需水等相关概念，是当前受到广泛认可的定义。

表 1.1-1　不同生态需水概念定义统计

序号	文件名	名称	定义	发布部门
1	《河湖生态环境需水计算规范》（SL/T 712—2021）	河湖生态环境需水	为维系河流、湖泊、沼泽等水生态系统的结构与功能，需要保留在河流、湖泊、沼泽内符合水质要求的流量（水量、水位、水深）及其过程。河湖生态环境需水也可称为河湖生态流量，分为基本生态流量和目标生态流量	水利部门
		基本生态流量	维持河流、湖泊、沼泽给定的生态保护目标所对应的生态环境功能不丧失，需要保留的基本水流过程。基本生态流量包括生态基流、敏感期生态流量、年内不同时段流量（水量、水位、水深）、全年流量（水量、水位、水深）及其过程等表征指标。基本生态流量是河湖生态流量的下限目标。一般是根据维系河湖基本形态、基本栖息地、基本自净能力等要求，需要保留的水流过程	

续表 1.1-1

序号	文件名	名称	定义	发布部门
1	《河湖生态环境需水计算规范》(SL/T 712—2021)	生态基流	维持河流、湖泊、沼泽等水生态系统功能不丧失,需要保留的底线流量(水量、水位、水深),是基本生态流量过程中的最低值	水利部门
		敏感期生态流量	有敏感保护对象的河湖在敏感期需要的生态流量,是为维系河湖生态系统中某些组分或功能在特定时段对于水流过程的需求	
		目标生态流量	维护河流、湖泊、沼泽良好生态状况或维持给定生态保护目标,需要保留的水流过程。目标生态流量包括年内不同时段流量(水量、水位、水深)、全年流量(水量、水位、水深)及其过程等表征指标。目标生态流量是确定河湖地表水资源开发利用程度的控制指标	
2	《水利部关于做好河湖生态流量确定和保障工作的指导意见》(水资管〔2020〕67 号)	河湖生态流量	为了维系河流、湖泊等水生态系统的结构和功能,需要保留在河湖内符合水质要求的流量(水量、水位)及其过程	水利部门
3	《水电工程生态流量计算规范》(NB/T 35091—2016)	生态流量	满足水电工程下游河段保护目标生态需水基本要求的流量及过程	能源部门
		水生生态需水	维系水电工程下游河段水生生态系统基本稳定所需的流量及过程	
		水生生态基流	维持水电工程下游河段水生生物栖息地基本质量的最小流量	
4	《河湖生态保护与修复规划导则》(SL 709—2015)	生态基流	为维持河流基本形态和生态功能、防止河道断流、避免河流水生态系统功能遭受无法恢复的被破坏的河道内最小流量	水利部门
		敏感生态需水	维持河湖生态敏感区正常生态功能的需水量及其需水过程	
5	《水资源保护规划编制规程》(SL 613—2013)	生态基流	为维持河流基本形态和生态功能,防止河道断流,避免河流水生态系统功能遭受无法恢复的破坏的河道内最小流量	水利部门
		敏感生态需水	维持河湖生态敏感区正常生态功能的需水量及其需水过程	

续表 1.1-1

序号	文件名	名称	定义	发布部门
6	《全国水资源保护规划技术大纲》(水规总院 2012 年)	生态基流	同《水工程规划设计生态指标体系与应用指导意见》	水利部门
		敏感生态需水	同《水工程规划设计生态指标体系与应用指导意见》	
7	《全国水资源综合规划技术细则》(水规总院 2012 年)	生态环境用水	为维持生态与环境功能和进行生态环境建设所需要的最小需水量	水利部门
		河道内生态环境用水	包括冲沙、防凌、冲淤保港、稀释净化、保护河湖湿地等用水以及维持生态环境所需的最小径流量和入海水量	
8	《水工程规划设计生态指标体系与应用指导意见》(水总环移〔2010〕248 号)	河道内生态环境基本需水量	维持河道基本生态功能的最小需水量;维持通河湖泊湿地生态功能的最小需水量;维系河口生态环境的最小需水量;维持河道重要景观的最小水量。以上各类需水是重叠的。逐月取外包值后再相加即为多年平均情况下的河道内生态环境基本需水量	水利部门
		河道内生态环境汛期需水量	合理配置汛期洪水量,将一定比例的汛期水量作为河道内生态环境汛期需水量	
		生态基流	维持河流基本形态和基本生态功能的河道内最小流量	
		敏感生态需水	维持河湖生态敏感区正常生态功能的需水量及过程	
9	《水电水利建设项目河道生态用水、低温水和过鱼设施环境影响评价技术指南(试行)》(环评函〔2006〕4 号)	河道生态用水	包括河道外植被生态需水量、维持水生生态系统稳定所需水量、维持河流水环境质量的最小稀释净化水量、河道内输沙需水量、河道蒸发需水量	环保部门

1.2　国内外研究进展

随着人类对河流与湿地生态系统认识的不断提高,以及人类活动造成的生态问题日益严峻,为研究解决水污染和水生态系统恶化等问题,生态需水的概念开始出现,并受到世界各国的广泛关注,生态需水已成为国内外水资源利用和生态保护领域的研究热点。伴随着一系列国际科学研究的推进,生态需水基础理论不断丰富,研究范围不断扩大。

澳大利亚、美国和加拿大等40多个国家产生了大量生态需水计算方法,如基于水文数据的Tennant法、综合考虑水质水量的BBM法、结合水力和生物模型的IFIM法等。20世纪末,人类认识到水资源与生态系统的互动性,从而关注两者的内在联系,在水资源管理中逐渐重视生态需水和生态系统保护。

Gleick P H提出了生态需水的概念,构建了生态需水研究的理论框架,但并未以城市为研究对象进行论述。Gleick提出基本生态需水为提供一定质量和一定数量的水给自然生境,以求最少改变自然生态系统的过程,并保证物种多样性和生态完整性。Falkenmark M提出“绿水”概念,拓宽了传统水资源的范畴,迫使重新思考水资源概念和水文功能。Feldhake C M等针对城市特殊生境中自然组分的需水进行了分项研究。1976年,Tennant等在完成美国西部地区河流流量与生物的关系研究后,提出了基于水文学的Tennant估算方法,奠定了河流生态需水的理论基础。1982年,美国渔业与野生生物署提出河道内流量增量法,使得河道内流量分配方法逐渐与实践相结合。此后,基于水力学与生境评价相结合的R2-CROSS法、PHABSIM法等相继被提出。

我国的相关专家、学者对于生态需水的认识是逐步深化的过程,有关实践探索在逐步深入推进,确定方法、技术标准、监管规范等正在逐步完善。常用的计算方法分为水文学法、水力学法、栖息地模拟法以及整体法等。2018年,水利部组织的河湖生态水量(流量)专项研究工作提出:季节性河流设定不人为加剧断流程度的要求,且认为可以暂不考虑生态流量目标确定问题。

汤奇成等于20世纪80年代末期在分析新疆塔里木盆地水资源与绿洲建设问题时提出了“生态用水”问题。彭文启提出回归“自然水流”可能性很低的河湖,需要适度放弃对自然水流流态的固守,合理确定面向维持新型河湖生态系统结构与功能的水文状态。刘昌明根据流域水资源开发利用与生态需水的关系,提出了生态水利的“四大平衡”原理。刘静玲等研究构建了河流生态流量计算模型。潘扎荣等提出了年内展布法的生态需水量计算方法。杜龙飞等采用Tennant法计算河道基流生态需水量,用经验公式法计算城市河流的水面蒸发量、渗漏量以及河道外绿化带景观用水量,得到郑州市河流生态需水量。孙明珠等采用环境功能设定法整合计算了包括生态基流、水生生物需水、输沙需水、自净需水和水面蒸发需水5项河道生态需水量。杨恒等运用天然水位资料法、湖泊形态法、生物空间最小需求法、年保证率法、最低年平均水位法和频率曲线法等6种分析方法计算得出洞庭湖生态水位,利用功能法计算得出洞庭湖生态需水量。陶洁等采用最低水位法、换水周期法和生态演变分析法3种方法计算太湖生态需水量。

1.3 常用计算方法

维系水生态系统的结构与功能所需水量的计算方法大致有水文学法、水力学法、栖息地模拟法、整体分析法等类型。水文学法常用的代表方法有Tennant法和Q_P法等,水力学法主要有湿周法和R2-CROSS法等,栖息地模拟法中IFIM法较为常用,整体分析法以BBM法为代表。

1.3.1 Tennant 法

依据观测资料建立的流量和河流生态状况之间的经验关系，采用历史天然流量资料，确定年内不同时段的生态流量，使用简单、方便。河道内不同生态状况对应的多年平均天然流量百分比见表 1.3-1。

表 1.3-1 河道内不同生态状况对应的多年平均天然流量百分比 %

不同流量百分比占天然流量百分比对应河道内生态状况	占天然流量百分比	
	年内水量较枯时段	年内水量较丰时段
最佳	60~100	
优秀	40	60
很好	30	50
良好	20	40
一般或较差	10	30
差或最小	10	10
极差	0~10	0~10

从表 1.3-1 第一列中选取生态保护目标对应的生态环境功能所期望的河道内生态状态，第二列、第三列分别为相应生态状态下年内水量较枯和较丰时段（或非汛期、汛期）生态流量占多年平均天然流量的百分比。两个时段包括的月份根据计算对象实际情况具体确定。

该方法作为经验公式，主要适用于北温带较大的常年性河流，作为河流规划目标管理、战略性管理方法。使用时，丰枯时段的划分，可根据多年平均天然月径流量排序确定，也可根据当地汛期、非汛期时段划分确定，汛期和非汛期时段应根据南北方气候调整。

基本生态流量取值范围应符合下列要求：水资源短缺、用水紧张地区河流，可在表 1.3-1“良好”的分级之下，根据河流控制断面径流特征和生态状况，选择合适的生态流量百分比值。水资源较丰沛地区河流，宜在表 1.3-1“很好”的分级之下取值。

目标生态流量取值范围应符合下列要求，水资源短缺、用水紧张地区河流，宜在表 1.3-1“良好”和“优秀”的分级范围内，根据水资源特点和开发利用现状，合理取值。水资源较丰沛地区河流，宜在表 1.3-1“很好”及以上分级合理取值。

不同地区、不同类型、不同开发利用程度的河流生态流量取值范围，宜参考表 1.3-1 不同类型河流水系生态流量参考阈值，结合表 1.3-1 分级，合理确定不同时段生态流量。

1.3.2 Q_P 法

Q_P 法又称不同频率最枯月平均值法，以河流控制断面长系列（$n \geqslant 30$ 年）天然月平均流量、月平均水位或径流量（Q）为基础，用每年的最枯月排频，选择不同频率下的最枯月平均流量、月平均水位或径流量作为河流控制断面的生态基流。

频率 P 根据流域水资源开发利用程度、规模、来水情况等实际情况确定，宜取 90% 或

95%。实测水文资料应进行还原和修正，水文计算按《水利水电工程水文计算规范》（SL/T 278—2020）的规定执行。不同工作对系列资料的时间步长要求不同，各流域水文特性不同，因此最枯月也可为最枯旬、最枯日或瞬时最小流量。

对于存在冰冻期或季节性河流，可将冰冻期和由于季节性造成的无水期排除后再进行排频。

1.3.3 2015—2024 年最枯月平均流量（水位）法

缺乏长系列水文资料时，可用近 2015—2024 年最枯月（或旬）平均流量、月（或旬）平均水位或径流量，即 2015—2024 年中的最小值，作为生态基流（最低生态水位）。

本方法适合水文资料系列较短时近似采用。

1.3.4 频率曲线法

用长系列水文资料的月平均流量、水位或径流量的历史资料构建各月水文频率曲线，将一定频率相应的月平均流量、月平均水位或径流量作为对应月份的河流控制断面生态流量，组成年内不同时段值，用汛期、非汛期各月的平均值复核汛期、非汛期的生态流量。

计算生态基流，频率宜取 90%或 95%，计算其他生态流量，频率可根据需要确定。该方法一般需要 30 年及以上的水文系列数据。

1.3.5 河床形态分析法

维持河床形态的河流造床功能所需水量，可根据对枯水期、平水期、丰水期，或者汛期、非汛期维持河床形态的水量分析，分别求得。维持河流形态功能不丧失的水量，可用维持枯水河槽的水量估算，通过分析枯水期河道横、纵断面形态和水量-流量的关系，推求维持枯水河槽对应的需水量。

1.3.6 R2-CROSS 法

采用河流宽度、平均水深、平均流速以及湿周率等指标来评估河流栖息地的保护水平，从而确定河流生态流量。其中湿周率指某一过水断面在某一流量时的湿周占多年平均流量满湿周的百分比。利用曼宁公式，计算特定浅滩处的河道最小流量代表整个河流的最小流量。R2-CROSS 法确定最小流量的标准见表 1.3-2。

表 1.3-2 R2-CROSS 法确定最小流量的标准

河宽/m	平均水深/m	湿周率/%	平均流速/(m/s)
0.3~6.3	0.06	50	0.3
6.3~12.3	0.06~0.12	50	0.3
12.3~18.3	0.12~0.18	50~60	0.3
18.3~30.5	0.18~0.30	≥70	0.3

1.3.7　生物需求法

对于有水生生物物种不同时期对水量需求资料的，水生生物需水量可采用式(1-1)计算：

$$W_i = \max W_{ij} \tag{1-1}$$

式中　W_i——水生生物第 i 月需水量，m^3；

W_{ij}——第 i 月第 j 种生物需水量，m^3；根据物种保护的要求，可是一种或多种物种；实际计算中，可根据实测资料和相关参考资料确定生物物种生存、繁殖需要的流速、水深等范围，再依据“流速-流量关系曲线”，确定对应的流量范围，进而计算得到 W_{ij}。

当水生生物保护物种为多个时，应分别计算各保护物种的需水量后，综合分析确定。

1.3.8　入海水量法

分析不同年代的入海水量变化及与开发利用的关系，选择河流开发利用程度相对较低的年代，如20世纪50—60年代，用该年代多年平均来水频率对应的年均入海水量作为天然状况下的入海水量。

参考该河流控制断面生态流量占天然径流量的比例，合理确定河口生态流量(水量)占入海水量的比例，计算河口基本生态流量和目标生态流量。

1.3.9　槽蓄法

计算河道蒸发渗漏需水量，可采用式(1-2)计算：

$$V = A(H_o + S - P) \tag{1-2}$$

式中　V——计算时段内水体的净蒸发损失量，m^3；

A——计算时段内水体平均需水水面面积，m^2；

H_o——计算时段内水面蒸发深度，m；

S——计算时段内河道渗漏深，m；

P——计算时段内降雨深，m。

1.3.10　类比法

对资料匮乏地区，类比具有相似气候、水文特征以及生态群落的同一水系或不同水系，综合分析估算河流的生态流量。

1.3.11　BBM法(建筑堆块法)

组成多学科专家小组，根据实地调查结果，通过情景模拟和水文流量分析，将河道内的流量划分为4个部分，即最小流量、栖息地能维持的洪水流量、河道可维持的洪水流量和生物产卵期洄游需要的流量，分别确定这4部分的月分配流量、生态状况级别和生态管理类型。BBM法的主要目的是计算上述4部分的年均天然径流量的百分率。

1.3.12 IFIM 法(河道内流量增加法)

一般选择鱼类作为指示物种,将大量水文实测数据与特定水生态生物物种在不同生长阶段的生物学信号相结合,考虑的主要指标有水深、流速、底质等,通过水力学模型和生物信息模型的结合,定量地反映流量变化对目标物种栖息地的影响,将目标物种所需的生态流量与栖息地生态状况的关系转换为流量与适宜栖息地面积之间的关系。

第2章　北京市温榆河公园案例

2.1　项目区基本情况

2.1.1　自然地理

温榆河公园位于北京市中心城区东北边缘，朝阳、昌平、顺义三区交界，温榆河、清河两河交汇之处，处于北京第二道绿化隔离带内。其距离天安门约20 km，距首都机场约7 km，距通州城市副中心约21 km，距奥林匹克森林公园约8 km。

温榆河发源于北京市昌平区军都山麓，上游由东沙河、北沙河、南沙河3条支流汇合而成，其生态资源极为丰富，顺流域串联起莽山国家公园、白浮泉公园、未来科学城滨水公园、大运河森林公园等一系列湿地郊野类公园。同时，清河流域串联起北京植物园、香山公园、颐和园、圆明园、奥林匹克森林公园等众多文化深厚、意义重大的皇家园林及重要城市公园。温榆河公园以水系为依托，落实上位规划绿隔作用，打造绿色生态走廊；温榆河公园以指状脉络串联市域重要自然资源，构建城市生态体系。研究区域将成为“一屏、三环、五河、九楔”绿色空间的重要节点。

2.1.2　流域概况

温榆河属海河流域北运河水系。北运河水系以通州区北关闸为界。北关闸以上称温榆河，北关闸以下称北运河。北运河水系发源于北京市境内燕山南麓昌平、延庆、海淀一带，自西北向东南流经北京市昌平区、海淀区、顺义区、朝阳区、通州市，在通州市牛牧屯村附近流出北京市，经河北省的香河、武清区至天津市红桥区汇入海河。北运河干流全长142.7 km，总流域面积为6 051 km^2，其中北京市内河长89.4 km，流域面积为4 250 km^2，占总面积的70%，其中山区流域面积为910 km^2，平原面积为3 340 km^2。

温榆河上游地形起伏较大，地面坡度较陡，有大小支沟数十条，分别汇流成南沙河、北沙河及东沙河，在昌平区沙河镇汇合后称温榆河。温榆河自沙河闸至通州北关拦河闸河道长48.1 km，北关闸以上流域面积2 736 km^2，其中山区面积约1 000 km^2。沿途汇入蔺沟、清河、龙道河、坝河、小中河等支流，沿温榆河建有沙河闸、鲁疃闸、辛堡闸、苇沟闸、北关拦河闸、尚信橡胶坝、马坊橡胶坝、曹碾橡胶坝、土沟橡胶坝等多座闸坝。

清河发源于北京西山碧云寺，流经海淀、朝阳、昌平、顺义四区，在朝阳区沙子营村入温榆河，河道全长约为28.7 km，总流域面积约为175 km^2，是北京市北部地区重要的排水河道。

2.1.3 气象

北运河地处温带大陆性季风气候区,四季分明。春季少雨多风蒸发量大,日照充足回暖快;夏季高温高湿,雨水集中;秋季雨量骤减,天气清爽;冬季寒冷干燥,日照短,雨雪稀少,多北风。

本流域多年平均降水量 561~585 mm,受季风气候的影响,年降水量的 80%~85%集中在汛期(6—9 月),60%以上集中在 7—8 月,而且多以暴雨形式出现。多年平均水面蒸发量为 1 133~1 200 mm。多年平均气温 11.3~12.7 ℃,最热的 7 月多年平均气温为 25.8~26.1 ℃,最冷的 1 月多年平均气温为−5.3~−5.0 ℃,极端最高气温为 40.7 ℃,极端最低气温为−22 ℃。多年平均风速为 3.0~3.5 m/s,历年最大风速 24 m/s。多年平均相对湿度为 55%~67%。多年平均日照时数为 2 651~2 744 h。历年最大冻土深度为 62~70 cm(见表 2.1-1)。

表 2.1-1　温榆河流域气候特征表

类别	多年平均降水量/mm	多年平均水面蒸发量/mm	多年平均气温/℃	最高气温/℃	最低气温/℃	多年平均风速/(m/s)	最大冻土深度/cm
温榆河流域	561~585	1 133~1 200	11.3~12.7	40.7	−22	3.0~3.5	62~70

2.2 存在的问题

(1)水生态、水环境恶化。

现状河道周边城镇生产生活污水未经处理直接入河,沟渠水质多为劣 V 类,水生态环境安全较差;河道生态基流缺乏,水动力严重不足,丧失水体自净能力及生态修复功能,严重影响河道水质。

(2)水景观效果差。

水系内部分河渠由于长期无水,垃圾遍布;而另一部分河道由于生活污水的排入淤积严重。河渠的垃圾、淤泥严重影响水环境水生态。滨水生态景观效果较差,河道内以自然杂草为主,缺乏系统的景观及生态修复措施,且部分区域底泥污染严重,导致河道水生态系统结构的严重退化。

(3)缺乏蓄洪集雨设施,雨洪资源不能有效利用。

区域内现状无雨水收集处理设施,初期雨水污染负荷较高,直接排入河道将会造成水体污染。后期雨水污染较小,但无雨水收集装置,雨洪资源不能有效利用。

2.3　生态需水量计算

生态需水项目包括温榆河及清河生态基流、规划湿地生态需水量、规划公园绿地需水量、排水沟渠生态需水量 4 部分。

该工程湿地面积约 203.91 万 m^2，平均水深 1 m，流速约 0.5 m/s；排水沟渠水面面积 68.66 万 m^2，平均水深 1 m，流速 0.5 ~1.0 m/s；公园生态林草面积 1 715.71 万 m^2。经计算，其生态需水量如下。

2.3.1　生态基流

根据温榆河、清河多年平均径流量，采用 Tennant 法计算河道生态基流，经分析，温榆河生态需水量为 5 334 万 m^3，清河生态需水量为 530 万 m^3，合计 5 864 万 m^3。

2.3.2　湿地生态需水量

湿地生态需水量按水面蒸发耗水量+渗漏耗水量+换水量计算。

(1)水面蒸发耗水量。该工程实施后将形成大量生态湿地水面，蒸发损失增大，本次考虑对水面增加造成的蒸发耗水进行补水。根据水面面积、降水量、水面蒸发量计算各月的湿地蒸发生态需水量为 245 万 m^3。

(2)渗漏耗水量。根据工程区域地质条件，估算湿地建成后渗漏损失量为 647 万 m^3。

(3)换水量。该工程范围内湿地兼具净化及景观功能，从保障景观水质角度考虑，每年换水 3 次，经计算，换水量约为 612 万 m^3。

湿地生态需水量合计 1 504 万 m^3。

2.3.3　公园绿地需水量

公园绿地需水量按绿地建设后的生态林草灌溉需水量计算。根据《河湖生态环境需水计算规范》(SL/T 712—2021)，参考《北京市行业用水定额汇编(2024 年版)》，采用单位面积用水量法计算公园绿地需水量为 1 294 万 m^3。

2.3.4　排水沟渠生态需水量

规划范围内的排水沟渠生态需水量参照湿地生态需水量计算。

(1)水面蒸发耗水量。根据排水沟渠水面面积、降水量、水面蒸发量，计算各月的排水沟渠蒸发生态需水量为 82 万 m^3。

(2)渗漏耗水量。根据工程区域地质条件，估算排水沟渠渗漏损失量为 216 万 m^3。

(3)换水量。从保障排水沟渠水环境质量角度考虑，每年换水 3 次，经计算，换水量约为 618 万 m^3。

排水沟渠生态需水量合计 916 万 m^3。

综上所述，该工程生态需水量约为 9 578 万 m^3/a。生态需水量计算成果见表 2.3-1。

表 2.3-1　生态需水量计算成果　　单位:万 m^3

项目		1月	2月	3月	4月	5月	6月	7月	8月	9月	10月	11月	12月	合计
河道生态基流	温榆河	338	328	338	327	338	655	676	676	655	338	327	338	5 334
	清河	34	34	35	34	35	67	69	69	67	35	34	17	530
	小计	372	362	373	361	373	722	745	745	722	373	361	355	5 864
生态需水量	蒸发量	1	2	4	9	15	31	74	73	22	10	3	1	245
	渗漏量	54	53	55	53	55	53	55	55	53	54	53	54	647
	换水量	0	0	204	0	204	0	0	0	204	0	0	0	612
	小计	55	55	263	62	274	84	129	128	279	64	56	55	1 504
公园绿化灌溉需水量	绿化灌溉	0	0	145	141	146	141	146	147	141	146	141	0	1 294
排水沟渠需水量	水面蒸发量	0	1	2	3	5	10	25	25	7	3	1	0	82
	渗漏量	18	18	18	18	18	18	18	18	18	18	18	18	216
	换水量	0	0	206	0	206	0	0	0	206	0	0	0	618
	小计	18	19	226	21	229	28	43	43	231	21	19	18	916
合计		445	436	1 007	585	1 022	975	1 063	1 063	1 373	604	577	428	9 578

2.4　可供水量分析

2.4.1　河道天然来水

温榆河公园位于朝阳、昌平、顺义三区交界,温榆河、清河两河交汇处,因此公园主要水源是温榆河及其支流清河的天然来水,即两河上游雨洪资源。根据 1∶5 万地形图量测,公园断面以上(不含公园面积)温榆河控制流域面积 1 882 km^2,其中清河流域面积 155 km^2。

本次公园断面处径流量根据通县站 1956—2012 年天然径流系列,通过水文比拟法计算。通县站位于温榆河公园断面下游,控制流域面积 2 478 km^2。根据《海河流域设计洪水(修订)》相关成果,通县站 1956—2012 年多年平均天然径流量为 2.89 亿 m^3,其中 2001—2012 年多年平均天然径流量为 2.21 亿 m^3,按照面积比折算到公园断面处,1956—2012 年多年平均天然径流量为 2.19 亿 m^3,其中,2001—2012 年多年平均天然径流量为 1.68 亿 m^3。公园断面 1956—2012 年系列不同保证率天然来水成果见表 2.4-1。

表 2.4-1　公园断面 1956—2012 年系列不同保证率天然来水成果

保证率/%	25	50	75	95
径流量/亿 m^3	2.88	1.58	0.87	0.50

分析通县站 1956—2012 年系列可知，自 2001 年以来，天然径流量较 20 世纪显著减少，因此本次公园补水水源分析以 2001—2012 年系列为基础，规划水平年扣除上游灌溉用水量后，公园断面多年平均（2001—2012 年）径流量为 1.65 亿 m^3。

温榆河、清河来小洪水时，公园可适当多引雨洪水入湿地，当遭遇枯水季节，上游来水量减小时，可作为公园自身的保障水源。公园断面 2001—2012 年逐月径流量过程（扣除上游灌溉后）见表 2.4-2。

表 2.4-2　公园断面 2001—2012 年逐月径流量过程（扣除上游灌溉后）

系列	径流量/万 m^3												
	1月	2月	3月	4月	5月	6月	7月	8月	9月	10月	11月	12月	全年
多年平均	827	532	843	566	714	1 362	3 851	3 514	1 636	912	865	922	16 544
95%保证率	434	0	938	432	253	286	484	104	310	762	356	493	4 852
25%保证率	1 668	1 696	2 606	1 234	1 183	2 900	7 223	6 563	2 467	171	769	96	28 576

2.4.2　雨水资源化利用

根据景观设计成果，公园一期 30.8 km^2 范围内湿地、排水沟渠、河道等水面面积约为 4.33 km^2，其余为陆面面积。

根据相关统计资料，2001—2012 年，北运河流域多年平均降水量为 505.2 mm，多年平均径流量为 89 mm，可以推算出多年平均情形下，公园水面面积可产生水量 219 万 m^3，陆面面积上水量经海绵体渗透、蒸发、蒸腾等方式利用后，可供集蓄利用补充景观用水的水量为 236 万 m^3，合计 455 万 m^3，公园年径流总量控制率达 95%以上。

选取 2003 年为来水 95%保证率的典型年，根据该年份北运河流域降水量及径流量值可推算 95%保证率下公园水面面积及陆面面积可产生的水量分别为 145 万 m^3 和 70 万 m^3，合计 215 万 m^3。

选取 2011 年为来水 25%保证率的典型年，根据该年份北运河流域降水量及径流量值可推算 25%保证率下公园水面面积及陆面面积可产生的水量分别为 224 万 m^3 和 394 万 m^3，合计 618 万 m^3。公园断面多年平均，95%保证率、25%保证率逐月自产水水量见表 2.4-3。雨水资源化利用量逐月分布见图 2.4-1。

表 2.4-3　公园断面多年平均,95%保证率、25%保证率逐月自产水水量

年份	自产水类型	径流量/万 m³												
		1月	2月	3月	4月	5月	6月	7月	8月	9月	10月	11月	12月	全年
多年平均	陆面	12	8	12	8	10	19	55	50	23	13	13	13	236
	水面	1	2	3	9	15	33	66	56	19	10	4	1	219
95%保证率	陆面	6	0	13	6	4	4	7	2	5	11	5	7	70
	水面	1	1	2	6	10	22	44	37	12	7	3	0	145
25%保证率	陆面	23	23	36	17	16	40	99	90	34	3	11	2	394
	水面	0	6	0	5	9	52	91	36	14	3	6	2	224

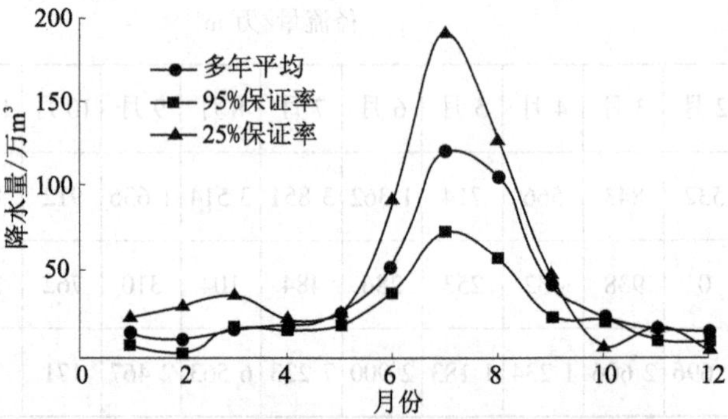

图 2.4-1　雨水资源化利用量逐月分布图

不同来水频率条件下,蓄洪水量根据丰、平水年枯来水条件,综合考虑蓄洪区蓄涝区容积,确定既满足防洪要求又满足景观蓄水要求的水量。

根据蓄洪容积及不同频率来水条件,丰水年条件下,各蓄洪区蓄涝区按照 1.5 m 水深确定蓄洪水量;平水年按照蓄洪区、蓄涝区 1 m 水深确定蓄洪水量;枯水年按照蓄洪区、蓄涝区 0.5 m 水深确定蓄洪水量。丰水年、平水年、枯水年蓄洪水量分别为 711 万 m³、474 万 m³、284 万 m³。

2.4.3　再生水利用

根据任务书,现状公园所涉及的朝阳、昌平、顺义 3 个区再生水利用系统中尚有日处理规模 50 万 m³/d 的再生水未经利用处理后直接排入清河。这部分水量可作为公园的补水水源,按照深度处理损失 20%计,公园断面规划水平年可利用的再生水量约为 14 616 万 m³。

规划水平年污水处理厂在满负荷运行的情况下,再生水系统月供水是均匀的,因此月可利用的水量约为 1 218 万 m³。

因此,考虑上述 3 个水源后,多年平均情形下,公园年可供水量为 31 615 万 m³,95%保证率下公园年可供水量为 19 683 万 m³,25%保证率下公园年可供水量为 43 810 万 m³。不同补水水源多年平均、95%保证率、25%保证率逐月可供水量见表 2.4-4。

表 2.4-4　不同补水水源多年平均、95%保证率、25%保证率逐月可供水量

年份	水源类型	可供水量/万 m^3													占比/%
		1 月	2 月	3 月	4 月	5 月	6 月	7 月	8 月	9 月	10 月	11 月	12 月	全年	
多年平均	河道天然来水	827	532	843	566	714	1 362	3 851	3 514	1 636	912	865	922	16 544	52
	再生水	1 218	1 218	1 218	1 218	1 218	1 218	1 218	1 218	1 218	1 218	1 218	1 218	14 616	46
	自产水	13	10	15	17	25	52	121	106	42	23	17	14	455	2
	合计	2 058	1 760	2 076	1 801	1 957	2 632	5 190	4 838	2 896	2 153	2 100	2 154	31 615	100
95%保证率	河道天然来水	434	0	938	432	253	286	484	104	310	762	356	493	4 852	25
	再生水	1 218	1 218	1 218	1 218	1 218	1 218	1 218	1 218	1 218	1 218	1 218	1 218	14 616	74
	自产水	7	1	15	12	14	26	51	39	17	18	8	7	215	1
	合计	1 659	1 219	2 171	1 662	1 485	1 530	1 753	1 361	1 545	1 998	1 582	1 718	19 683	100
25%保证率	河道天然来水	1 668	1 696	2 606	1 234	1 183	2 900	7 223	6 563	2 467	171	769	96	28 576	65
	再生水	1 218	1 218	1 218	1 218	1 218	1 218	1 218	1 218	1 218	1 218	1 218	1 218	14 616	33
	自产水	23	29	36	22	25	92	190	126	48	6	17	4	618	2
	合计	2 909	2 943	3 860	2 474	2 426	4 210	8 631	7 907	3 733	1 395	2 004	1 318	43 810	100
生态需水量		445	436	1 007	585	1 022	975	1 063	1 063	1 373	604	577	428	9 578	

2.5 补水工程设计方案

以温榆河、清河为骨架，结合区域地势形态，充分利用现有闸坝、沟渠，因地制宜，新建沟渠将湿地与水系沟通，构建“两横一纵三环”循环水网，使公园形成“河道—湿地—河道”的长藤节瓜式的生态水网结构，促进河道水体的循环流动，提高水资源利用能力，改善河道水环境状况、提升公园水系韵味；在局部地区利用现有设施布置小型循环水网，将骨干河道的水引至局部，提升局部重点地区水生态、水环境质量。

清河以北由温榆河京承高速桥处引水（地面高程约 35 m），经未来科技城东侧两处湿地初步净化后，由温榆河故道进入清河口湿地公园（高程约 28 m），经湿地公园调蓄、净化后退入温榆河，形成南北向生态水网；清河以南部分供水线路分为两支：一支自清河第二再生水厂附近河段引水（高程约 28 m），经沈家坟湿地、沙子营湿地净化后进入清河口湿地公园，再由清河口湿地进入西干沟湿地（高程约 25 m），最后退入温榆河；另外一支由清河沈家坟干渠汇入口处设泵站提水，通过新建渠道将减沟与沈家坟干渠相连，形成东西向贯通的主要输水干渠，同时将沙二、沙三、沙四等沟渠与减沟相连，通过减沟（高程约 35 m）向北侧湿地区域（高程约 26 m）供水。这样既可保证湿地形成宽阔水面，也可保证排涝沟渠形成流动水面。

沈家坟湿地、中和湿地、北甸沟湿地相对独立，可由温榆河或清河设置泵站引水，形成局部循环水系。

第 3 章　天津大港湿地案例

3.1　项目区基本情况

3.1.1　自然地理

独流减河位于天津市区南侧，是承泄大清河系洪水的主要入海尾闾。大清河系地处海河流域中部，位于东经 113°39′～117°34′、北纬 38°10′～40°102′。它西起太行山，东临渤海湾，北临永定河，南界子牙河。河系跨山西、河北、北京、天津四省(市)，总面积 43 060 km^2，其中山区 18 659 km^2，丘陵平原 24 401 km^2，分别占河系总面积的 43.33%和 56.67%。大港地区水系及项目区位置示意图见图 3.1-1。

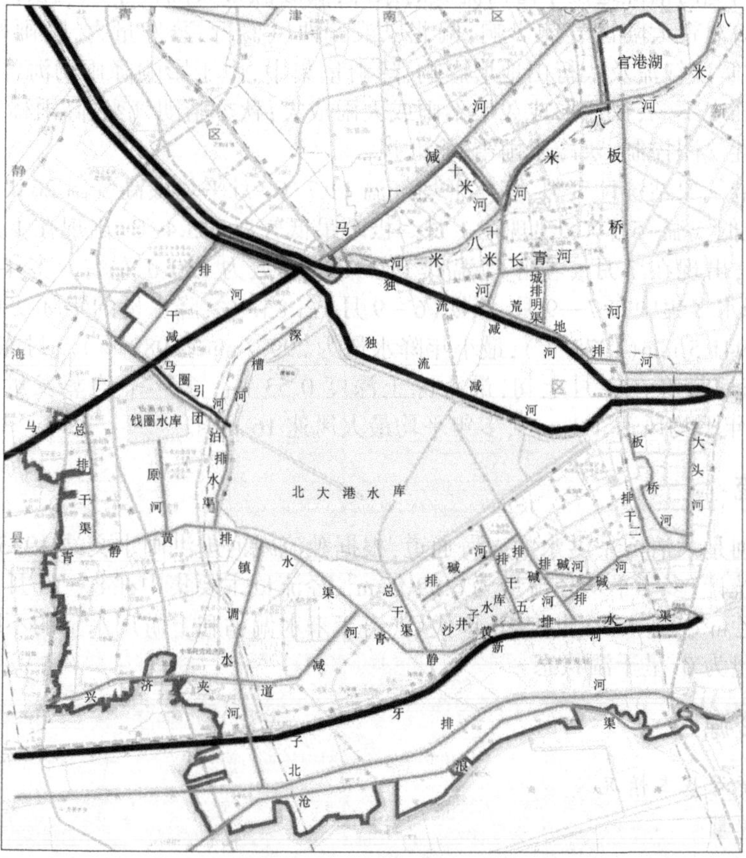

图 3.1-1　大港地区水系及项目区位置示意图

3.1.2 流域概况

独流减河位于天津市区南侧，是承泄大清河系洪水的主要入海尾闾。

大清河源于太行山东侧，由南、北两支组成。大清河南支为赵王河水系，由发源于山区的潴龙河、唐河以及方顺河、府河、漕河、瀑河、萍河等组成，各支流均汇入白洋淀，流域面积约 21 000 km^2。南支洪水汇入白洋淀后，再经枣林庄枢纽通过赵王河入大清河、东淀。

大清河北支为白沟河水系，由小清河、琉璃河、拒马河、中易水等组成，流域面积 10 000 km^2。拒马河在张坊附近出山后分成南、北拒马河。北拒马河至东茨村附近纳琉璃河、小清河后称白沟河。北易水、中易水在北河店附近汇入南拒马河。南拒马河和白沟河在白沟镇附近汇合，小水时由白沟引河入白洋淀，大水时由新盖房分洪道入东淀。大清河南、北两支入东淀后，经独流减河和海河干流入海。

独流减河西起进洪闸，流经静海、西青、滨海新区，于防潮闸入渤海，全长 67 km。独流减河始挖于 1953 年，1969 年治理大清河下游时，对河道进行扩建和延伸，并在海口处修建工农兵防潮闸。

3.1.3 气象

独流减河宽河槽湿地位于海河流域的东部，属暖温带大陆性季风气候区，四季分明。春季常受蒙古温带大陆性气团影响，偏北风或偏西风盛行，蒸发量大，降雨稀少；夏季炎热，受太平洋暖湿气流及太行山地形影响，降雨量集中，由于影响降雨的海洋性气团每年进退时间及强度不一，往往形成久旱不雨或大雨成灾；秋季晴朗气爽，降雨稀少；冬季受西伯利亚大陆性气团控制，寒冷少雨雪，多北风。

根据大港气象站统计资料，多年平均气温 11.7 ℃，月平均最高气温 26.4 ℃，出现在 7 月，月平均最低气温-5.7 ℃，出现在 1 月。极端最低气温-15.4 ℃，出现在 1 月，极端最高气温 40.9 ℃，出现在 7 月。全年气温低于 0 ℃ 的天数为 130 d 左右。多年平均降水量 586.1 mm，降水多集中在 7—9 月，汛期(6—9 月)占 83.9%，降水量的年际变化很大，最大年降水量为 941.5 mm(1977 年)，最小年降水量为 299.9 mm(1989 年)。封冻期最早在 11 月上旬，解冻期最晚在 3 月上旬，最大冻土深度 0.53 m。多年平均蒸发量 1 235.9 mm (E601)。多年平均风速 4.3 m/s，多年平均最大风速 16 m/s。

3.1.4 径流

独流减河是大清河系洪水的入海通道，根据独流减河进洪闸水文站 1955—2012 年实测流量资料统计，多年平均径流量为 6.09 亿 m^3，径流量主要集中在 8—10 月，最大年径流量为 77.89 亿 m^3。进入 20 世纪 80 年代后，由于来水偏枯和上游用水量的不断增加，多数年份的径流量为 0，呈干涸状态。

3.1.5 水资源

3.1.5.1 水资源基本情况

1.水资源量

1)降水

天津市 1956—2000 年多年平均降水量为 574.9 mm，最大为 1964 年的 948.3 mm，最

小为1968年的306.5 mm。天津市2001—2018年降水量总体上偏少,多年平均降水量为544.4 mm,最大为2012年的850.3 mm,最小为2002年的362.1 mm。2001—2018年多年平均降水量比1956—2000年的偏少5%。

2)地表水资源量

天津市多年平均地表水资源量为10.65亿 m^3。2018年,天津市地表水资源量为11.76亿 m^3。

3)地下水

天津市多年平均地下水资源量(1980—2000年)为5.90亿 m^3(矿化度<2 g/L的浅层淡水),其中可开采资源量为4.50亿 m^3。2018年,天津市地下水资源量为7.33亿 m^3,比多年平均增加24.1%。

4)水资源总量

天津市1956—2000年多年平均水资源总量为15.69亿 m^3,其中地表水资源量为10.65亿 m^3,地下水资源量为5.90亿 m^3,重复水量0.86亿 m^3。2018年,天津市水资源总量为17.58亿 m^3。

2.出、入境水量

2018年,天津市入境水量38.90亿 m^3。其中,引滦调水量3.261 0亿 m^3,引江调水量11.037 4亿 m^3;出境、入境海水量32.59亿 m^3。

3.1.5.2 现状供用水结构及水量

1.现状供水量

2018年,天津市总供水量28.423 5亿 m^3。其中,地表水源供水量为19.463 3亿 m^3,占68.5%;地下水源供水量为4.406 5亿 m^3,占15.5%;其他水源供水量为4.553 7亿 m^3,占16.0%。

2.现状用水量

2018年,天津市总用水量28.423 5亿 m^3。其中,生活用水7.415 1亿 m^3,占26.1%;工业用水5.442 3亿 m^3,占19.1%;农业用水10.001 1亿 m^3,占35.2%;生态环境补水5.565 0亿 m^3,占19.6%。

全市人均综合用水量182 m^3,万元工业增加值(可比价)用水量6.64 m^3。

3.2 存在的问题

独流减河宽河槽湿地是北大港湿地自然保护区的主要组成部分之一。北大港湿地自然保护区主要保护以东方白鹤、黑鹤等为代表的珍稀水鸟及丰富的生物多样性,以及典型的湿地生态系统。同时,北大港湿地是东亚鸟类迁徙路线上的一个驿站,属生物多样性最丰富的地区之一,每年都有大批水鸟经此地迁徙、繁衍,属于天津市空间格局的南部"团泊洼水库—北大港水库"湿地生态环境建设和保护区。

独流减河宽河槽湿地是维持地区生态平衡不可缺少的重要的环境因素。但近年来,由于上游来水减少、水质恶化,湿地生态系统退化,亟须开展生态补水工程,为独流减河宽河槽湿地下段提供补给水源,逐步稳定湿地面积,恢复提升湿地的生态功能,丰富生态多样性,增加独流减河宽河槽湿地环境容量,改善区域生态景观环境。

3.3 生态需水量计算

3.3.1 生态需水量各类型的确定与等级划分

关于湿地生态环境需水量研究中对湿地生态需水量和环境需水量的类型划分,将宽河槽下段湿地生态需水量分解为湿地植物需水量、湿地土壤需水量和生物栖息地需水量3个类型。湿地的生态需水研究采用等级划分方法来计算湿地生态需水量,即根据每种类型需水量的特点和功能差异将生态需水量分为最小需水量、适宜需水量和最大需水量,并将最小需水量和最大需水量设为单值,将适宜需水量设为范围值。最大需水量是湿地生态系统能承受的最大上限水量,超过这一水量,湿地生态系统便会遭受洪涝灾害;最小需水量是湿地维持自身发展所需的最低水量,低于这一水量,系统便会逐渐萎缩、退化甚至消失;适宜需水量在这两者之间,是湿地生态系统存在所需的适宜水量,达到这一水量,系统处于较理想状态。具体等级划分方法见表3.3-1。

表3.3-1　生态需水量等级划分方法

需水类型	指标依据	最小需水量	适宜需水量	最大需水量
湿地植物需水	芦苇覆盖度/%	40	60~70	> 90
	年蒸散发量/mm	900	1 400~1 600	1 900
湿地土壤需水	体积含水量/%	30	50~60	> 80
生物栖息地需水	淹水面积占总面积/%	15	50~60	> 80
	水深/m	0.5	1.0~1.5	2.0

另外,独流减河宽河槽下段湿地包括历史遗留的9.05 km^2左右的鱼塘,这些鱼塘已不再进行渔业养殖,是湿地生态系统的重要组成部分,计算独流减河宽河槽下段湿地生态需水量时需单独计算鱼塘水面的蒸发量。因此,独流减河宽河槽下段湿地生态需水量包括鱼塘水面蒸发量、湿地植物需水量、湿地土壤需水量和生物栖息地需水量4部分。

3.3.2 湿地生态需水量计算

3.3.2.1 湿地水面蒸发需水量

湿地水面蒸发量采用水面蒸发量来计算。根据大港1976—2005年气象资料统计分析,多年平均逐月蒸发量(统一折算到E601蒸发皿标准下),见表3.3-2。

宽河槽下段湿地万亩鱼塘底高程低,常年有水,水面面积为9.06 km^2,由此计算湿地各月平均水面蒸发需水量(见表3.3-3)。

宽河槽下段所在地区主要位于粉质黏土层,为不透水层或弱透水层,渗透系数小,且地下水位较高,水体的渗透量较小,故此忽略不计。

表 3.3-2　大港多年平均逐月蒸发量　　单位:mm

月份	蒸发量	月份	蒸发量
1	29.4	7	147.6
2	41.6	8	129.8
3	80.5	9	117.0
4	160.1	10	95.5
5	187.6	11	55.9
6	175.4	12	32.0
合计	1 252.4		

表 3.3-3　湿地各月平均水面蒸发需水量　　单位:万 m^3/d

月份	蒸发需水量	月份	蒸发需水量
1	26.61	7	133.58
2	37.65	8	117.47
3	72.85	9	105.89
4	144.89	10	86.43
5	169.78	11	50.59
6	158.74	12	28.96
合计	1 133.44		

宽河槽下段湿地水面分布图见图 3.3-1。

图 3.3-1　宽河槽下段湿地水面分布图

3.3.2.2 湿地植物需水量

湿地植物需水量是植被正常生长所需要的水量,包括4部分:植物同化过程耗水和植物体内包含的水分、蒸腾耗水、植株表面蒸发耗水及土壤蒸发耗水。而植物蒸腾耗水和土壤蒸发耗水的水量之和,即蒸散发量占植物需水量的99%,所以可将其近似理解为植物需水量。在估算大区域或流域植物需水量时,常采用植被面积和蒸散发量的乘积进行植被需水量的计算。其公式为

$$W_p = A(t)ET \times 10^{-1} \tag{3-1}$$

式中 W_p——湿地植物需水量,万 m^3;

$A(t)$——湿地面积,km^2;

E——植被覆盖度(%);

T——蒸散发量,mm。

湿地是生物、植物多样性极其丰富的地区,在计算植物需水量时只能选择有代表性的植物,并选择关键物种和指标值进行计算。宽河槽下段湿地的野生植物群落以芦苇为优势种,所以以芦苇的覆盖度划分需水量级别来计算植物需水量是合理的,计算中的蒸散发量值参考了同属于海河流域的七里海、南大港、衡水湖湿地生态需水量研究中芦苇蒸散发量的数据。宽河槽下段湿地植物需水量的计算结果见表3.3-4。

表3.3-4 宽河槽下段湿地植物需水量

级别	芦苇覆盖度/%	年蒸散发量/mm	湿地面积/km^2	植物需水量/万 m^3
最小	40	900	24.50	882.07
适宜	60~70	1 400~1 600	24.50	2 058.17~2 744.22
最大	> 90	1 900	24.50	4 189.84

3.3.2.3 湿地土壤需水量

在计算时用土壤含水量来近似土壤需水量。由于湿地土壤的特殊性,在计算中涉及两个水分常数:一是田间持水量,是指在地下水位比较深时土层能保持的最大含水量,对于湿地土壤而言,上部土层的田间持水量与土壤孔隙、结构、有机质、腐殖质含量有关,其体积含水量为31%~36%,下部土层通常少于上部;二是饱和持水量,饱和持水量是土壤孔隙能容纳的最大水量,因此其体积百分比不能超过总孔隙度。对于沼泽土而言,沼泽土吸水力强,加之有季节性积水或常年积水,土壤水分常处于饱和状态。持水量与容重呈负相关,与孔隙度呈正相关。容重越低,孔隙度越高,持水量则越大。在实际计算中,通常用田间持水量或饱和持水量参数来划分需水量等级并进行计算,其公式为

$$Q_t = \alpha H_t A_t \tag{3-2}$$

式中 Q_t——湿地土壤需水量,万 m^3;

α——田间持水量或饱和持水量体积百分比(体积含水量)(%);

H_t——土壤厚度,cm;

A_t——湿地土壤面积，km^2。

宽河槽湿地的土壤属潮土，计算中取土壤厚度为 150 cm。宽河槽下段湿地土壤需水量的计算结果见表 3.3-5。

表 3.3-5　宽河槽下段湿地土壤需水量

级别	持水量类型	体积含水量/%	土壤厚度/cm	湿地面积/km^2	土壤需水量/万 m^3
最小	田间持水量	30	150	24.50	1 102.59
适宜	饱和持水量	50~60	150	24.50	1 837.65~2 205.18
最大	饱和蓄水能力	> 80	150	24.50	2 940.24

3.3.2.4　生物栖息地需水量

湿地的生物栖息地需水量是鱼类、鸟类等栖息、繁殖需要的基本水量。由水面和沼泽植被共同组成的湿地系统可为水禽提供最佳的栖息地场所，水面和沼泽植被面积的相对比率是决定物种丰富性的重要因素。因此，通常情况下，在计算湿地生物栖息地需水量时，需要根据栖息地水面面积的百分比和水深来划分需水量级别并进行计算，其公式为

$$W_q = A(t)CH(t) \tag{3-3}$$

式中　W_q——生物栖息地需水量，万 m^3；

C——淹水面积占总面积百分比(%)；

$H(t)$——水深，m。

在指标设定时，考虑到宽河槽湿地的生物主要是常见的水禽和鱼类，最小需水量的指标设定意义是为水禽提供基本的生存空间，其中淹水面积占总面积百分比的最小值设定为 25%，主要参考宽河槽下段湿地常年积水面积占总面积的百分比；适宜需水量的指标设定意义是为水禽和鱼类提供正常生存空间，且为春秋季节大量候鸟提供良好的栖息场地；最大需水量的指标设定意义是为满足鱼类最佳生存对水深的要求。宽河槽下段湿地生物栖息地需水量的计算结果见表 3.3-6。

表 3.3-6　宽河槽下段湿地生物栖息地需水量

级别	淹水面积占总面积/%	水深/m	湿地面积/km^2	生物栖息地需水量/万 m^3
最小	25	0.5	33.55	418.75
适宜	50~60	1.0~1.5	33.55	1 677.50~3 019.50
最大	> 80	2.0	33.55	5 368.00

3.3.2.5　总生态需水量结果

通过湿地需水量的计算可知，宽河槽下段湿地生态需水量的最小值为 3 537.46 万 m^3，适宜值为 6 706.74~9 102.33 万 m^3，最大值为 13 631.50 万 m^3(见表 3.3-7)。

表 3.3-7 宽河槽下段湿地生态需水量 单位:万 m^3

级别	水面蒸发需水量	植物需水量	土壤需水量	生物栖息地需水量	合计
最小	1 133.42	882.07	1 102.59	419.38	3 537.46
适宜	1 133.42	2 058.17~2 744.22	1 837.65~2 205.18	1 677.50~3 019.50	6 706.74~9 102.33
最大	1 133.42	4 189.84	2 940.24	5 368.00	13 631.50

由此可知,宽河槽下段湿地的最小需水量、适宜需水量和最大需水量差距很大,适宜需水量的下限是最小需水量的将近 2 倍,最大需水量是最小需水量的 4 倍左右。单就需水量类别而言,水面蒸发需水量保持不变,但在最小需水量、适宜需水量和最大需水量中所占比例逐步降低,分别为 32.04%、12.45%~16.90%、8.31%;植物需水量随着级别增大所占比例变化不大,在最小、适宜和最大需水量中分别占 24.94%、30.15%~30.69%、30.74%;土壤需水量随着级别增大所占比例依次减少,在最小、适宜和最大需水量中分别占 31.17%、24.23%~27.40%、21.57%;栖息地需水量在最小需水量、适宜需水量和最大需水量中所占比例逐步提高,分别为 11.86%、25.01%~33.17%、39.38%(见图 3.3-2)。

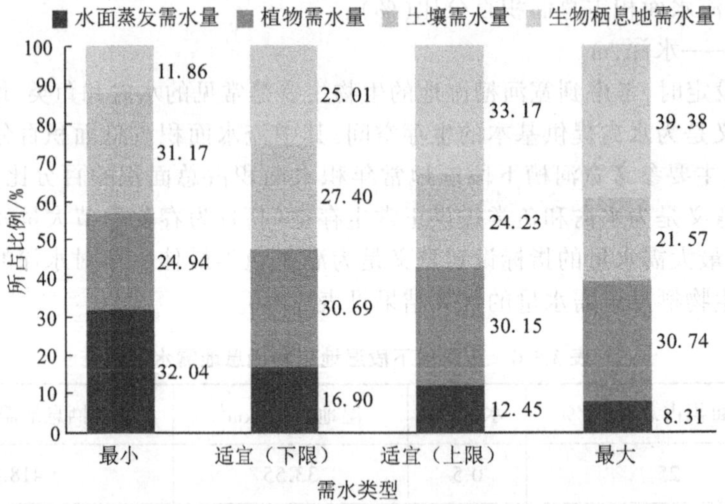

图 3.3-2 各生态需水量类型所占比例

3.3.2.6 生态需水量月分配过程

1.水面蒸发需水量月分配过程

根据大港 1976—2005 年多年平均逐月蒸发量,计算得到宽河槽下段湿地水面蒸发月需水过程。水面蒸发需水量月分配过程见表 3.3-8。

表 3.3-8　宽河槽下段湿地生态需水月分配过程

单位：万 m^3

等级	项目	1 月	2 月	3 月	4 月	5 月	6 月	7 月
最小	水面蒸发需水量	26.61	37.65	72.85	144.89	169.78	158.74	133.58
	湿地植物需水量	0	0	0	88.21	141.13	141.13	141.13
	湿地土壤需水量	0	0	137.82	137.82	137.82	137.82	137.82
	生物栖息地需水量	0	15.25	45.75	45.75	45.75	45.75	45.75
	合计	26.61	52.90	256.42	416.67	494.48	483.44	458.28
适宜	水面蒸发需水量	26.61	37.65	72.85	144.89	169.78	158.74	133.58
	湿地植物需水量	0	0	0	205.82～274.42	329.31～439.08	329.31～439.08	329.31～439.08
	湿地土壤需水量	0	0	229.71～275.65	229.71～275.65	229.71～275.65	229.71～275.65	229.71～275.65
	生物栖息地需水量	0	61～109.8	183～329.4	183～329.4	183～329.4	183～329.4	183～329.4
	合计	26.61	93.65～147.45	485.56～677.9	763.41～1 024.36	911.79～1 213.9	900.75～1 202.86	875.59～1 177.70
最大	水面蒸发需水量	26.61	37.65	72.85	144.89	169.78	158.74	133.58
	湿地植物需水量	0	0	0	418.98	670.37	670.37	670.37
	湿地土壤需水量	0	0	367.53	367.53	367.53	367.53	367.53
	生物栖息地需水量	0	195.2	585.6	585.6	585.6	585.6	585.6
	合计	26.61	232.85	1 025.98	1 517.00	1 793.28	1 782.24	1 757.08

续表 3.3-8

等级	项目	8 月	9 月	10 月	11 月	12 月	全年
最小	水面蒸发需水量	117.47	105.89	86.43	50.59	28.96	1 133.42
	湿地植物需水量	141.13	141.13	88.21	0	0	882.07
	湿地土壤需水量	137.82	137.82	137.82	0	0	1 102.59
	生物栖息地需水量	45.75	15.25	45.75	45.75	22.88	419.38
	合计	442.17	400.09	358.21	96.34	51.84	3 537.46
适宜	水面蒸发需水量	117.47	105.89	86.43	50.59	28.96	1 133.42
	湿地植物需水量	329.31~439.08	329.31~439.08	205.82~274.42	0	0	2 058.17~2 744.22
	湿地土壤需水量	229.71~275.65	229.71~275.65	229.71~275.65	0	0	1 837.65~2 205.18
	生物栖息地需水量	183~329.4	61~109.8	183~329.4	183~329.4	91.5~164.7	1 677.5~3 019.5
	合计	859.48~1 161.59	725.9~930.41	704.95~965.90	233.59~379.99	120.46~193.66	6 706.74~9 102.33
最大	水面蒸发需水量	117.47	105.89	86.43	50.59	28.96	1 133.42
	湿地植物需水量	670.37	670.37	418.98	0	0	4 189.84
	湿地土壤需水量	367.53	367.53	367.53	0	0	2 940.24
	生物栖息地需水量	585.6	195.2	585.6	585.6	292.8	5 368.00
	合计	1 740.97	1 338.99	1 458.54	636.19	321.76	13 631.50

2.植物需水量月分配过程

芦苇群落是湿地内面积最大的群落类型,该群落对水分的适应幅度很广,从地表过湿到常年积水,从水深几厘米到1 m以上,均能生长。芦苇在华北平原地区发芽期是4月上旬发芽,展叶期是5月初,生长期是4月上旬至7月下旬,孕穗期是7月下旬至8月上旬,抽穗期是8月上旬至8月下旬,开花期是8月下旬至9月上旬,种子成熟期是10月上旬,落叶期是10月底以后。

根据芦苇的生长规律,参考扎龙湿地和莫莫格自然保护区湿芦苇月蒸散量研究,确定宽河槽湿地植物需水量按月分配系数,具体见表3.3-9。

表3.3-9　宽河槽湿地植物需水量按月分配系数

项目	1月	2月	3月	4月	5月	6月	7月	8月	9月	10月	11月	12月	全年
分配系数	0	0	0	0.1	0.16	0.16	0.16	0.16	0.16	0.10	0	0	1.00

3.土壤需水量月分配过程

根据大港气象站统计资料,封冻期最早在11月上旬,解冻期最晚在3月上旬,最大冻土深度0.53 m。封冻期内不考虑土壤需水量问题,因此宽河槽湿地土壤需水量在3—10月平均分配,土壤需水量月分配过程见表3.3-8。

4.生物栖息地需水量月分配过程

(1)鸟类春季迁徙。本地区春季水鸟的迁徙主要发生在2月下旬至4月下旬。春季水鸟群落则大致可分为3月的雁鸭类高峰和4月的鸻鹬类高峰。2—3月迁经本地的主要水鸟依次为黑尾鸥、骨顶鸡、大天鹅、白秋沙鸭等。4月迁徙经本区的主要物种有普通鸬鹚、小白鹭、中白鹭、草鹭等鸟类。鸟类迁徙期间在本地停留的时间在1周至2个月之间,如白鹤3月下旬迁入,一周后迁离;东方白鹳3月初迁入,4月上旬迁离;大天鹅2月底迁入,停留1~2个月后,于3—4月陆续迁离。

(2)夏候鸟。在北大港地区记录到的常见夏候鸟有小䴙䴘、黄斑苇鳽、大麻鳽、斑嘴鸭、黑水鸡、黑翅长脚鹬、反嘴鹬、普通燕鸻、金眶鸻、环颈鸻、普通燕鸥、白额燕鸥、须浮鸥、白翅浮鸥等,栖息环境较好,适合鸟类的繁殖。

(3)秋季迁徙。该地区水鸟的秋季迁徙主要发生在9月下旬以后,10月和11月为迁徙的高峰期,迁徙活动一直持续到12月上旬。9月下旬至10月下旬,按时间顺序迁徙的水鸟依次为骨顶鸡、黑翅长脚鹬、斑嘴鸭等鸟类。11月至12月中旬迁经本地的主要鸟类有白秋沙鸭、普通秋沙鸭、大鸨、灰鹤、丹顶鹤、东方白鹳、夜鹭等鸟类。

综上所述,宽河槽下段湿地生物栖息需水主要为2月下旬至8月,9月下旬至12月中旬,需水量各月均匀分布。生物栖息地需水量月分配过程见表3.3-8。

3.4　补水工程设计方案

3.4.1　湿地生态补水量确定

湿地来水量直接决定着湿地生态系统的演化与发展方向。湿地水资源量若不能满足湿地水面蒸发、植被蒸散发等消耗需求，湿地生态系统将会被破坏，进而使湖泊萎缩、河流断流、沼泽植被植株矮小、生物量降低，甚至沼泽植被退化成草甸，最终导致湿地生态系统结构与功能受损，生物生境被破坏，鸟类的种类与数量减少、珍稀保护物种甚至消失。因此，为维持湿地生态系统平衡稳定发展，应在湿地生态需水分析的基础上，对来水量进行分析，确定来水量是否都能满足湿地用水需求，在来水量不足时，应及时通过工程或非工程措施对湿地进行生态补水。

湿地区域内降水、湿地上游及区间地表来水是湿地的重要补水来源。其中，大气降水为湿地范围内的降水，其直接补给湿地，因此不考虑产、汇流作用。宽河槽下段湿地自然来水主要是大气降水。根据大港 1976—2005 年气象资料统计分析，大港多年平均逐月降水量见表 3.4-1，湿地多年平均逐月降水过程见表 3.4-2。

表 3.4-1　大港多年平均逐月降水量

单位：mm

月份	降水量	月份	降水量
1	3.8	7	169.2
2	3.2	8	157.2
3	8.4	9	47.8
4	26.4	10	25.5
5	42.6	11	8.5
6	74.5	12	4.7
合计	571.8		

表 3.4-2　湿地多年平均逐月降水过程

月份	降水量/mm	湿地面积/km^2	降水量/万 m^3
1	3.8	33.55	12.75
2	3.2	33.55	10.74
3	8.4	33.55	28.18
4	26.4	33.55	88.57
5	42.6	33.55	142.92
6	74.5	33.55	249.95
7	169.2	33.55	567.67
8	157.2	33.55	527.41
9	47.8	33.55	160.37
10	25.5	33.55	85.55
11	8.5	33.55	28.52
12	4.7	33.55	15.77
合计	571.8		1 918.40

根据计算得到的湿地生态需水量和湿地多年平均逐月降水过程，依据水量平衡，可以得到宽河槽下段湿地生态补水过程(见表 3.4-3)。由表 3.4-3 可以看出，宽河槽下段湿地最小生态补水量为 1 813.69 万 m^3，其中 7 月和 8 月湿地大气降水量大于需水量，不需要补水；适宜生态补水量为 4 788.35 万~7 183.94 万 m^3；最大生态补水量为 11 713.09 万 m^3。

综合考虑天津市水资源状况、天津市年生态环境补水量、宽河槽湿地的区域位置和生态需水量、补水来源等各方面因素，确定目前宽河槽湿地生态补水量为 1 813.69 万 m^3，远期生态补水量为 4 788.35 万~7 183.94 万 m^3。

表 3.4-3　宽河槽下段湿地生态补水过程

单位：万 m^3

等级	项目	1月	2月	3月	4月	5月	6月	7月
降雨过程		12.75	10.74	28.18	88.57	142.92	249.95	567.67
最小	需水量	26.61	52.90	256.43	416.67	494.48	483.44	458.28
	补水量	13.86	42.16	228.25	328.10	351.56	233.49	0
适宜	需水量	26.61	98.65~147.45	485.56~677.9	763.41~1 024.36	911.79~1 213.90	900.75~1 202.86	875.59~1 177.70
	补水量	13.86	87.91~136.71	457.38~649.72	674.84~935.79	768.87~1 070.98	650.80~952.91	307.92~610.03
最大	需水量	26.61	232.85	1 025.98	1 517.00	1 793.28	1 782.24	1 757.08
	补水量	13.86	222.11	997.80	1 428.43	1 650.36	1 532.29	1 189.41

等级	项目	8月	9月	10月	11月	12月	全年
降雨过程		527.41	160.37	85.55	28.52	15.77	1 918.40
最小	需水量	442.17	400.09	358.21	96.34	51.84	3 537.46
	补水量	0	239.72	272.66	67.82	36.07	1 813.69
适宜	需水量	859.48~1 161.59	725.90~930.41	704.95~965.90	233.59~379.99	120.46~193.66	6 706.74~9 102.33
	补水量	332.07~634.18	565.53~770.04	619.40~880.35	205.07~351.47	104.69~177.89	4 788.35~7 183.94
最大	需水量	1 740.97	1 338.99	1 458.54	636.19	321.76	13 631.49
	补水量	1 213.56	1 178.62	1 372.99	607.67	305.99	11 713.09

3.4.2 补水时段

湿地补水时段的确定主要是根据湿地天然补给水源的主汛期、湿地区划范围内降水最大月份、湿地生态需水过程中需水量最大时段确定湿地年内缺水时段，将此作为湿地补水起止时间的参考要素。

根据大港气象站统计资料，封冻期最早在11月上旬，解冻期最晚在3月上旬，最大冻土深度0.53 m，封冻期内不考虑湿地补水。根据宽河槽湿地最小生态补水量按月分配的过程及该地区的气象特点，确定宽河槽湿地最小生态补水过程的时段为每年的3—6月和9—10月，共计6个月(见表3.4-4)。根据宽河槽湿地适宜生态补水量按月分配的过程及该地区的气象特点，确定宽河槽湿地适宜生态补水过程的时段为每年的3—10月，共计8个月(见表3.4-5)。

表3.4-4 宽河槽下段湿地最小生态补水过程 单位：万 m^3

月份	补水量	月份	补水量
1	0	7	0
2	0	8	0
3	228.25	9	239.72
4	328.10	10	432.57
5	351.56	11	0
6	233.49	12	0
合计补水量	1 813.69		

表3.4-5 宽河槽下段湿地适宜生态补水过程 单位：万 m^3

月份	补水量	月份	补水量
1	0	7	307.92~610.03
2	0	8	332.07~634.18
3	457.38~649.72	9	565.53~770.04
4	674.84~935.79	10	1 030.93~1 560.27
5	768.87~1 070.98	11	0
6	650.8~952.91	12	0
合计补水量	4 788.35~7 183.94		

3.4.3 补水策略

补水策略是涉及补水水源、补水线路、补水水量等要素的多目标决策方案。基于湿地与可利用补水水源的位置关系、区域水资源供需矛盾、补水线路的补水能力和资源消耗等条件，考虑上下游关系综合确定补水策略。

综合考虑宽河槽湿地区域位置、上下游水系情况和现状补水情况，宽河槽下段湿地主要通过独流减河和宽河槽上段湿地出水进行补水。

3.4.3.1　独流减河补水

1.径流

独流减河是大清河系洪水的入海通道，根据独流减河进洪闸水文站 1955—2012 年实测流量资料统计，多年平均径流量为 6.09 亿 m^3，径流量主要集中在 8—10 月，最大年径流量为 77.89 亿 m^3。进入 20 世纪 80 年代后，由于来水偏枯和上游用水量的不断增加，多数年份的径流量为 0，呈干涸状态。

2.河道水位

根据独流减河进洪闸水文站统计，1980 年以来的多数年份河道断流，基本没有径流下泄。由万家码头水文站 2000—2010 年水位统计资料分析可知，独流减河现状常水位变幅略大，最低水位为河干见底，最高水位为 1.75 m（国家 85 高程，换算为大沽高程为 3.42 m）。绝大部分水位保持在 0~1.5 m（国家 85 高程），其中冬季由于用水户取水量小、蒸发量低，河道水位略高，基本保持在 0.8~1.5 m（国家 85 高程）；其他季节水位较低，基本保持在 0~1.0 m（国家 85 高程）。

根据《独流减河橡胶坝工程可行性研究报告（报批稿）》（天津市水利勘测设计院，2014 年）及其批复（津发改农经〔2014〕371 号文），为配合《天津市"十二五"再生水利用方案》及独流减河综合治理工程，利用独流减河调蓄再生水及雨洪水，规划在桩号 38+000 静海区与大港区交界处新建一座单向斜坡式橡胶坝，总长度 940.8 m，设计蓄水位 2.0 m（国家 85 高程），运用时最大挡水高度 4.0 m。

根据《天津市中心城区及环城四区水系联通工程独流减河尾闾改造工程可行性研究报告》（送审稿，2014 年 9 月），规划将建设挡水隔堤以分隔南北腰闸—防潮闸段南北深槽，其中北深槽用于大港电厂生产的循环冷却池，南深槽满足日常小流量排沥和湿地不合格的水体下泄功能。大港电厂正常运行水位为 1.0 m（国家 85 高程），南北连接渠隔堤、中滩末端挡水隔堤及 U 形槽顶高程均为 1.50 m（国家 85 高程）。

目前，独流减河河道深槽扩挖及景观绿化工程已实施，宽河槽以上河段两岸堤防临水侧新造滩地，以进一步提升河道景观功能，滩地平台净宽 30 m，设计顶高程为 2.8 m（国家 85 高程）。

综上所述，确定独流减河桩号 0+000（进洪闸）~38+000（橡胶坝坝址）段河道常水位采用橡胶坝设计蓄水位 2.0 m（国家 85 高程）；独流减河桩号 61+000（腰闸）~67+384（防潮闸）段北深槽部分水位采用大港电厂正常运行水位 1.0 m（国家 85 高程）。结合尾闾改造工程、滩地景观平台设计及河道水源情况，独流减河其余河段常水位宜维持在 1.0 m（国家 85 高程，换算为大沽高程为 2.67 m）左右。

3.水质现状

根据 2017 年《天津市水资源公报》，2017 年全年独流减河万家码头上游水质为 V 类，下游为劣 V 类水体；根据 2018 年《天津市生态环境状况公报》，独流减河万家码头监测水质为劣Ⅴ类,由此可见,独流减河水质较差。

3.4.3.2　宽河槽上段湿地出水补水

1.设计进、出水流量

南部水循环系统运行分小循环(小流量正常循环)和大换水(大流量单向输出拉低海河水位置换)2种工况,因此,湿地设计流量按上述2种工况设计。

1)大换水工况

大换水工况时,联合运用洪泥河、津港运河,通过泵站将海河水提入独流减河宽河槽湿地。该工况下湿地进水设计流量为30 m^3/s,设计出水流量为0,一次最大进水量为1 500万m^3。

2)小循环工况

小循环工况设计进水流量为10 m^3/s,即湿地处理规模为86万m^3/d。设计出水流量采用水量平衡法分析确定,在循环期间(每年4月1日至11月10日),湿地多年平均出水流量为78万m^3/d,即设计出水流量为9.02 m^3/s。

2.设计进、出水水质

1)设计进水水质

根据海河2008—2013年连续6年的监测资料,以现状海河90%的水质保证率时的浓度[1]作为湿地设计进水水质。具体控制指标如下:

高锰酸盐指数≤25 mg/L;

氨氮(NH_3-N)≤4.0 mg/L;

总氮(TN)≤6.5 mg/L;

总磷(TP)≤1.0 mg/L。

2)设计出水水质

氨氮及总磷等污染指标将达到《地表水环境质量标准》(GB 3838—2002)Ⅴ类作为湿地设计出水水质;而富营养化指标总氮,综合考虑目前天津市的来水水质条件及湿地系统对总氮的去除能力,将设计进水浓度值和湿地去除率50%左右的预测值作为总氮的设计出水水质。具体控制指标如下:

高锰酸盐指数≤15 mg/L;

氨氮(NH_3-N)≤2.0 mg/L;

总氮(TN)≤3.0 mg/L;

总磷(TP)≤0.4 mg/L。

3.4.4　湿地生态补水方案

独流减河宽河槽是北大港湿地自然保护区的一部分,自20世纪70年代以来,独流减河多年没有大水,河道内污染严重。来水量缺乏、水质恶化导致独流减河宽河槽湿地生态

[1] 90%的水质保证率时的浓度,即将统计系列数据按污染物浓度从小到大顺序进行排列,小于某浓度值出现的概率为90%时所对应的浓度值。

系统难退化。生态用水量不足是导致独流减河宽河槽湿地生态系统退化的重要原因,因此需对宽河槽湿地进行生态补水。

通过宽河槽下段湿地生态需水量和生态补水策略的研究,结合现场调研的情况,确定宽河槽下段湿地生态补水主要通过独流减河和宽河槽上段湿地出水进行补水,具体方案如下。

(1)方案一。

当独流减河水质较好时,达到地表水 V 类以上,宽河槽下段湿地从独流减河补水。宽河槽下段湿地补水方案一示意图见图 3.4-1。

图 3.4-1　宽河槽下段湿地补水方案一示意图

(2)方案二。

当独流减河水质较差,且宽河槽上段湿地参与天津市南部水系循环时,宽河槽下段湿地从上段湿地出水进行补水。宽河槽下段湿地补水方案二示意图见图 3.4-2。

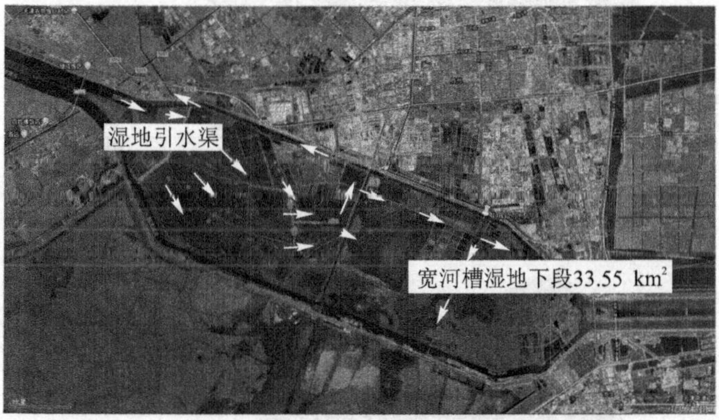

图 3.4-2　宽河槽下段湿地补水方案二示意图

(3)方案三。

当独流减河水质较差,且宽河槽上段湿地没有参与天津市南部水系循环时,抽取独流减河水进入宽河槽上段湿地,通过湿地净化后进入宽河槽下段湿地进行补水。宽河槽下段湿地补水方案三示意图见图 3.4-3。

图 3.4-3　宽河槽下段湿地补水方案三示意图

3.4.5　湿地生态补水效果评价

根据湿地各级别生态需水补水计算结果,通过对湿地进行生态补水,维持湿地生态系统稳定,满足动植物和候鸟的生存需要。

本研究采用地理空间数据云 GDEMDEM 30 M 分辨率数字高程数据,利用 ArcGIS 软件分析宽河槽下段湿地在各级别生态补水情况下水面变化情况。宽河槽下段湿地级别为最小、适宜、最大三个级别,对应的湿地淹没情况见图 3.4-4~图 3.4-7。

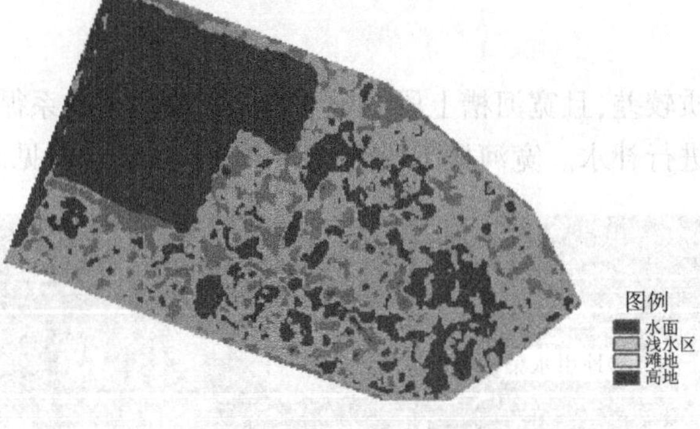

图 3.4-4　最小补水量时宽河槽下段湿地淹没范围

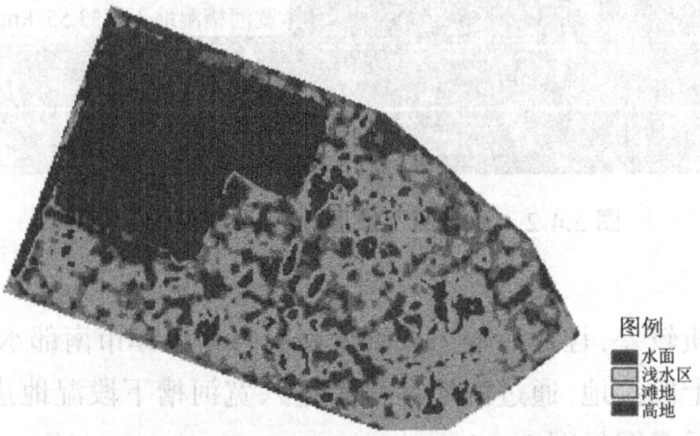

图 3.4-5　适宜下限补水量时宽河槽下段湿地淹没范围

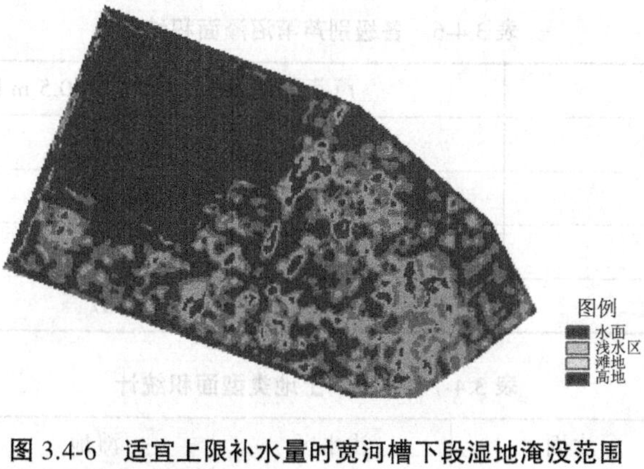

图 3.4-6 适宜上限补水量时宽河槽下段湿地淹没范围

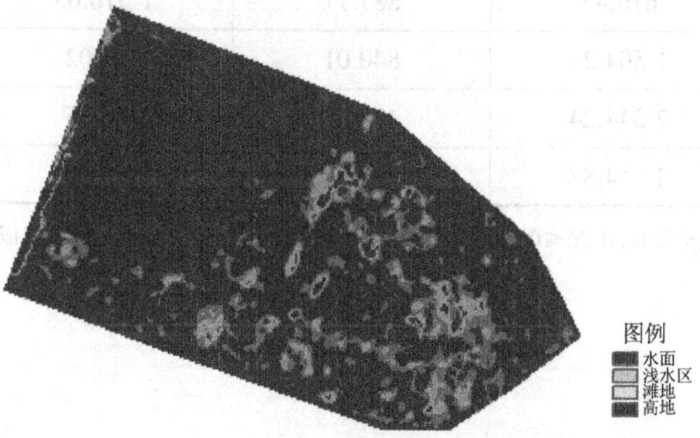

图 3.4-7 最大补水量时宽河槽下段湿地淹没范围

北大港湿地自然保护区主要保护对象是湿地生态系统及其生物多样性，包括鸟类和其他野生动物资源、珍稀濒危物种等。北大港湿地是东亚鸟类迁徙路线上的一个驿站，属生物多样性最丰富的地区之一。每年都有大批水鸟经此地迁徙、繁衍。据不完全统计，在该区共记录到鸟类达 140 余种之多，分属 12 目 26 科。其中，属国家Ⅰ级保护鸟类有 6 种，即东方白鹳、黑鹳、丹顶鹤、白鹤、大鸨、遗鸥；属国家Ⅱ级保护鸟类有 17 种，包括海鸬鹚、大天鹅、小天鹅、疣鼻天鹅、白额雁、灰鹤、白枕鹤、蓑羽鹤、红隼、红脚隼、白腹鹞、白尾鹞、鹊鹞、雀鹰、普通鵟、短耳鸮等。

宽河槽下段湿地属于北大港自然保护区的实验区，进行生态补水后，湿地生态系统结构稳定、多样，可使得湿地向良好方向发展，并满足珍稀保护动物的生存需要。其中，最小和适宜级别湿地生态补水可使草本沼泽面积分别达到 22.11 km^2和 28.44 km^2。据调查，每平方千米的芦苇沼泽面积即可满足一只丹顶鹤繁衍与生存的需求，宽河槽下段湿地在生态补水后，可满足丹顶鹤等沼泽鸟类的生存与繁衍，具体见表 3.4-6、表 3.4-7。除此之外，沼泽化草甸、水域也可满足不同生境类型的鸟类生存与繁衍。与此同时，在保证湿地一定的湿地面积及水深的基础上，通过逐月对湿地进行生态补水，可维持湿地生态系统稳定，并向良好方向发展。长此以往，宽河槽下段湿地植被茂密，抗干扰能力增强，珍稀水禽种类与数量也将逐渐增多，湿地生态效益得到发挥。

表 3.4-6 各级别芦苇沼泽面积统计 单位:km^2

级别	芦苇沼泽面积(水位以上 0.5 m 以下面积)
最小补水量	22.11
适宜下限	28.44
适宜上限	33.15
最大补水量	35.67

表 3.4-7 各级别土地类型面积统计 单位:km^2

项目	水面	浅水区	滩地	高地
最小补水量	616.45	887.77	1 310.65	540.12
适宜下限	1 504.23	840.01	723.02	287.74
适宜上限	2 344.24	470.64	346.65	193.47
最大补水量	2 814.88	252.37	169.67	118.08

注:水深>0.5 m 为深水区水面,水深≤0.5 m 为浅水区,水位以上 1 m 以下为滩地,水位以上 1 m 以上为高地。

第 4 章　河北省张家口市怀安县案例

4.1　项目区基本情况

4.1.1　自然地理

河北省张家口市怀安县地处东经 114°08′～114°48′、北纬 40°20′～40°46′，西与山西、内蒙古毗邻，东与宣化交界，南与阳原接壤，北与万全隔河相望，总面积 1 704 km^2，辖 11 个乡(镇)273 个行政村，总人口 24.6 万人，其中农业人口 22.2 万人。县域位于张家口市西南，县城柴沟堡距张家口市 55 km，距大同市 150 km，距北京市 250 km。怀安是连接冀、蒙、晋三省的重要纽带，交通便利，具有重要的地理位置和区域优势。

怀安县地处冀北山地边缘，处于我国一二级台地交界处，属冀西北山间盆地，介于内蒙古高原与华北平原之间。域内群山丛立，多为丘陵山区，中低山、河谷、丘陵、盆地相互交错，沟壑纵横，属典型的黄土高原地貌。地势为西高东低，南高北低，从西南向东北逐渐倾斜，海拔 665～1 900 m。以沙梁台为界形成前后川。前川地势较高，地形较为破碎；后川较低，川间盆地较多。土壤类型多为栗钙土，占总土壤的 98%。海拔千米以上的山峰有 56 座，最高点是灵官庙山，海拔 1 945 m，最低为左卫镇稻地房村 678 m，县城柴沟堡镇为 790 m。山地、丘陵、河川，分别占全县总面积的 31.2%、45.5%、23.3%。

4.1.2　流域概况

西洋河生态治理工程位于河北省张家口市怀安县西洋河城区段，项目始于京藏高速出口西洋河大桥上游 1 000 m，在西、南洋河汇流处下游 200 m 处止。西洋河出口处控制流域面积 927 km^2，西、南洋河交汇口处控制流域面积 3 846 km^2。

西洋河属于永定河流域，是洋河的一级支流，发源于内蒙古自治区兴和县苏木山，流经内蒙古、山西、河北三省(自治区)，在怀安县城柴沟堡镇东部与南洋河、东洋河汇合后进入洋河，流域控制面积 927 km^2。西洋河穿越京包铁路、京藏高速、110 国道等重要工程设施。西洋河上游建有西洋河水库，水库以上控制流域面积为 617.6 km^2。西洋河流域内大部分为丘陵，砂砾石下垫面，植被稀少，河道纵坡陡，西洋河水库库区内纵坡为 9‰，一遇暴雨水流湍急，泥沙随流而下。

东洋河发源于内蒙古境内，在内蒙古与河北省张家口市交界处建有友谊水库(水库总库容 1.16 亿 m^3)，控制流域面积 2 250 km^2，主要任务为下游灌溉(包括集成渠和四清大渠 2 个灌溉渠道控制的灌区)。

南洋河发源于山西省阳高县南部，向东北流经天镇县后进入河北省张家口市的怀安县，后注入南洋河。南洋河上现状没有水库工程，西洋河汇入以前，南洋河以上控制流域面积为 2 913 km^2。工程所在流域水系见图 4.1-1。

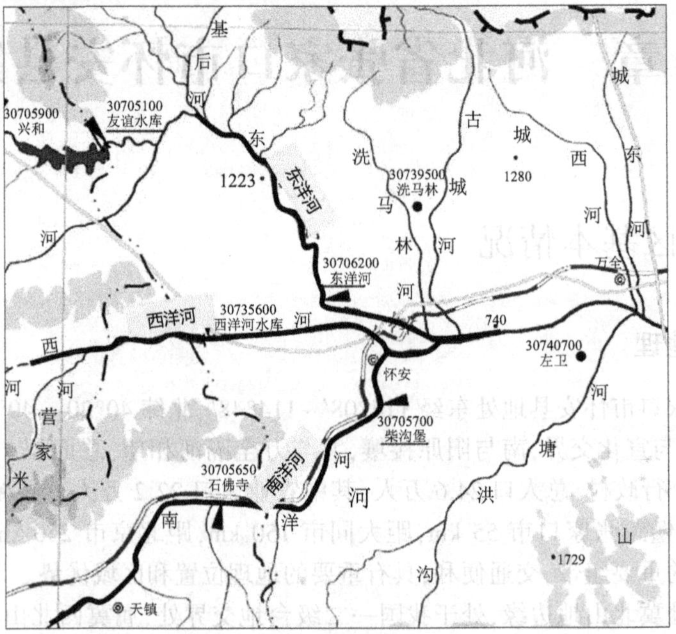

图 4.1-1　工程所在流域水系

4.1.3　气象

西洋河流域属东亚大陆性季风气候。春季干旱少雨,多风沙;夏季炎热,多雷雨;秋季风清,天高气爽;冬季严寒,干燥少雪。项目区多年平均气温 6.8 ℃,7 月最热,平均气温 22 ℃;1 月最冷,平均气温-10.1 ℃;极端最高气温 39.4 ℃,出现在 1961 年 6 月 10 日,极端最低气温-26.1 ℃,出现在 1972 年 1 月 26 日。项目区初霜日为 9 月 27 日,终霜日为 5 月 9 日,平均无霜期 130 d。多年平均日照时数 2 804.3 h,多年平均水面蒸发量 860 mm,年平均风速 2.9 m/s,年最大冻土深 138 cm。

项目区多年平均降水量为 390 mm,年际变化比较大,降水量最多年份 1967 年,为 565.5 mm;降水量最少年份 1965 年,仅为 219.1 mm,极值比 2.58。且降水的年内分配很不均匀,多集中在 6—9 月。汛期平均降水量 300.1 mm,占全年降水量的 78%,非汛期降水量占全年降水量的 22%。

4.1.4　水文

4.1.4.1　测站基本资料

工程所在的西洋河上没有水文站,在东洋河上的柴沟堡断面位置有柴沟堡水文站(分为河道站、集成渠、四清大渠 3 个水文断面,控制流域面积 3 674 km^2),可以控制东洋河的全部径流,其中集成渠在河道右岸引水,四清大渠在河道左岸引水;在西洋河与南洋河汇合口上游的南洋河上有南洋河柴沟堡(二)站。上述两个水文站均为国家级水文站,资料条件较为可靠。水文测站及引水渠道位置分布见图 4.1-2。

图 4.1-2　水文测站及引水渠道位置分布

4.1.4.2　东洋河径流

根据东洋河柴沟堡河渠综合站 1963—1991 年、2006—2013 年实测逐月径流系列统计，多年平均流量为 3.45 m^3/s，其中 1963—1991 年多年平均流量为 4.09 m^3/s，2006—2013 年多年平均流量为 1.15 m^3/s。最小年径流为 2007 年的 0.6 m^3/s。

根据东洋河柴沟堡河道站 1963—1991 年、2006—2013 年实测逐月径流系列统计，多年平均流量为 2.09 m^3/s，其中 1963—1991 年多年平均流量为 2.46 m^3/s，2006—2013 年多年平均流量为 0.6 m^3/s。

东洋河河渠综合站、河道站不同保证率实测流量排频成果见表 4.1-1。

表 4.1-1　水文站实测流量排频成果表　　单位：m^3/s

水文测站	保证率		
	25%	50%	75%
东洋河河渠综合站	4.19	3.06	1.82
东洋河河道站	2.93	1.22	0.68
南洋河	2.80	2.07	0.86

4.1.4.3　南洋河径流

根据南洋河柴沟堡(二)站 1963—1991 年、2006—2013 年实测逐月径流系列统计，多年平均流量为 2.17 m^3/s，其中 1963—1991 年多年平均流量为 2.66 m^3/s，2006—2013 年多年平均流量为 0.41 m^3/s。最小年径流为 2009 年的 0.19 m^3/s。

对比分析东洋河河道站与南洋河 2006—2013 年实测径流系列可知，近 8 年两河均属于枯水年份，东洋河河道站8年平均流量为0.6 m^3/s，南洋河平均流量为0.41 m^3/s，东洋河河道站同期流量大于南洋河。

4.1.4.4　西洋河径流

根据调查，西洋河水库近年下泄水量为0。西洋河水库至西洋河河口区间面积较小，实地调查西洋河近年来为干河。

4.1.4.5　泥沙

1.天然输沙量

西洋河流域上游植被较少，河道比降大，水流湍急，是一条多泥沙河流。泥沙的年内分配具有与降水、径流相一致的特性，但其年内分配集中程度比降水与径流更甚，汛期输沙量占年输沙量的80%左右，而汛期泥沙又集中在6月末至8月初的几场大洪水。泥沙在年际间变化也较悬殊。根据《张家口市水文手册》，流域内悬移质多年平均输沙模数为1 000~1 500 t/km^2，查《河北省水资源评价》流域悬移质多年平均侵蚀模数为1 000~2 000 t/km^2。

本次收集了南洋河柴沟堡水文站（控制流域面积2 903 km^2）1963—1991年、2006—2013年共37年的泥沙观测资料统计，其多年平均悬移质输沙量为182万t，年均悬移质输沙模数为626 t/km^2；其中1963—1979年的平均输沙模数为1 005 t/km^2，明显大于1980年后的年均输沙模数303 t/km^2。依据对东洋河柴沟堡河道站（控制流域面积3 674 km^2）1963—1991年、2006—2013年的泥沙观测资料的统计结果，多年平均悬移质输沙量为212万t，考虑集成渠和四清大渠灌溉期引水带走部分泥沙，东洋河的悬移质输沙模数在620 t/km^2左右，输沙模数的年代特征同南洋河。

从区域气候条件和河流水系的位置分布来看，东洋河、西洋河、南洋河均属于洋河水系，而西洋河位于南洋河和东洋河中间，因此相似性应当较高。虽然从《张家口市水文手册》的悬移质输沙模数分布图来看，西洋河流域的输沙模数位于1 000~1 500 t/km^2区间，但是考虑到该手册编制年代较早（1985年），近年来张家口地区开展了大量的水土保持工作，并取得了显著成效，区域植被显著改善。近年来，水土流失状况应当有较大改善，且近年来径流量也持续减少，悬移质输沙模数应该呈现明显减少的趋势，南洋河和东洋河不同年代的输沙模数变化也验证了这一趋势。

经综合分析认为，在流域现状自然状况条件下，西洋河流域特性的多年平均悬移质输沙模数会有所减少，本次推荐采用输沙模数为800 t/km^2，推移质输沙量按悬移质输沙量的10%计算。西洋河水库以上控制流域面积为617.6 km^2，其悬移质多年平均输沙量为49.4万t，多年平均输沙总量为54.3万t；西洋河水库以下至治理河段区间流域面积为250.9 km^2（含屈龙屯沙河控制流域面积40 km^2），其悬移质多年平均输沙量为20.1万t，多年平均输沙总量为22.1万t。上游的西洋河水库（总库容1 535万m^3）具有一定的拦沙作用，根据2011年新测西洋河水库库区地形图分析，从2006年除险加固工程结束至2011年，水库累计淤积量为150万m^3，年平均淤积量为30万m^3，折算成质量约为39.8万t。因此，此次西洋河治理段上游的天然泥沙主要有两个来源途径：一是区间洪水带来的泥沙22.1万t；二是西洋河水库的泄洪带来的泥沙14.5万t，即多年平均输沙总量为36.6万t。

2.引水输沙量

此次西洋河治理工程为了满足河道的生态需求和景观用水要求，拟从外流域引水至西洋河，必然带入相应的泥沙到治理段。从目前引水水源分布来看，引水输沙量主要有两个途径：一是为了给西洋河治理河段补水，拟从东洋河柴沟堡断面的集成渠引水，通过管道进入西洋河，设计年均引水流量为 217 万 m^3，经采用日引水流量和对应的日含沙量数据进行分析计算，年均引水带入泥沙为 26 829 t；二是拟在西洋河与南洋河汇合口下游侧建立拦河闸形成一定水面，并修建提水泵站，在灌溉期和东洋河补水不能满足河道生态和景观用水时，通过泵站提水予以满足。经分析计算年提水量约 386 万 m^3，从南洋河汇合口引水至西洋河治理段上游带入的沙量为 3 876 t。因此，引水输沙量合计 30 705 t。引水输沙量及年内分配统计见表 4.1-2。

表 4.1-2　引水量及引沙量年内分配成果统计

2006—2013 年平均	引水、引沙统计（推荐方案）				
	东洋河引水/万 m^3	南洋河提水/万 m^3	东洋河引沙/t	南洋河引沙/t	引沙合计/t
1 月	0	0	0	0	0
2 月	0	0	0	0	0
3 月	16	50	463	123	586
4 月	18	49	337	93	430
5 月	18	51	963	59	1 022
6 月	23	43	8 054	1 027	9 081
7 月	20	46	5 188	1 257	6 445
8 月	20	46	8 908	1 202	10 110
9 月	36	32	2 916	115	3 031
10 月	42	28	0	0	0
11 月	24	41	0	0	0
12 月	0	0	0	0	0
合计	217	386	26 829	3 876	30 705

4.2　存在的问题

（1）城乡水环境质量与人民群众的要求尚存差距。

近年来，水生态保护力度不断加强，也取得了一定成效，但粗放的工农业生产活动和气候变化双重因素所导致的生态破坏和退化现象仍较为突出。在经济社会快速发展和人民群众对提高生活水平诉求日益强烈的背景下，水环境状况不容乐观，水环境综合治理压力较大，城乡水环境质量与广大人民群众的要求相比还有一定差距，自然资源开发利用与生态保护的矛盾更加突出，这为水生态文明建设带来了新的挑战。

(2)城乡水景观和水利风景区建设相对滞后。

根据调查,西洋河水库近年下泄水量为0。西洋河水库至西洋河河口区间面积较小,实地调查西洋河近年来为干河。治理段河道现状生态环境较差,几乎没有水景观。随着区域社会经济的不断发展,人民群众对生态环境意识的不断提高,在城乡水景观打造和水利风景区创建中,需进一步通过在水利工程建设中纳入生态元素,创造一批蕴含丰厚水文化内涵、具有丰富地域特点的生态和水利相结合的工程精品,以改善河道的生态环境和居民的居住环境。

4.3 生态需水量计算

4.3.1 西洋河生态需水量

西洋河怀安县城段河道生态蓄水过程中,应保证河道的生态需水量,避免造成河道断流,破坏河道的生态系统平衡。

此次西洋河生态需水计算范围自 G110 西洋河大桥上游 350 m 至西洋河大桥下游 1 580 m,全长 1.93 km。生态需水项目包括蓄水河槽水面蒸发水量、柳滩生态林草灌溉水量、换水量。

4.3.1.1 水面蒸发需水量

西洋河现状河道常年无水,工程实施将形成连续的生态水面,蒸发损失增大。根据水面面积、降水量、水面蒸发量计算各月的蒸发生态需水量。设计河道常水位对应的水面面积为 13.98 hm^2。根据友谊水库蒸发站观测资料统计,多年平均水面蒸发量为 859.90 mm,根据柴沟堡雨量站观测资料统计,多年平均降雨量为 430.00 mm。经计算,西洋河本河段年蒸发损失量为 6.15 万 m^3。

4.3.1.2 渗流需水量

根据河床水文地质条件以及采取的工程防渗措施,渗漏量按年平均蓄水量的 2% 考虑,经计算,该河段渗漏损失量为 0.35 万 m^3。

4.3.1.3 生态林草灌溉需水量

该工程在河道滩地建设柳滩,柳滩植被由河道内取水灌溉。由于项目区 1 月、2 月、12 月为冰冻期,因此植物需水时间为每年 3—11 月。根据《河湖生态环境需水计算规范》(SL/T 712—2021),采用单位面积用水量法计算植物灌溉需水量。工程建设柳滩面积 12 hm^2,根据《河北省用水定额》(2016),城镇绿化用水取 0.6 $m^3/(m^2 \cdot a)$。经计算,该工程植物灌溉需水量为 7.19 万 m^3。

4.3.1.4 换水量

为保证河道水质,每年春季集中换水一次,清除上年度河流污染水体。换水时间安排在每年 4 月下旬,换水量为 16.26 万 m^3。

4.3.1.5 总净需水量

综上所述,考虑水面蒸发、渗漏、林草以及换水量后,西洋河本河段净生态需水量合计为 29.95 万 m^3,

4.3.1.6　总毛需水量

该工程引水方案为利用现有集成渠,改建护砌后进行引水,根据渠道设计参数,计算渠道引水后蒸发损失为0.25万 m^3,渗漏损失为0.84万 m^3,合计1.09万 m^3,渠系水利用系数约为0.96。

参照《官厅水库上游怀安县洋河西灌区节水灌溉工程初步设计报告》:洋河西灌区节水灌溉工程主体衬砌结构是混凝土现浇,干渠水利用系数取0.90。该设计引水渠道主体结构也采用混凝土现浇,因此渠系水利用系数取本次计算与设计报告中的较小值,即0.90。

综上所述,毛生态需水量合计33.28万 m^3(见表4.3-1)。

表4.3-1　生态需水量成果　　单位:万 m^3

项目	1月	2月	3月	4月	5月	6月	7月	8月	9月	10月	11月	12月	合计
蒸发水量	0.10	0.18	0.45	0.99	1.41	0.96	0.12	0	0.61	0.80	0.39	0.14	6.15
渗漏量	0.03	0.02	0.03	0.03	0.03	0.03	0.03	0.03	0.03	0.03	0.03	0.03	0.35
绿化灌溉	0	0	0.81	0.79	0.79	0.79	0.81	0.81	0.79	0.81	0.79	0	7.19
换水量	0	0	0	16.26	0	0	0	0	0	0	0	0	16.26
净需水量合计	0.13	0.20	1.29	18.07	2.23	1.78	0.96	0.84	1.43	1.64	1.21	0.17	29.95
毛需水量合计	0.15	0.22	1.43	20.08	2.48	1.98	1.07	0.93	1.59	1.82	1.34	0.19	33.28

4.3.1.7　高日需水量

考虑渠系水利用率及换水时间后,西洋河本河段高日生态需水量见表4.3-2。

表4.3-2　高日生态需水量成果　　单位:m^3/s

项目	1月	2月	3月	4月	5月	6月	7月	8月	9月	10月	11月	12月
蒸发耗水量	0	0	0.01	0.02	0.02	0.02	0	0	0.01	0.01	0.01	0
渗漏量	0	0	0	0	0	0	0	0	0	0	0	0
绿化灌溉	0	0	0.01	0.01	0.01	0.01	0.01	0.01	0.01	0.01	0.01	0
换水量	0	0	0	0.27	0	0	0	0	0	0	0	0
净需水量合计	0	0	0.02	0.30	0.04	0.03	0.02	0.01	0.02	0.03	0.02	0
毛需水量合计	0	0	0.02	0.33	0.04	0.03	0.02	0.02	0.03	0.03	0.02	0

4.3.2　循环流量

为维护西洋河河流生态廊道的生机活力,提高西洋河本段河流的流动性,增强节假日河道水流景观效果,一期工程在3#闸位置利用泵站提水至上游沉砂池,后续二期工程自东洋河引水至上游沉砂池,逐级溢流,形成跌水景观,增加河道水体循环,提高河流水体自净能力,改善水质,提升景观效果。考虑到一期、二期工程的衔接,流量按工程整体规模参数取值。

该工程循环流量按堰上水头分别为 0.01 m、0.02 m、0.03 m、0.05 m、0.10 m 几种溢流方案考虑。按最大规模拦河闸宽度 135 m、闸高 2.5 m，计算其堰上水头-流量关系。因此，为保证堰上最低 0.01 m 的溢流需要提水流量为 0.21 m^3/s，堰上最低 0.02 m 的溢流需要提水流量为 0.60 m^3/s，堰上最低 0.03 m 的溢流需要提水流量为 1.11 m^3/s，堰上最低0.05 m的溢流需要提水流量为 2.39 m^3/s，堰上最低 0.10 m 的溢流需要提水流量为 6.76 m^3/s。

4.3.3 东洋河生态基流

该工程考虑自东洋河引水，补充西洋河河道生态需水。为保证东洋河自身生态环境，必须保证东洋河生态基流，因此东洋河可调水量应首先扣除其生态基流。

根据东洋河柴沟堡河道站共 63 年径流系列资料统计，东洋河多年平均径流为2.12 m^3/s。生态基流按 90%保证率最枯月平均流量法、Tennant 法两种方法计算。其中，按 90%保证率最枯月平均流量法计算，生态基流为 0.03 m^3/s；按 Tennant 法非汛期取多年平均天然径流量的 10%计算，生态基流为 0.21 m^3/s，汛期取多年平均天然径流量 20%，为 0.42 m^3/s。两种方法取大值，因此东洋河生态基流非汛期为 0.21 m^3/s，汛期为 0.42 m^3/s。

4.3.4 合理性分析

此次生态需水计算按照生态优先原则，根据河道设计功能，全面考虑了水面蒸发水量、渗漏水量、林草灌溉水量、换水量、循环水量。按照兼容性原则，对用水性质进行了区分，非耗水量即循环水量不参与总量计算，避免了重复计算。

根据实地调查，西洋河水库近年下泄水量为 0，西洋河近年来为干河，此次通过东洋河引水补充本河段河道生态水量 33.28 万 m^3，此水量为重塑河流健康水生态提供了基础条件。

此次生态需水量占东洋河多年平均径流量（1951—2013 年）的 0.28%，引水比例小，对东洋河河道基本无影响。

4.4 引水规模及引水量分析

4.4.1 径流分析

根据东洋河柴沟堡河渠综合站 1951—2013 年实测逐月径流系列统计，多年平均流量为 3.68 m^3/s，其中 1951—2000 年多年平均流量为 4.28 m^3/s，2001—2005 年多年平均流量为 1.71 m^3/s，2006—2013 年多年平均流量为 1.15 m^3/s。最小年径流量为 2007 年的 0.6 m^3/s。

根据东洋河柴沟堡河道站 1951—2013 年实测逐月径流系列统计，多年平均流量为 2.12 m^3/s，其中 1951—2000 年多年平均流量为 2.50 m^3/s，2001—2005 年多年平均流量为 0.68 m^3/s，2006—2013 年多年平均流量为 0.6 m^3/s。

根据南洋河柴沟堡（二）站 1951—2013 年实测逐月径流系列统计，多年平均流量为 2.46 m^3/s，其中 1951—2000 年多年平均流量为 2.96 m^3/s，2001—2005 年多年平均流量为0.68 m^3/s，2006—2013 年多年平均流量为 0.41 m^3/s。最小年径流量为 2009 年的 0.19 m^3/s。

点绘南洋河、东洋河河渠综合站的逐年平均流量过程，如图 4.4-1 所示。从图 4.4-1

中可以看出,1951—2000 年径流系列属于偏丰年份,2000 年以后径流系列属于偏枯年份,考虑到 2006—2013 年径流系列较 2001—2005 年更枯,此次选取 2006—2013 年逐日径流系列进行可引水量分析。

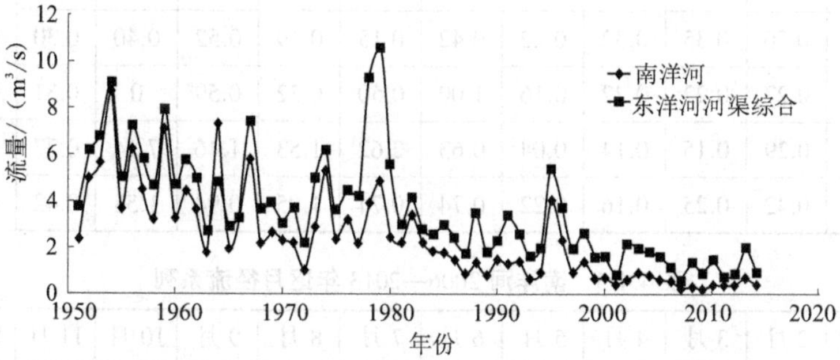

图 4.4-1　南洋河、东洋河河渠综合站逐年平均流量过程

东洋河河渠综合站 2006—2013 年平均流量为 1.15 m^3/s,东洋河河道站平均流量为 0.59 m^3/s,南洋河平均流量为 0.41 m^3/s,大于南洋河平均流量。2006—2013 年东洋河河渠综合站、河道站及南洋河逐月径流过程分别见表 4.4-1～表 4.4-3。根据 2006—2013 年逐月径流过程,南洋河径流系列连续流量为 0 的月份多于东洋河径流系列,故此次在水源选择上主要选择东洋河。

表 4.4-1　东洋河河渠综合站 2006—2013 年逐月径流系列　　单位:m^3/s

年份	1 月	2 月	3 月	4 月	5 月	6 月	7 月	8 月	9 月	10 月	11 月	12 月	年平均
2006	0.37	0.46	2.62	1.11	0.54	0.64	2.93	2.46	0.66	1.67	0.37	0.21	1.17
2007	0.15	0.69	1.34	1.77	0.13	0.12	0.25	1.59	0.37	0.36	0.23	0.21	0.60
2008	0.11	0.23	1.70	3.23	0.32	2.30	3.36	3.22	0.74	0.71	0.36	0.36	1.39
2009	0.41	0.53	1.12	3.97	0.53	0.36	1.42	1.48	0.54	0.45	0.27	0.23	0.94
2010	0.23	0.35	1.10	2.62	0.74	0.66	3.41	1.12	2.86	2.60	1.60	0.69	1.50
2011	0.45	0.56	1.12	2.18	0.36	0.42	2.02	0.33	0.52	0.40	0.30	0.35	0.75
2012	0.31	0.27	0.93	1.78	0.16	1.00	2.91	0.76	1.28	0.52	0.41	0.24	0.88
2013	0.15	0.29	1.21	2.04	0.04	0.63	4.41	4.92	1.46	7.14	0.77	0.54	1.97
平均	0.27	0.42	1.39	2.34	0.35	0.77	2.59	1.99	1.05	1.73	0.54	0.35	1.15

表 4.4-2　东洋河河道站 2006—2013 年逐月径流系列　　单位:m^3/s

年份	1 月	2 月	3 月	4 月	5 月	6 月	7 月	8 月	9 月	10 月	11 月	12 月	年平均
2006	0.37	0.46	0.27	0.01	0.01	0.61	0.20	1.54	0.66	1.45	0	0.21	0.48
2007	0.15	0.69	0.31	0	0.13	0.12	0.16	0.77	0.18	0	0	0.20	0.23
2008	0.11	0.23	0.13	0.33	0.12	2.15	0.82	2.27	0.74	0.62	0.26	0.36	0.68
2009	0.41	0.53	0.25	0.20	0.34	0.36	0.96	0.94	0.54	0.39	0.12	0.23	0.44

续表 4.4-2

年份	1月	2月	3月	4月	5月	6月	7月	8月	9月	10月	11月	12月	年平均
2010	0.23	0.35	0.31	0.05	0.71	0.66	0.47	0.84	2.86	2.60	1.60	0.69	0.95
2011	0.45	0.56	0.35	0.32	0.22	0.42	0.15	0.19	0.52	0.40	0.30	0.35	0.35
2012	0.31	0.27	0.22	0.22	0.16	1.00	0.50	0.32	0.59	0	0.31	0.24	0.35
2013	0.15	0.29	0.15	0.14	0.04	0.63	2.62	1.53	1.46	7.14	0.77	0.54	1.29
平均	0.27	0.42	0.25	0.16	0.22	0.74	0.74	1.05	0.94	1.58	0.42	0.35	0.59

表 4.4-3 南洋河 2006—2013 年逐月径流系列

单位:m^3/s

年份	1月	2月	3月	4月	5月	6月	7月	8月	9月	10月	11月	12月	年平均
2006	0.33	0.48	0.96	0.34	0.46	0.34	1.52	1.25	0.39	0.54	0.25	0.03	0.57
2007	0	0.05	1.02	0.26	0	0.45	0.06	0.11	0.17	0.70	0.28	0.04	0.26
2008	0	0.07	1.03	0.35	0.31	0.62	0.28	0.02	0.49	0.65	0.13	0	0.33
2009	0	0.39	0.65	0.15	0.31	0.17	0	0	0.27	0.35	0.05	0	0.20
2010	0	0	0.47	0.60	0.66	0.25	0.18	0.12	1.05	0.90	0.39	0.08	0.39
2011	0	0	0.84	0.65	0.75	0.48	0.33	0.27	0.71	0.65	0.07	0	0.40
2012	0	0	0.17	0.42	0.37	0.29	0.17	1.44	1.14	0.68	0.20	0	0.41
2013	0	0	0.79	0.42	0.54	1.45	3.35	0.82	0.48	0.51	0.08	0	0.70
平均	0.04	0.12	0.74	0.40	0.43	0.51	0.74	0.50	0.59	0.62	0.18	0.02	0.41

4.4.2 可引水量分析

根据工程布置,西洋河工程治理段上口水面高程 815 m,东洋河集成渠引水口处高程 850.74 m,集成渠具备向西洋河生态治理河段自流引水的条件。因此,东洋河引水口拟利用集成渠引水口引水,其下游附近有四清大渠引水口和河道水文站。

东洋河汇入洋河前断面控制流域面积为 3 696 km^2,东洋河柴沟堡河渠水文站(分为河道站、集成渠、四清大渠 3 个水文断面)控制面积 3 674 km^2,二者面积相差不大,可判断在柴沟堡河渠水文站所测径流供水除集成渠和四清大渠引水外,基本无其他用水户。西洋河引水后扣除生态补水损失消耗的 33.28 万 m^3后,剩余水量又流回东洋河,损失水量占柴沟堡河渠水文站来水量比重很小,因此西洋河引水对东洋河汇入口以下河段的用水户用水基本无影响。

根据集成渠和四清大渠 2006—2013 年引水流量过程,统计集成渠和四清大渠多年平均引水过程。考虑到 2006—2013 年为枯水年份,集成渠和四清大渠引水量较其余年份少,且引水过程为多年平均情形,因此考虑到年际引水的不均匀性以及生态景观引水的安全性,故将集成渠和四清大渠多年平均引水过程考虑按照 20% 放大,计算得到集成渠和四清大渠预留合计灌溉引水过程见表 4.4-4。

表 4.4-4　集成渠和四清大渠多年平均灌溉引水过程　　单位:m^3/s

月份	集成渠引水	四清大渠引水	两渠道合计引水
1	0	0	0
2	0	0	0
3	0.889	0.253	1.370
4	0.129	2.051	2.615
5	0	0.134	0.161
6	0	0.022	0.027
7	0.665	1.190	2.225
8	0.495	0.441	1.122
9	0	0.109	0.131
10	0	0.155	0.186
11	0	0.118	0.142
12	0	0.001	0.001

据调查,怀安县灌溉期外包线为每年的 2 月 20 日至 4 月 5 日、7 月 1 日至 8 月 30 日,因此本次考虑灌溉期不引水,冰冻期 12 月至翌年 2 月不引水,4 月 10 日至 4 月 30 日作为非灌溉期考虑。

采用 2006—2013 年东洋河柴沟堡河渠综合站的逐日径流系列,扣除非灌溉期灌溉引水日流量以及东洋河生态基流,经长系列调算后,可得到东洋河 2006—2013 年多年平均非灌溉期各月可引水流量(见表 4.4-5)。

表 4.4-5　东洋河 2006—2013 年多年平均非灌溉期各月可引水流量　　单位:m^3/s

1 月	2 月	3 月	4 月	5 月	6 月	7 月	8 月	9 月	10 月	11 月	12 月
0	0	0	1.07	0.118	0.471	0	0	0.588	1.36	0.233	0

4.4.3　引水规模分析

换水量占生态需水总量的 54%,引水规模主要由换水流量和堰上水头景观要求控制。

根据生态需水要求和可引水流量,对 2006—2013 年东洋河非灌溉期逐日可引水流量进行排频分析,绘制流量保证率曲线(见图 4.4-2)。

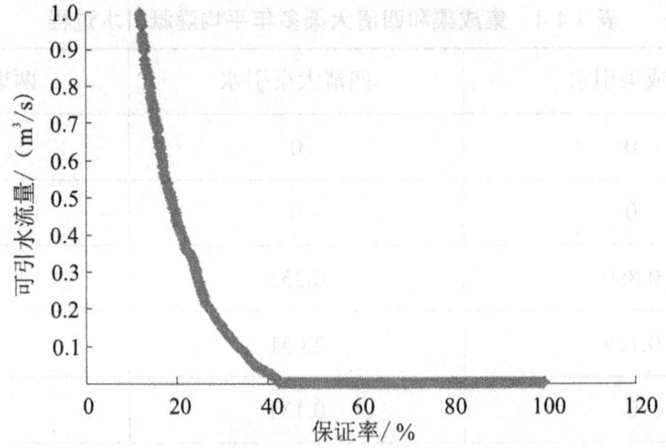

图 4.4-2　2006—2013 年东洋河非灌溉期逐日可引水流量保证率曲线

比较分析 4 月换水时间按 3 d、5 d、7 d、10 d 4 种方案，经计算，日平均换水流量分别为 0.78 m^3/s、0.47 m^3/s、0.33 m^3/s、0.23 m^3/s。换水时间越短，换水效率越高，生态景观效果越好，但相应工程投资也越高。由换水方案投资对比分析可见，3 d、5 d 换水方案工程投资显著增加，7 d、10 d 换水方案投资增加幅度不大。换水方案投资对比见表4.4-6、图 4.4-3。

表 4.4-6　换水方案投资对比

序号	换水时间/d	日平均换水流量/(m^3/s)	管径/mm	单价/元	长度/m	工程投资/万元
1	3	0.78	800	1 508	4 550	1 029
2	5	0.47	630	890	4 550	607
3	7	0.33	500	580	4 550	396
4	10	0.23	400	510	4 550	348

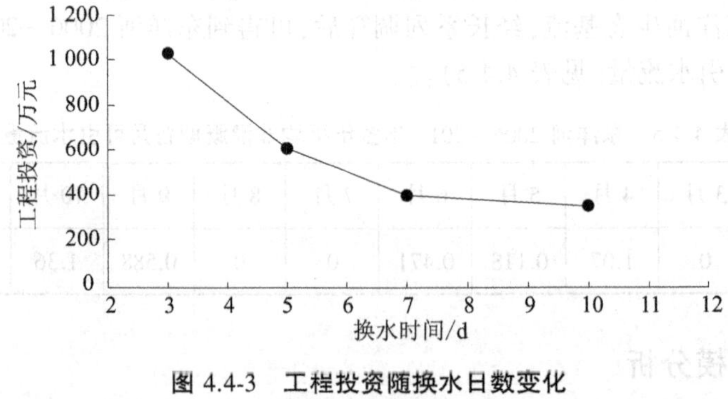

图 4.4-3　工程投资随换水日数变化

考虑到一、二期工程衔接，循环流量根据东洋河引水保证率确定。分析保证率曲线可知，若引水规模取满足堰上水头 1 cm 常流量及其他生态需水过程最大生态需水流量 0.33 m^3/s，东洋河可引水流量大于 0.3 m^3/s 的保证率为 28.4%，即 71.6%情况下东洋河可引水流量不足 0.3 m^3/s，需要通过其他方式补水满足生态用水需求；若引水规模进一步加大至

0.60 m^3/s(满足堰上水头 2 cm 常流量及其他生态需水过程最大需水流量),东洋河可引水流量大于该流量的保证率仅为 17.4%,即 82.6%情况下东洋河可引水流量不足 0.60 m^3/s,不能满足景观及生态用水需求,需要通过其他方式补水,补水时间将进一步延长。

因此,按照上述思路,综合考虑换水效率、工程投资因素、工程建设经济性、补水时间合理性以及满足生态景观需水要求等多项因素,最终确定工程引水规模为 0.33 m^3/s,即拟定换水时间为 7 d,换水平均流量 0.33 m^3/s,同时满足堰上水头 1 cm 常流量及其他最大生态需水流量。

4.5　泵站规模

根据引水规模、可引水量以及生态需水要求,进行供水调节计算。引水原则为 1 月、2 月、12 月属于冰冻期,河道结冰,不引水;3 月至 4 月 10 日、7 月、8 月属于灌溉期,一期工程考虑东洋河引水满足 4 月换水一次要求,其他非灌溉月份根据生态需水、管径规模以及东洋河可引水量相机引水。

在特定需求情况下,若引水流量不能满足生态需求或跌水景观,可考虑利用 3# 闸位置泵站提水至上游沉砂池,逐级溢流,满足需求,泵站最大流量 0.3 m^3/s,满足生态跌水景观。

经计算,2006—2013 年多年平均引水流量 0.062 m^3/s,引水月过程见表 4.5-1。从计算结果看,4 月能满足换水要求,只是有的年份因来水量少而换水时间较长;从满足堰上水头 1 cm 常流水的需求量来看,满足程度仅为 28.4%,因此建设自循环泵站是必要的。按照满足堰上水头 1 cm 常流水的需要,确定泵站流量为 0.3 m^3/s。若引水流量不能满足跌水景观,可考虑利用泵站提水至上游满足逐级溢流需求。

表 4.5-1　西洋河引水月过程　　单位:m^3/s

平均	1 月	2 月	3 月	4 月	5 月	6 月	7 月	8 月	9 月	10 月	11 月	12 月
0.062	0	0	0	0.158	0.070	0.097	0	0	0.152	0.168	0.102	0

4.6　补水工程设计方案

河道景观用水应立足本地水源,充分利用再生水和雨洪水,多水联调、循环利用、节约高效。

西洋河河道生态用水包括水生态修复用水、生态湿地蓄水、河道景观用水等。非汛期西洋河河道内几乎无天然径流,需从东洋河引水,引水水源为东洋河集成渠。为实现水生态效果,保证景观用水,在汇合口大水面附近修建泵站和引水管道,当东洋河来流不能保证河道内生态用水时,利用泵站抽水给西洋河补水。

东洋河引水管道管线总长度为 4.6 km,引水设计流量 0.3 m^3/s,管道采用 DN600、DN500 的预应力钢筋混凝土管。

新建扬水泵站，引水流量为0.3 m^3/s，提水泵站装机功率为396 kW，设计扬程59.0 m。泵站出水总管采用离心球墨铸铁管，总长6.51 km，内径0.6 m。

规划补水工程示意图见图4.6-1。

图 4.6-1　补水工程示意图

第5章　山西省大同市阳高县白登河案例

5.1　项目区基本情况

5.1.1　自然地理

阳高县是山西省大同市下辖县，西汉置高柳县，金改名白登县，清雍正三年（1725年）改称现名。阳高县地处山西省东北部，北隔长城与内蒙古自治区丰镇市和兴和县相邻，南与浑源、广灵为界，西与云州区毗邻，东与天镇县、河北阳原接壤。

阳高县位于东经113°49′~114°6′、北纬39°49′~40°31′。全县南北宽75.5 km，东西长59.2 km，北宽南窄，为狭长葫芦形，全县总面积1 705 km^2，其中土石山区、丘陵区为996.4 km^2，盆地平川区为708.6 km^2，其面积约占全省总面积的1%。

阳高县属大同市管辖，全县辖7镇6乡，共有269个行政村，总人口29万人，其中农业人口24万人。阳高县呈“W”形褶皱地形。高低起伏的复杂地貌分剥蚀构造、侵蚀构造、堆积构造3个单元。地貌有山地、丘陵、平原、盆地、谷地诸类，习惯上粗分为山、川、丘3类。

该工程位于白登河大白登段，小安滩村东1 km处起（龙泉工业园区北）至S45高速公路桥，全长6.3 km。工程区距阳高县城约8 km处，位于龙泉工业园区与县城之间。

5.1.2　流域概况

白登河发源于阳高县朱家窑头乡的随士营，从源头到天镇县刘家庄下游5 km处河段称为白登河。白登河是南洋河的上游河段，白登河全长62.5 km，河流平均纵坡7.8‰。河流主要特性为宽浅式的弯曲游荡河型，河床为沙质土，稳定性差。流域面积1 297 km^2，地理位置介于东经113°30′~113°59′、北纬40°05′~40°31′。白登河的主要支流有张官屯河、黄水河、吾其河、黑水河等。

白登河生态综合治理项目，起点位于白登河大桥上游0.3 km处，项目终点位置为S45天黎高速与白登河交汇处下游0.6 km处，终止断面集水面积492 km^2。

南洋河流域地理位置介于东经113°32′~114°16′、北纬40°16′~40°35′，西、北、南三面环山，东部为冲积平原区，主要流经天阳盆地，地势较平坦。流域海拔在1 000~2 144 m，地貌南、北部分水岭周边为土石山区，其延伸地域为黄土丘陵沟壑区，东部为冲积平原区。土石山区植被：灌木以柠条、沙棘、河柳、虎榛子为主；乔木主要为人工林，以油松、樟子松居多；草种为野生杂草，主要为长芒草、茭蒿、羊胡子等。黄土丘陵沟壑区原始植被破坏殆尽，现植被主要为人工种植，乔木以油松、小叶杨、樟子松为主；灌木主要为柠条、沙棘。流域内林草面积520 km^2，覆盖率为28%。

5.1.3　气象

阳高县属典型温带季风气候，四季分明，春季风大干旱少雨，夏季高温多雨，秋季凉爽,冷热适中,冬季寒冷少雪。根据阳高气象站资料统计,多年平均气温 7.2 ℃,最高气温出现在 7 月,最低气温出现在 1 月;极端最高气温为 38.1 ℃,极端最低气温为-31.8 ℃;全年无霜期 117~159 d,一般年份初霜期出现在 9 月下旬,终霜期在次年 5 月;多年平均降水量 381.2 mm,年最大降水量 672.3 mm(1995 年),年最小降水量 222.3 mm(1965 年)。降水年内分配不均,汛期(6—9 月)降水量占全年降水量的 75%左右,多年平均水面蒸发量 1 037 mm。多年平均风速 2.3 m/s,全年主导风向为 WNW,风力一般 4~5 级,多年平均最大风速 16 m/s。冻土深度一般为 0.8~1.1 m,最大冻土深 1.43 m。

5.1.4 水文

阳高县境内白登河上无水文站,白登河下游南洋河上设有柴沟堡水文站,控制流域面积 2 890 km^2,绝大部分为平原区。距离白登河较近的桑干河上有固定桥水文站,控制流域面积 15 803 km^2。

白登河流域属山西省水文气象分区的北区,流域内设有阳高县气象站和张官屯雨量站。阳高县气象站位于龙泉镇东关村,观测有 1956 年以来的降水量和其他的气象资料;张官屯雨量站位于下深井乡张官屯村,设立于 1958 年。白登河生态综合治理工程附近水文站点分布如图 5.1-1 所示。

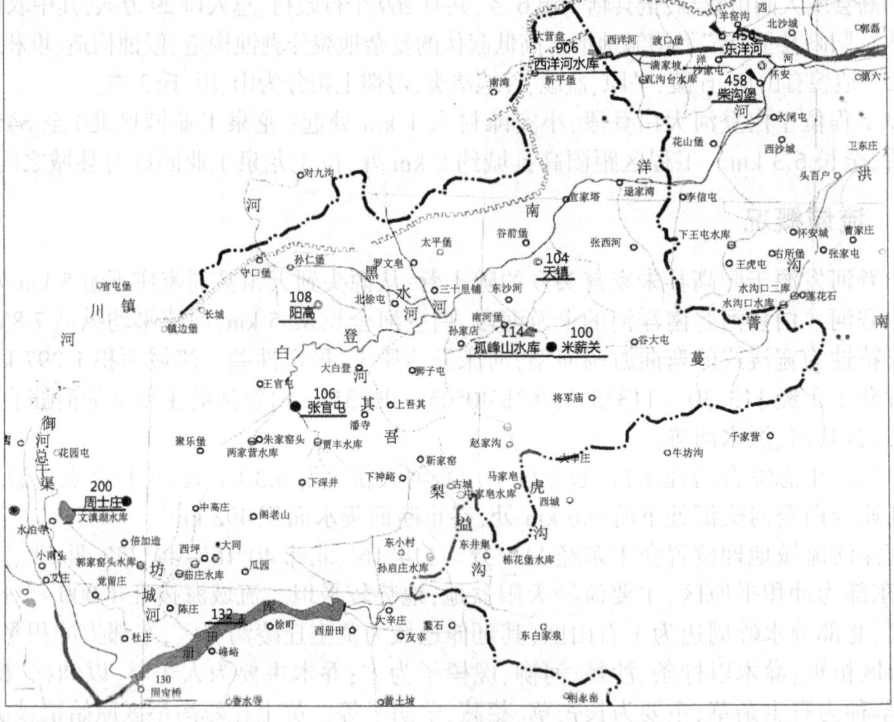

图 5.1-1 水文站点分布

5.1.4.1 治理断面天然径流

南洋河柴沟堡水文站,观测系列较长,且阳高县第二次水资源调查评价时以此站为参证站。根据《阳高县水资源评价》报告,对柴沟堡水文站资料系列进行了还原计算,得到了 1956—2008 年 53 年的连续系列;点绘了该系列的降雨—径流关系,该站降雨—径流关系基本为带状分布，系列一致性较好，不需要进行一致性修正。根据此系列天然水文成果按照水文比拟法计算的白登河流域多年平均径流深为 30 mm，而阳高县全县多年平均径流深为 31 mm。

根据全国第三次水资源调查评价成果，1956—2016 年阳高县多年平均径流深为 27.8 mm，按白登河与阳高县径流深的相关关系折算白登河流域多年平均径流深为 26.9 mm。工程终止断面以上流域面积为 492 km^2，折合多年平均天然径流量为 1 324 万 m^3。

2017 年 12 月及 2018 年 10 月，工作人员均在白登河大桥处进行现场查勘，现场目估流量一般为 0.2~0.3 m^3/s。另外，根据对白登河大桥断面的调研走访结果，该断面近 10 年均未发生过断流情况。

5.1.4.2　污水处理厂排水

工程项目引水断面位于县城下游，现状有县城污水处理厂退水排入。阳高县污水处理厂，于 2003 年 6 月开工建设，2008 年 7 月完工，2008 年 8 月正式投入运行，采用预处理+奥贝尔氧化沟的处理工艺。阳高县县城污水处理厂建设依据的排放标准为《城镇污水处理厂污染物排放标准》（GB 18918—2002）及其修改单中的一级 B 标准，未充分考虑脱氮除磷要求。根据国家环境保护部和山西省环境保护厅的要求，所有城镇污水处理厂必须执行《城镇污水处理厂污染物排放标准》（GB 18918—2002）中一级 A 类标准，阳高县县城污水处理厂污水排放不达标。同时阳高县县城人口增长，污水量增大，污水处理厂已经处于满负荷运行状态，2018 年阳高县招标对污水处理厂进行了提标和扩建改造，处理规模为 2.5 万 t/d，污水处理工艺为"预处理+A^2/O 工艺+深度处理"三级处理工艺。

县城污水处理厂的出水排入白登河，经调查，现状年日处理规模基本为 1.5 万 t/d 左右，随着人口的增长和县城的发展，排水量会随之增加。根据阳高县污水处理厂污染物排放情况信息公示，2018 年第二季度总的进水量为 145.19 万 t，总的出水量为 135.35 万 t，处理损失为 7%，日平均排水量为 1.503 9 万 t，折合流量为 0.17 m^3/s。

根据公园的需水预测和换水要求，最大引水流量为 0.15 m^3/s，因此白登河生态综合治理工程治理断面在不考虑天然径流的情况下，仅污水处理厂的排水就能满足公园用水需求。

5.1.4.3　泥沙

近年来，白登河流域采取了诸多水土保持措施，经过现场查勘，流域内植被覆盖率高、生长情况良好，将上游来水更多地蓄滞在土壤当中，地表径流量相应减少。查勘期间，当地水务局工作人员也指出白登河上游来水较为清澈，仅在中下游可见水流挟沙的浑水。据此判断，目前白登河水流含沙量在 1~3 kg/m^3较为合理。

同时，由于拟建景观池内来水以引水方式实现，为尽量减少景观池内泥沙淤积，建议不要在每年的洪水期引水。根据上述水流含沙量判断，取 2 kg/m^3 的水流含沙量进行计算，现拟定每年引水量在 169.22 万 m^3，因此每年引水带来的泥沙淤积量约为 0.34 万 t。由于每年或者隔年进行景观池的泥沙清淤，泥沙不会长时间淤积，换算后每年引水带来的泥沙淤积量约为 0.26 万 m^3。

5.1.4.4　冰情

根据距离较近、地理环境与气候条件相似的原则，选择桑干河固定桥水文站作参证站，以该站的冰情作为工程所在地的冰情。因此，白登河生态综合治理工程所在地初冰时间最早 10 月 12 日，最晚 12 月 3 日；封冻时间最早 10 月 31 日，最晚 12 月 7 日；实际封冻天数上半年最少 62 d，最多 87 d，下半年最少 25 d，最多 62 d；河心最大冰厚 1.28 m。河冰解冻时间最早3月3日,最晚3月29日;终冰时间最早3月6日,最晚4月19日。

5.2 存在的问题

工程区段经过河道治理工程,防洪问题得到解决,但受传统水利思想影响,河道水生态建设、水文化景观建设略有欠缺,与永定河流域开发整体要求不相协调。

(1)在以往对白登河的治理中,没有从考虑区域开发的角度进行综合性规划,河道两岸围绕高铁新城的土地利用率和经济性没有得到发挥,河流与城市互动性较弱。

(2)跨河公路的建设造成白登河河流生态廊道生境的破碎化。

(3)河流两岸植被单一,林地构建方式单一。

(4)缺少稳定的补给水源,生态系统难以构建。

5.3 生态需水量计算

白登河生态公园工程运行时,应保证其合理的生态需水量,生态需水项目包括:水面蒸发需水量、渗漏需水量、林草灌溉需水量、换水量。

5.3.1 水面蒸发需水量

根据水面面积、降水量、水面蒸发量计算各月的蒸发生态需水量。设计河道常水位对应的水面面积为14.46 hm^2。根据白登河张官屯站观测资料统计,多年平均水面蒸发量为1 037.40 mm,多年平均降水量为396.80 mm。经计算,白登河生态公园年蒸发损失量为9.25万 m^3。

5.3.2 渗漏需水量

白登河生态公园采取工程防渗措施,渗漏量忽略不计。

5.3.3 林草灌溉需水量

该工程在白登河生态公园建设林草植被,植被由河道内取水灌溉。根据项目区气象资料,11月至次年3月为气温低于0 ℃,因此,植物需水时间为每年4—10月。根据《河湖生态环境需水计算规范》(SL/T 712—2021),采用单位面积用水量法计算植物灌溉需水量。工程建设林草面积128.53 hm^2,根据《山西省用水定额 第1部分:农业用水定额》(DB14/T 1049.1—2020),林草灌溉定额取105 m^3/亩。经计算,该工程林草灌溉需水量为20.25万 m^3。

5.3.4 换水量

生态水体蓄水量为14.35万 m^3。为保证河道水质,每年4—10月每月换水1次,每年7次,保障生态公园水体水质,换水量为139.72万 m^3。

综上所述,生态水体生态需水量合计为169.23万 m^3。

每次换水时间拟定为 7 d，由于水景带 2 水体面积小，换水时间为 1 d。水景带 1~4 换水流量分别为 0.13 m^3/s、0.05 m^3/s、0.12 m^3/s、0.15 m^3/s。各景观带错时换水，避免下游景观带承接上游景观带废水。生态需水量成果见表 5.3-1。

表 5.3-1　生态需水量成果

分项	项目	1月	2月	3月	4月	5月	6月	7月	8月	9月	10月	11月	12月	合计
汇总	蒸发水量/万 m^3	0.31	0.39	0.83	1.68	2.16	1.45	0.23	0.05	0.52	0.78	0.50	0.35	9.25
	林草灌溉/万 m^3	0	0	0	2.85	2.85	2.85	2.95	2.95	2.85	2.95	0	0	20.25
	换水量/万 m^3	0	0	0	19.96	19.96	19.96	19.96	19.96	19.96	19.96	0	0	139.72
	需水量合计/万 m^3	0.31	0.39	0.83	24.49	24.98	24.26	23.14	22.96	23.33	23.69	0.50	0.35	169.23
水景带 1	蒸发水量/万 m^3	0.12	0.15	0.33	0.67	0.87	0.58	0.09	0.02	0.21	0.31	0.20	0.14	3.69
	林草灌溉/万 m^3	0	0	0	1.14	1.14	1.14	1.18	1.18	1.14	1.18	0	0	8.10
	换水量/万 m^3	0	0	0	5.78	5.78	5.78	5.78	5.78	5.78	5.78	0	0	40.46
	需水量合计/万 m^3	0.12	0.15	0.33	7.60	7.79	7.51	7.05	6.98	7.13	7.27	0.20	0.14	52.27
	换水时间/d	7	7	7	7	7	7	7	7	7	7	7	7	
	换水流量/(m^3/s)	0	0	0.01	0.13	0.13	0.12	0.12	0.12	0.12	0.12	0	0	
水景带 2	蒸发水量/万 m^3	0	0.01	0.01	0.03	0.03	0.02	0	0	0.01	0.01	0.01	0.01	0.14
	林草灌溉/万 m^3	0	0	0	0.29	0.29	0.29	0.29	0.29	0.29	0.29	0	0	2.03
	换水量/万 m^3	0	0	0	0.11	0.11	0.11	0.11	0.11	0.11	0.11	0	0	0.77
	需水量合计/万 m^3	0	0.01	0.01	0.42	0.43	0.42	0.41	0.40	0.40	0.42	0.01	0.01	2.94
	换水时间/d	1	1	1	1	1	1	1	1	1	1	1	1	
	换水流量/(m^3/s)	0	0	0	0.05	0.05	0.05	0.05	0.05	0.05	0.05	0	0	
水景带 3	蒸发水量/万 m^3	0.03	0.04	0.08	0.17	0.21	0.14	0.02	0.01	0.05	0.08	0.05	0.03	0.91
	林草灌溉/万 m^3	0	0	0	0.29	0.29	0.29	0.29	0.29	0.29	0.29	0	0	2.03
	换水量/万 m^3	0	0	0	7.03	7.03	7.03	7.03	7.03	7.03	7.03	0	0	49.21
	需水量合计/万 m^3	0.03	0.04	0.08	7.48	7.53	7.46	7.35	7.33	7.37	7.41	0.05	0.03	52.16
	换水时间/d	7	7	7	7	7	7	7	7	7	7	7	7	
	换水流量/(m^3/s)	0	0	0	0.12	0.12	0.12	0.12	0.12	0.12	0.12	0	0	
水景带 4	蒸发水量/万 m^3	0.15	0.19	0.40	0.82	1.05	0.71	0.11	0.03	0.25	0.38	0.24	0.17	4.50
	林草灌溉/万 m^3	0	0	0	1.14	1.14	1.14	1.18	1.18	1.14	1.18	0	0	8.10
	换水量/万 m^3	0	0	0	7.03	7.03	7.03	7.03	7.03	7.03	7.03	0	0	49.21
	需水量合计/万 m^3	0.15	0.19	0.40	8.99	9.23	8.88	8.32	8.24	8.43	8.59	0.24	0.17	61.83
	换水时间/d	7	7	7	7	7	7	7	7	7	7	7	7	
	换水流量/(m^3/s)	0	0	0.01	0.15	0.15	0.15	0.14	0.14	0.14	0.14	0	0	

5.4 补水工程设计方案

水系景观带与河道间以及水景带相互间采用水系连通工程实现水系连通。

该工程水景带1~3独立布置,利用埋管实现水系连通。水景带之间设埋管连接,水景带1与水景带2之间设埋管,采用钢管DN500;水景带2与水景带3之间设埋管,沿河堤背水坡右侧敷设,采用球墨铸铁管DN700。水景带4进水口设穿堤埋管DN500;出水口设穿堤埋管DN500。

景观带内全程自流,当充水时,打开进水口阀门,关闭出水口阀门,通过阀门和流量计监控流量,在满足景观带水位要求时,关闭进出口阀门。当需要排空时,关闭进水口阀门,打开出水口阀门,通过自流实现景观带排空。当需要换水时,打开进水口和出水口两处阀门,通过自流实现景观带内换水。

该工程共布置4处水系景观带,S45高速引线阳和大道上游左岸1处,称为水景带1;阳和大道下游左岸布置水系景观带有2处,其中靠近阳和大道称为水景带2,另一处称为水景带3;阳和大道下游右岸布置景观带1处,称为水景带4。与工程相关的白登河河道设计采用河道蓄水工程,河道蓄水设计水位为1 029.63 m,拦河橡胶坝坝轴线位于高速公路引线桥下游880 m处,坝长72 m,坝高2.5 m。水系景观带与河道间以及水景带相互间采用水系连通工程实现水系连通。

水景带1和水景带2位于蓄水坝上游,水景带3位于蓄水坝下游,水景带4跨度较大,蓄水坝上下游位置均有。该工程水景带1~3独立布置,利用埋管实现水系连通。水景带1~3进水口设穿堤埋管DN500;出水口设穿堤埋管DN500。水景带之间设埋管连接,水景带1与水景带2之间设埋管,采用钢管DN500;水景带2与水景带3之间设埋管,沿河堤背水坡右侧敷设,采用球墨铸铁管DN700。

水景带4进水口设穿堤埋管DN500,出水口设穿堤埋管DN500。

水景带1~3设计流量0.3 m^3/s,进水口河道设计水位为1 029.63 m,出水口河道设计水位为1 025.80 m。水景带4设计流量0.15 m^3/s,进水口河道设计水位为1 029.63 m;出水口河道设计水位为1 026.30 m。景观带内全程自流,当充水时,打开进水口阀门,关闭出水口阀门,通过阀门和流量计监控流量,在满足景观带水位要求时,关闭进出口阀门。当需要排空时,关闭进水口阀门,打开出水口阀门,通过自流实现景观带排空。当需要换水时,打开进水口和出水口两处阀门,通过自流实现景观带内换水。

生态引水工程布置示意图见图5.4-1。

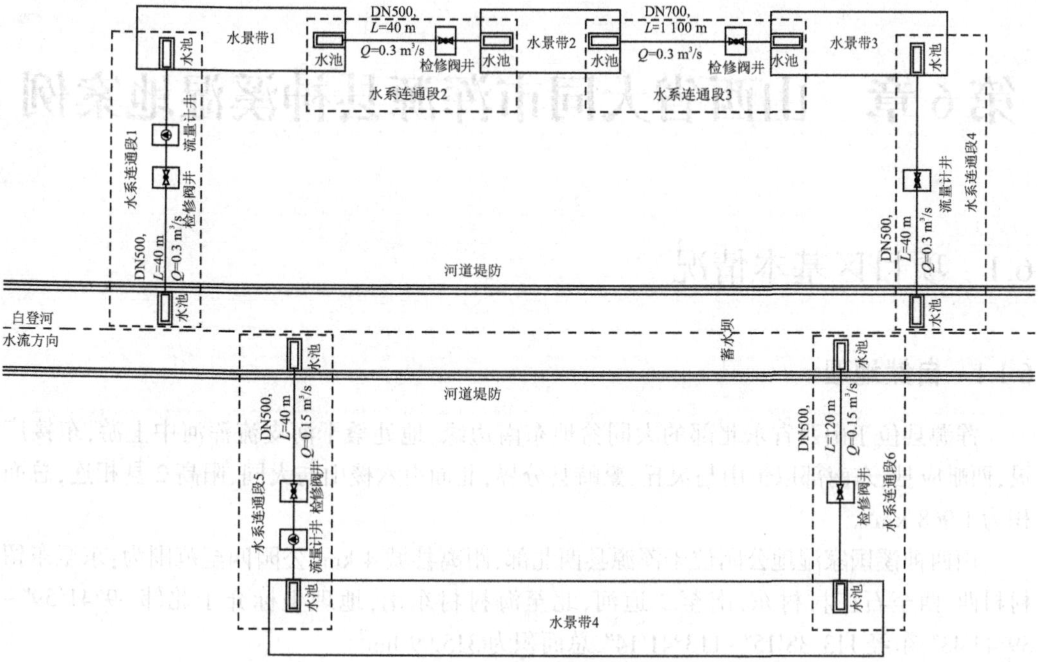

图 5.4-1　生态引水工程布置示意图

第6章　山西省大同市浑源县神溪湿地案例

6.1　项目区基本情况

6.1.1　自然地理

浑源县位于山西省东北部的大同盆地东南边缘，地处桑干河支流浑河中上游，东接广灵，西毗应县，东南部以恒山与灵丘、繁峙县分界，北面由六棱山与大同、阳高2县相连，总面积为1 968 km^2。

山西神溪国家湿地公园位于浑源县西北部，距离县城4 km，公园四至范围为：东至东留村村西，西至石庄村村东，南至二道河，北至海村村东南，地理坐标介于北纬39°41′59″~39°44′43″、东经113°38′15″~113°41′14″，总面积为315.99 hm^2。

6.1.2　湿地概况

山西神溪国家湿地公园总面积为315.99 hm^2，其中湿地面积为246.90 hm^2，湿地率为78.05%。根据《湿地资源调查技术规程》（TD/T 1109—2025）分类标准，山西神溪国家湿地公园的湿地包括河流湿地、沼泽湿地、人工湿地三种湿地类型，分为季节性河流、洪泛平原湿地、草本沼泽、库塘4种湿地型。

6.1.2.1　河流湿地

季节性河流：项目区内的季节性河流为浑河，包括干流与1条支流，水量随季节变化强烈，枯水季节可能断流。区内共有该类湿地14.34 hm^2，占湿地公园总面积的4.45%（见表6.6-1）。

表6.1-1　山西神溪国家湿地公园湿地类型

序号	湿地类	代号	湿地型	面积/ hm^2	占比/%
1	河流湿地	Ⅱ2	季节性河流	14.34	4.45
2		Ⅱ3	洪泛平原湿地	142.16	44.99
3	沼泽湿地	Ⅳ2	草本沼泽	9.68	3.07
4	人工湿地	Ⅴ1	库塘	80.72	25.54
合　计				246.90	78.05

洪泛平原湿地:在项目区内表现为丰水季节由洪水泛滥的河滩及季节性泛滥的草地,分布广泛,是公园内面积最大的湿地类型,面积为 142.16 hm^2,占湿地公园总面积的 44.99%。

6.1.2.2　沼泽湿地

草本沼泽分布于科普宣教区,湿地植被以芦苇、蒲草为建群种。项目区内的草本沼泽面积为 9.68 hm^2,占湿地总面积的 3.07%。

6.1.2.3　人工湿地

项目区的人工湿地以神溪水库为主体,含神溪泉水汇集形成的坑塘水面,分别位于公园的湿地保育区、合理利用区以及科普宣教区,面积为 80.72 hm^2,占湿地总面积的 25.54%。

6.1.3　湿地生物多样性

(1)湿地植被。湿地公园位于温带落叶阔叶林区域——温带落叶阔叶灌丛带。地带性植被为落叶阔叶林与落叶阔叶灌丛,其中落叶阔叶乔木以小叶杨为主,灌木建群种有沙棘、绣线菊、照山白等。区域内的主要植被类型包括森林、灌丛、草地、沼泽、农田等,主要的森林群系包括小叶杨林等,主要的灌丛群系包括绣线菊灌丛、毛榛灌丛、蚂蚱腿子灌丛、野刺玫灌丛、胡枝子灌丛等,主要的草丛群系包括蒿类草丛、苔草草丛、杂草草丛等,沼泽植物群系主要为芦苇沼泽等,农田主要种植玉米、小麦等。

(2)湿地植物多样性。拟建神溪国家湿地公园属于泛北植物区系欧亚草原植物亚区,植物区系成分主要以欧亚大陆草原区系为主,兼有欧洲、西伯利亚区系成分及东亚区系成分。区内共有维管束植物 144 种,隶属于 41 科 102 属,分别占浑源县维管束植物科、属、种的 47.67%、26.84%和 17.84%,其中国家Ⅱ级保护植物 1 种,即野大豆。

(3)重点保护植物。野大豆是豆科大豆属的一年生草本植物,因其种质价值宝贵而被列为国家Ⅱ级重点保护野生植物。野大豆在中国分布广泛,适应力强,且具有较强的抗逆性和繁殖能力,仅在植被受到严重破坏时才难以生存。野大豆除可以食用外,还可榨油和药用。规划区内野大豆生长于路边草丛中,缠绕于其他植物上。

(4)动物资源。受气候条件与地理区位的影响,浑源县境内的动物多耐寒、耐旱,鸟类以鸭科居多,陆生动物以啮齿目分布较广。由于地理环境的影响,该县野生动物与周围邻近地区有许多共同种,该县的特有种贫乏,以北方种和广布种为主,南方种较少。神溪国家湿地公园内共有野生动物 19 目 31 科 57 种,其中两栖类动物 1 目 2 科 3 种,爬行类动物 2 目 2 科 3 种,鱼类 2 目 3 科 6 种,鸟类 12 目 21 科 41 种,哺乳类动物 2 目 3 科 4 种。公园内分布有国家Ⅰ级保护动物 1 种(黑鹳)、国家Ⅱ级保护动物 1 种(小天鹅)、山西省级保护动物 4 种(普通夜鹰、黑枕黄鹂、苍鹭和金眶鸻)。

湿地类型分布见图 6.1-1。

6.1.4　气象

浑源县属温带干旱半干旱大陆性季风气候,春季干旱多风,夏季温热多雨,秋季天清气爽,冬季寒冷干燥,年平均气温 6.2 ℃,1 月气温最低,平均温度为-12 ℃,7 月气温最

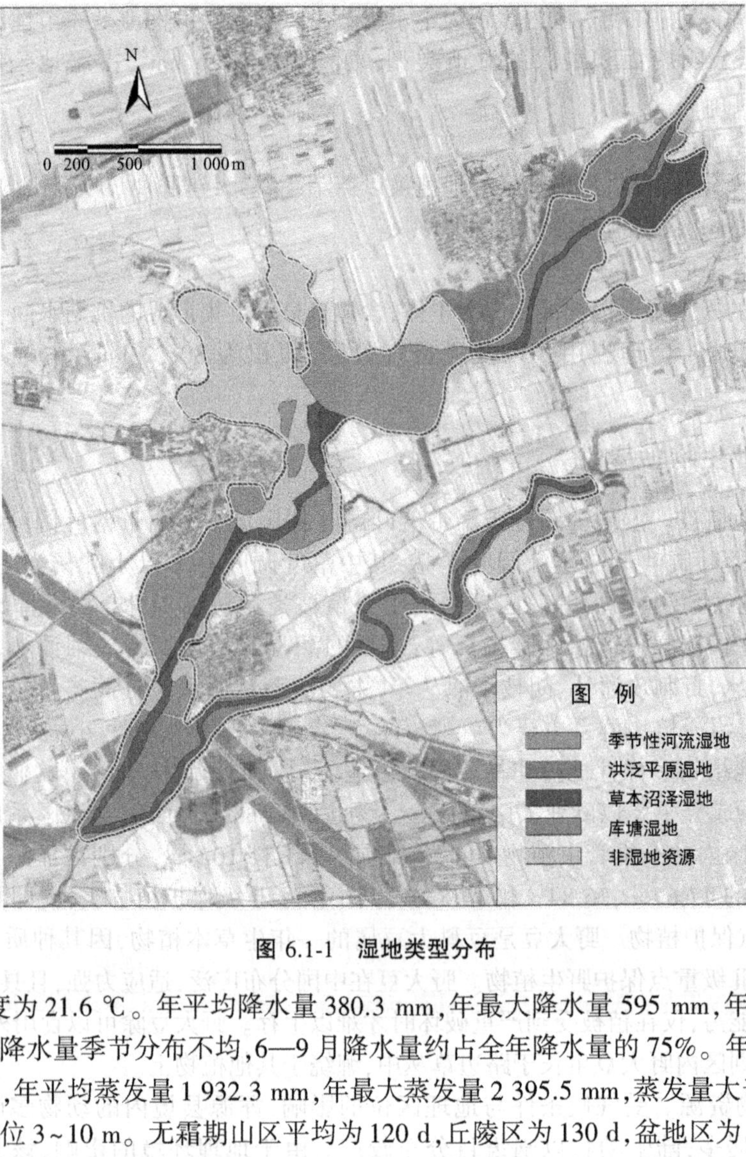

图 6.1-1 湿地类型分布

高，平均温度为 21.6 ℃。年平均降水量 380.3 mm，年最大降水量 595 mm，年最小降水量 215.8 mm。降水量季节分布不均，6—9 月降水量约占全年降水量的 75%。年平均日照时数 2 696.3 h，年平均蒸发量 1 932.3 mm，年最大蒸发量 2 395.5 mm，蒸发量大于降水量，地下水初见水位 3～10 m。无霜期山区平均为 120 d，丘陵区为 130 d，盆地区为 140 d。全年各月盛行北风，年平均风速 3.5 m/s，冬春偏大，夏秋偏小，历年最大风力 8.4 级，最大风速曾达 33.7 m/s，每年出现 8 级以上大风之日数可达 13 d 左右。

6.1.5 水文

浑源县境内河流主要有浑河、唐河，分属海河流域的桑干河水系和大清河水系，大小支流 21 条，河床年径流量为 1.19 亿 m^3。全县地下水天然补给量 1.364 亿 m^3，消耗量 1.326 亿 m^3，稳定开采量 0.83 亿 m^3，年可开采资源量为 830 万 m^3。县境内较大的泉水有汤头温泉、神溪泉、塔林泉、付家坡泉等。

全县共有 14 座水库，总库容量为 2 200 万 m^3，其中 1 000 万 m^3以上的中型水库 1 座，即为恒山水库，库容量为 1 330 万 m^3；库容 100 万～1 000 万 m^3的小型水库 4 座，为神溪水库、西庄水库、梨园水库、田村水库，总库容量为630万m^3。

拟建神溪国家湿地公园的主要水体为浑河及其支流二道河，属桑干河水系，以天然降水为补充水源，其水量随降水量变化而变化。神溪水库为小(2)型水库，库容量为208万m^3，以天然降水为补充水源，主要功能以农田灌溉服务为主。湿地公园范围内已探明的较大泉眼有9个，均处于神溪水库水闸出水口下游，天然流量以神溪泉最大，为400~800 L/s，为湿地公园水资源的另一个主要补水水源。

6.2　存在的问题

神溪湿地以神溪水库为主，位于头道河、二道河下游。神溪水库为小(1)型水库，总库容208万m^3。王千庄水库位于二道河上游，为小(1)型水库，总库容378万m^3。这2座水库均以灌溉为主，汛期调度方式均为排洪蓄清、空库迎汛，均无调蓄洪水的能力。

对头道河神溪水库以上河道，在现状情况下，非汛期基本无清水入库，仅在汛期降水量较大时有少量洪水入库，但神溪水库汛期空库迎汛，无法调蓄上游入库洪水，湿地因缺水而导致现状湿地萎缩严重。

浑源县具备调蓄洪水能力的水源工程为恒山水库，位于唐峪河上游，是一座以防洪为主，兼顾灌溉等综合利用的中型水库，总库容1 330万m^3，兴利库容618万m^3，防洪库容770万m^3。因恒山水库灌区面积减少，水库有多余水量可通过有效调度用于湿地，但恒山水库与神溪湿地之间没有河渠可以相连，使水库余水和湿地缺水无法互补。

6.3　生态需水量计算

综合考虑水源及神溪湿地功能分区等因素，神溪湿地生态需水量分为头道河、二道河两个分区分别计算。头道河分区分布大量湖泊、林草，生态需水主要包括水面蒸发损失量、生态林草灌溉需水量、换水量3部分；二道河分区主要为河流型水域，生态需水按河道内生态需水计算方法，主要为河道生态基流。由于项目区地下水埋深较浅，现有多处泉眼出露，本次设计不考虑神溪湿地渗漏损失水量。

根据工程布置情况，共分为头道河分区、二道河分区共2个一级分区，其中头道河分区分为神溪水库以上、神溪水库以下共2个二级分区。

6.3.1　头道河分区生态需水量

6.3.1.1　水面蒸发损失水量

神溪湿地规划水面面积较现状水面面积增加73.51 hm^2。本次设计对水面增加造成的水量损失进行补水。

根据水面面积、降水量、水面蒸发量计算各月的蒸发生态需水量。根据浑源气象站降水及蒸发资料统计，多年平均水面蒸发量为970 mm，多年平均降水量为408 mm。经计算，头道河分区蒸发损失水量为42.29万m^3。

6.3.1.2 生态林草灌溉需水量

神溪湿地规划种植生态林草，建成后生态林草从河湖水域取水灌溉，本次设计对生态林草灌溉进行补水，灌溉时段为每年 3—10 月。

根据《山西省用水定额 第 2 部分：工业用水定额》（DB14/T 1049.2—2021），采用单位面积用水量法计算生态林草灌溉需水量。工程建设生态林草面积 184.08 hm^2，城镇绿化用水取 0.66 $m^3/(m^2 \cdot a)$。经计算，头道河分区生态林草灌溉需水量为 81.54 万 m^3。

6.3.1.3 换水量

从保障神溪湿地景观水质角度考虑，每年根据来水情况相机换水 1 次，本次计算根据来水情况，将换水时间拟定在 7—8 月，每个月各置换一半，经估算，换水量约为 117.62 万 m^3。

综上所述，神溪湿地头道河分区生态需水量为 241.45 万 m^3，其中神溪水库以上为 202.50 万 m^3，神溪水库以下为 38.95 万 m^3。

6.3.2 二道河分区生态需水量

考虑到二道河分区主要为河道内生态需水，本次设计二道河分区生态需水量采用河道生态基流。二道河多年平均径流量 1 553 万 m^3，按 Tennant 法取多年平均天然径流量的 10%，二道河生态基流为 156.15 万 m^3（见表 6.3-1）。

表 6.3-1 生态需水量过程

单位：万 m^3

分区		项目	1月	2月	3月	4月	5月	6月	7月	8月	9月	10月	11月	12月	合计
头道河分区	神溪水库以上	降雨量	0.18	0.17	0.24	0.71	1.09	2.48	3.81	6.97	5.99	3.28	1.41	0.65	26.98
		水面蒸发量	1.12	1.77	3.86	8.06	11.17	10.24	8.25	6.97	5.99	4.26	2.13	1.17	64.99
		蒸发损失量	0.94	1.60	3.60	7.35	10.08	7.76	4.44	0	0	0.98	0.74	0.52	38.01
		绿化需水	0	0	7.44	7.19	7.44	7.19	7.44	7.44	7.19	7.44	0	0	58.77
		换水量	0	0	0	0	0	0	52.86	52.86	0	0	0	0	105.72
		小计	0.94	1.60	11.04	14.54	17.52	14.95	64.74	60.30	7.19	8.42	0.74	0.52	202.50
	神溪水库以下	降雨量	0.02	0.02	0.03	0.08	0.12	0.28	0.43	0.78	0.67	0.37	0.16	0.07	3.03
		水面蒸发量	0.12	0.20	0.43	0.91	1.27	1.15	0.93	0.74	0.62	0.48	0.24	0.13	7.22
		蒸发损失量	0.10	0.18	0.40	0.83	1.15	0.87	0.50	0	0	0.11	0.08	0.06	4.28
		绿化需水	0	0	2.88	2.79	2.88	2.79	2.88	2.88	2.79	2.88	0	0	22.77
		换水量	0	0	0	0	0	0	5.95	5.95	0	0	0	0	11.90
		小计	0.10	0.18	3.28	3.62	4.03	3.66	9.33	8.83	2.79	2.99	0.08	0.06	38.95
	合计		1.04	1.78	14.32	18.16	21.55	18.61	74.07	69.13	9.98	11.41	0.82	0.58	241.45
二道河分区		生态基流	13.19	12.74	13.19	12.77	13.19	12.77	13.19	13.19	12.77	13.19	12.77	13.19	156.15

6.4　补水工程设计方案

6.4.1　水库可供水量

6.4.1.1　王千庄水库

根据王千庄水库初步设计报告，径流调节原则为：汛期（6—9 月）水库 6 月、9 月水库最高蓄水位为汛期限制水位 1 246 m，水位在 1 246～1 230 m 运行，7—8 月水库最高蓄水位为排沙汛期限制水位 1 237 m，水位在 1 237～1 230 m 运行，非汛期（10 月至次年 5 月）王千庄水库蓄水水位在 1 252～1 230 m 运行，通过水库输水隧洞向浑源县县城和建材工业园区供水，以及大坝供水设施向下游河道放水满足灌溉引水要求。

水库蓄水后，全年不间断向下游河道下放生态流量，生态流量按天然径流量的 10%计，生态流量为 0.047 m^3/s。

王千庄水库多年平均径流量为 1 246 万 m^3，根据王千庄水库调度运行规则，$P=50\%$ 年份来水 1 334 万 m^3，弃水量 38.3 万 m^3，其中 5.4 万 m^3 为 7 月降水位空库迎汛下泄，32.9 万 m^3 为 2 月水库蓄满后弃水下泄（见表 6.4-1）。

表 6.4-1　王千庄水库 $P=50\%$ 年份径流调节弃水过程　　单位：万 m^3

月份	6 月	7 月	8 月	9 月	10 月	11 月	12 月	1 月	2 月	3 月	4 月	5 月
下泄流量	0	5.4	0	0	0	0	0	0	32.9	0	0	0

6.4.1.2　恒山水库

恒山水库是一座以防洪为主，兼顾灌溉等综合利用的中型水库。根据《唐峪灌区初步设计》（1983 年）、《唐峪灌区总体规划补充设计说明书》（1987 年），恒山水库总灌溉面积 4.77 万亩，主要干渠有 4 条，其中西干渠控灌 2.188 万亩、东干渠控灌 0.996 2 万亩、利民渠控灌 0.652 8 万亩、新生区渠控灌 0.932 1 万亩。4.77 万亩设计灌溉面积中，清水灌溉面积 2.8 万亩，引洪淤灌面积 1.97 万亩。东干渠有 0.52 万亩为引洪淤灌面积。

根据原设计灌溉定额，清水灌溉定额为 300 m^3/亩，引洪淤灌定额为 180 万 m^3/亩。由原灌区设计报告可知 $P=50\%$ 年份典型径流过程、$P=50\%$ 的清水供水过程及各干渠分配水量（见表 6.4-2～表 6.4-4）。

表 6.4-2　恒山水库 $P=50\%$ 年份典型径流过程　　单位：万 m^3

项目	月份												全年
	1	2	3	4	5	6	7	8	9	10	11	12	
径流	45	35	143	82	62	81	189	227	110	81	61	42	1 158
清水	45	35	143	82	62	51.8	64.5	64.5	51.8	81	61	42	783.6
洪水						29.2	124.5	162.5	58.2				374.4

表 6.4-3　$P=50\%$清水供水过程　　单位:万 m^3

项目	月份												全年
	1	2	3	4	5	6	7	8	9	10	11	12	
清水			96.4	136.8	48.7	141.5	184.7	87.5		43.2	21.6		760.4

表 6.4-4　$P=50\%$年份各干渠水量分配　　单位:万 m^3

序号	名称	清水量	洪水量	合计
1	西干渠	357.8	166.5	524.3
2	东干渠	129.2	60.1	189.3
3	利民渠	143.2	66.6	209.8
4	新生渠	130.2	60	190.2
合计		760.4	353.2	1 113.6

根据《浑源县城市总体规划》,2020 年东干渠灌溉面积范围将全部变为城市用地和林地。经分析,东干渠的灌溉水量可以用来作为神溪湿地的水源。

根据 2008 年《恒山水库除险加固工程初步设计报告》中的设计径流成果,$P=50\%$年份径流量为 1 020 万 m^3,来水量减少时,首先满足西干渠、利民渠和新生渠,东干渠剩余水量为 95 万 m^3。

近年恒山水库的实际灌溉面积在萎缩,根据唐峪灌区 2014 年实施计划(已实施),2014—2016 年,恒山水库实际灌溉面积 1.0 万亩,与原唐峪灌区西干渠控制灌溉面积相比,减少了 1.19 万亩,西干渠节约地表水水量约 240 万 m^3。恒山水库东西干渠可调水量合计 335 万 m^3。$P=50\%$年份恒山水库东、西干渠可供水量见表 6.4-5。

表 6.4-5　$P=50\%$年份恒山水库东、西干渠可供水量　　单位:万 m^3

项目	月份												全年
	1	2	3	4	5	6	7	8	9	10	11	12	
水量	0	0	28.3	40.2	14.3	50.3	91.4	74.2	17.4	12.7	6.3	0	335

6.4.2　供需分析

神溪湿地头道河分区年需水量为 241.45 万 m^3,需水量最大月为 7 月,月最大需水量为 74.07 万 m^3。根据各干渠水量分配情况,$P=50\%$年份恒山水库东、西干渠年可供水量为 335.1 万 m^3,可供水量最大月为 7 月,月最大可供水量为 91.4 万 m^3。考虑输水损失 1%,恒山水库可供水量基本满足头道河分区湿地需水量。

6.4.3　补水工程设计方案

此次设计在二道河右岸、湿地公园外侧新建二道河泵站。其主要功能是通过泵站将二道河的水引入神溪国家湿地,完善湿地系统,保证湿地生态环境。

根据神溪湿地生态供需水过程,湿地公园头道河生态需水最大月为7月,需水量为74.07万m^3,可供水量为91.4万m^3;最小月为12月,需水量为0.57万m^3,若泵站运行按5~7 d来满足月供水量,经计算,此次设计二道河泵站规模采用1.5 m^3/s。

将恒山水库水经东干渠、小南峪河输送到二道河,通过新建泵站提水至头道河。当王千庄水库有弃水时,通过引洪灌溉渠相继补水至头道河为神溪湿地恢复重建区提供生态水量。

第7章 四川省成都市锦江-东湖案例

7.1 项目区基本情况

7.1.1 自然地理

成都市地处四川盆地西部,青藏高原东缘,东北与德阳市、东南与资阳市毗邻,南面与眉山市相连,西南与雅安市、西北与阿坝藏族羌族自治州接壤;地理位置介于东经102°54′~104°53′、北纬30°05~31°26′。全市土地面积为12 390 km^2,占全省总面积(48.5万km^2)的2.95%;市区面积为4 241.81 km^2,其中建成区面积837.27 km^2。

成都市地处四川盆地西部边缘,地势由西北向东南倾斜;西部属于四川盆地边缘地区,以深丘和山地为主,海拔大多在1 000~3 000 m,最高处位于大邑县西岭镇大雪塘(苗基岭),海拔高度为5 364 m;东部属于四川盆地盆底平原,为岷江、湔江等江河冲积而成,是成都平原的腹心地带,主要由平原、台地和部分低山丘陵组成,海拔一般在750 m上下,最低处在简阳市沱江出境处河岸,海拔为359 m。成都市由于巨大的垂直高差,在市域内形成了1/3平原、1/3丘陵、1/3高山的独特地貌类型。

7.1.2 流域概况

成都市河流众多,流域面积大于50 km^2的河流有58条,流域面积在100 km^2以上的河流有45条,流域面积在500 km^2以上的河流有12条,流域面积在1 000 km^2以上的河流有9条,均属于岷江、沱江两大水系。按照全国水资源分区划分,成都市属长江水系岷江及沱江流域,市境内岷江干流长96.0 km、沱江干流长61.5 km。市境内岷江流域面积占全市总面积的70.4%,沱江流域面积占全市总面积的29.6%。受地势西北高、东南低的影响,成都市的河流基本为西北—东南流向,山区坡降大、平原区坡降相对较小。

岷江是成都市最主要的河流,市境内河长96.0 km,其中自都江堰市青城大桥至新津区岷江大桥之间的79.0 km河段称金马河。一级支流有4条,自上而下依次为龙溪河、白沙河、西河、南河。

南河为成都市境内岷江的最大支流,流域面积3 640 km^2,上游为文井江和白沫江,主要支流包括邮江河、斜江河、蒲江河和临溪河,于新津区通济堰汇入岷江干流。

沱江干流在成都市境内河长62.0 km,市境内沱江支流包括湔江、毗河、青白江(中河)及其他山溪河,其中青白江和毗河干支流均为引入岷江来水后汇入沱江,为岷沱江共生水系。

岷江干流经紫坪铺水库调节流至都江堰后,被鱼嘴分为内江和外江。内江指由宝瓶口进入成都平原的水系，分为蒲阳河、柏条河、走马河、江安河。外江即岷江正流，外江自外江闸引水分出沙沟河、黑石河，与内江 4 条水系合称都江堰六大干渠水系。

府河南偏东流，穿绕城高速后至郫都区安靖镇双飞堰左分东风渠，至雍家渡右纳沱江河，至洞子口（始为锦江）左分沙河，南流穿三环路、过九里堤桥穿二环路、过西北桥穿一环路，从右岸分出了饮马河和西郊河，穿越一环路后转东南流，过猛追湾桥转南流，接纳了沙河分出的排洪河和绳溪河，于合江亭下与南河相汇；东南流，过九眼桥，经望江楼，过永安桥穿二环路，有东湖与左岸沟通；又南流至成昆铁路桥，有沙河自左岸汇入；出成都市中心城区入天府新区，经中和镇，曲折南偏西流，西南过华阳镇（中兴场），于二江寺桥，江安河自右岸汇入；西南过正兴镇（苏码头），至永安镇毛家湾进入双流区，又西南过古佛洞，至黄龙溪镇有鹿溪河自左岸汇入；西南流，入眉山市彭山区境，至江口镇汇入岷江。

2005 年 5 月，经四川省政府批准，成都市区段的府河、南河（上游为清水河，又名走马河）统称锦江，并同意将洞子口至彭山区江口镇约 97.3 km 河段更名为锦江。流经中心城区的府河、南河和沙河，其水源均来自都江堰内江水系，西郊还有浣花溪、干河、磨底河、西郊河、饮马河，皆为锦江支流。自石堤堰起府河（锦江）总长 104.0 km，流域面积2 090 km^2。

锦江流域涉及都江堰、温江、双流、郫都、新都、金牛、青羊、武侯、锦江、成华、成都天府新区和龙泉驿 12 个区（市、县），锦江水系主要包括的河流有柏条河—府河—锦江、走马河—清水河—南河、江安河及沙河等河流。锦江流域包含上游柏条河水系、走马河水系，以及下游汇入的江安河水系。其中所涉及的主要河流有柏条河、徐堰河、走马河、清水河、沱江河、江安河、府河、鹿溪河等，流域面积 2 348 km^2，流域总人口约 1 169 万。其中，成都市境内流域面积 2 009 km^2。

东湖地处成都市锦江区，位于锦江、石牛堰交汇口之间，原为采砂场区，1983 年因洪水灌入形成湖泊，为成都市三环内唯一的原生态湖泊，2002 年改建为集市民休闲、娱乐、健身于一体的东湖公园，为成都市内总面积第二大公园。东湖湖面面积约 130 500 m^2，岸顶高程 490.56～492.13 m，平均水深约 4 m，湖内最大水深 6.9 m，最小水深 1.5 m。东湖与锦江之间通过 1 道 DN700 混凝土管相连通，东湖侧管底高程 489.21 m。

目前东湖陆上植被丰富多样，据东湖管理处统计资料得知，目前东湖陆上乔木类植物主要包括水杉、杨树、桃树、天竺桂、桂花树、黄果树、三叶木、银杏树等，共计 4 144 株；灌木类植物共计 1 500 m^2；草坪共计 139 311.5 m^2。

东湖尚未进行过人工投放水下动植物，湖内动物主要以游客放生的青鱼、草鱼、鲢鱼、鳙鱼、鲤鱼等为主，湖内植物尚无统计资料，据现场调查，主要以部分岸边自然生长的眼子菜等沉水植物为主。

东湖生态保护主要目标为湖区两侧植被及湖区内的动植物。

锦江流域水系见图 7.1-1。东湖-锦江现状连通管涵纵断面示意图见图 7.1-2。东湖陆上植被及湖水现状见图 7.1-3。

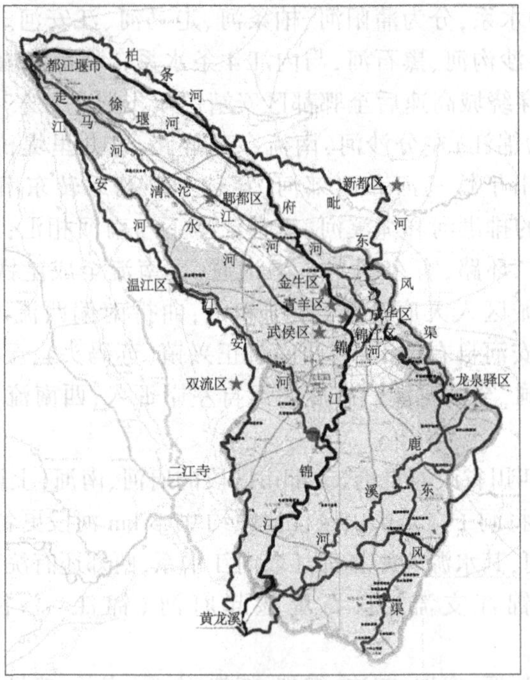

图 7.1-1　锦江流域水系

比例尺：横向1:500；纵向1:100

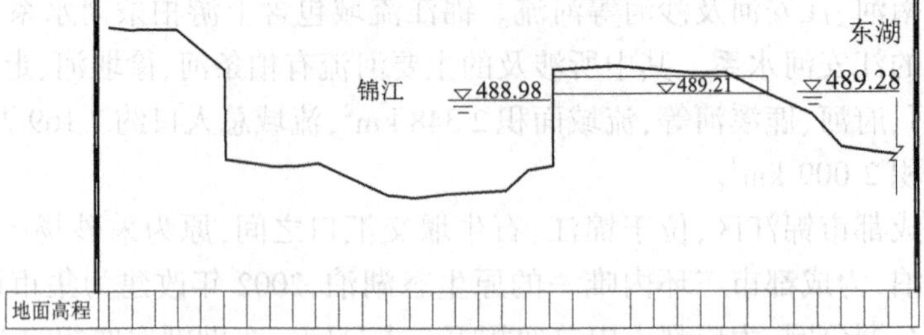

图 7.1-2　东湖—锦江现状连通管涵纵断面示意图

图 7.1-3　东湖陆上植被及湖水现状

7.1.3　气象

成都市区属亚热带湿润季风气候区，冬无严寒，夏无酷暑，雨热充沛，具有“春早、夏热、秋凉、冬暖”的特点。全年霜雪少，风速小，阴天多，日照少，湿度大，逆温出现频繁。春季气温回升缓慢，常有春寒出现；夏季降水集中，常有局部洪涝；秋季气温下降快，连绵阴雨多；冬季霜冻较少，干冬较普遍。区域多年年均气温 16.3 ℃，全年无霜期约 338.5 d，年降水量 976 mm，多集中于夏秋，冬季少有降雪。相对而言，气象灾害较少，雨热丰富，四季常青，因此该区域是“天府之国”的重要组成部分。

7.1.4　水文

根据锦江（府河）干流的望江楼水文站 2000—2017 年的全年实测流量，得出 2000—2017 年多年平均流量为 36.7 m^3/s（见表 7.1-1），5—9 月平均流量为 55.2 m^3/s。其中，非汛期 10 月至次年 4 月期间最大的月平均流量为 76 m^3/s（2001 年 10 月），最大洪峰流量为 650 m^3/s（2013 年 7 月），最小的月平均流量为 2.69 m^3/s（2004 年 1 月），有断流发生。

表 7.1-1　锦江（府河）近期实测逐月平均流量　单位：m^3/s

月份	1	2	3	4	5	6	7	8	9	10	11	12	平均
望江楼水文站（2000—2017 年）（沙河汇入前）	16.0	15.7	13.2	20.4	40.0	53.7	71.2	60.4	50.7	46.9	32.0	20.4	36.7

望江楼水文站 2000—2017 年的年平均径流量为 36.9 m^3/s。每年汛期 5—10 月、非汛期 11 月至次年 4 月的 90%频率设计径流分别为 27.8 m^3/s、39.3 m^3/s、16.3 m^3/s（见表 7.1-2）。

表 7.1-2　锦江（府河）实测设计径流　单位：m^3/s

时段	统计参数			设计径流				
	均值	C_v	C_s/C_v	25%	50%	75%	90%	95%
年	39.3	0.25	3.0	45.1	38.1	32.2	27.8	25.5
汛期 5—10 月	50.2	0.18	3.0	55.8	49.4	43.8	39.3	36.9
非汛期 11 月至次年 4 月	28.9	0.4	3.0	35.0	26.6	20.4	16.3	14.5

7.2　存在的问题

（1）东湖—锦江连通方式不合理，湖体水动力差。

东湖与锦江之间仅通过 1 道长约 50 m、DN700 的混凝土管相连通，东湖侧管底高程 489.21 m，湖水位 489.28 m，该管道位于锦江桩号 0+600 位置，该桩号锦江非汛期最高运行水位为 489.42 m。由于东湖位于锦江—石牛堰交汇口之间，交汇口下游 400 m 左右为下河心村橡胶坝，故石牛堰全段及锦江东湖河段处于下河心村橡胶坝蓄水库区内，河道水位受下河心村橡胶坝立坝高度控制，据调查，下河心村橡胶坝日常运行当中，未完全按照“下河心村橡胶坝日常运行水深为3.5 m，小雨时运行水深为3.0~2.5 m，中雨时运行水深为2.5~2.0 m，大到暴雨时平坝”的运行调度方式运行，据东湖管理处反映，时常出现由于锦江水位过低而无法与东湖之间水量互通的情况。

现状锦江水位高于管底且高于湖面水位时，锦江水通过混凝土管自流进入东湖，给东湖补水，直至管道两侧水面齐平；锦江水位低于管底且低于湖面水位时，东湖水通过混凝土管自流进入锦江，直至管道两侧水面齐平，东湖与锦江之间水量交换受下河心村橡胶坝立坝高度控制，无法自主进行水量交换，且引退水通道仅此1处，湖内距管口较远的区域易形成死水区，湖体整体水动力较差，故对现有引水通道进行改造是有必要的。

由于东湖北部与南部之间连通渠道底高程过高，使得日常锦江与东湖之间水体交换仅限于东湖北部部分，降水期间，东湖湖面上升，北部湖水方可自流进入南部湖，由于长时间处于死水状态，致使南部湖水水质恶化，从而管理部门不得不增设水质净化措施。

(2)无降水情况下，东湖水质富营养化状态呈加速恶化的状态。

为确定东湖湖水水质现状，本次于7—8月期间对东湖湖水进行了4次抽样检测。采样点示意图见图7.2-1。东湖湖水抽样检测结果数据见表7.2-1。

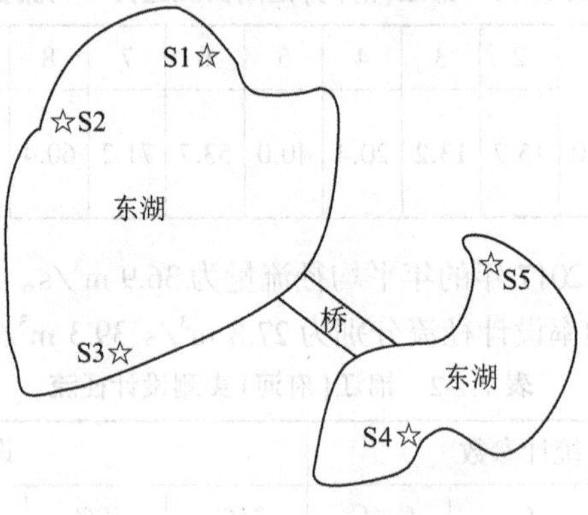

图7.2-1　采样点示意图

表7.2-1　东湖湖水抽样检测结果数据

东湖	第一次取样		第二次取样		第三次取样		第四次取样	
	7月中旬		8月上旬		8月下旬		8月下旬	
	数值	评价	数值	评价	数值	评价	数值	评价
pH(无量纲)	8.084		7.58		8.602		8.32	
COD/(mg/L)	<5	Ⅰ类	<5	Ⅰ类	3.88	Ⅱ类	3.88	Ⅱ类
BOD_5/(mg/L)	1.38	Ⅰ类	0.88	Ⅰ类	1.36	Ⅰ类	0.94	Ⅰ类
总磷/(mg/L)	0.032	Ⅲ类	0.046	Ⅲ类	0.028	Ⅲ类	0.03	Ⅲ类
总氮/(mg/L)	1.242	—	1.02	—	1.572	—	2.776	—
氨氮/(mg/L)	0.33	Ⅱ类	0.28	Ⅱ类	0.066	Ⅰ类	0.045 8	Ⅰ类

由于河流水质不以总氮作为评价指标，为使检测结果具有可比性，本次东湖水质亦不再评价总氮。

为明确东湖湖水营养状态，本次于 2018 年 8 月 2 日及 8 月 29 日对东湖湖水进行了 2 次抽样检测，检测点位检测结果见表 7.2-2。

表 7.2-2　东湖湖水抽样检测结果数据

东湖	第一次取样	第二次取样
	2018 年 8 月 2 日	2018 年 8 月 29 日
	数值	数值
COD/(mg/L)	3.88	3.88
总磷/(mg/L)	0.028	0.03
总氮/(mg/L)	0.572	2.776
叶绿素 a/(mg/L)	17.228	55.8
透明度 SD	78.4	65.8
综合营养状态指数	30.45	50.3
营养状态评价	中营养	轻度富营养

由于 8 月 2 日取样时，刚刚降水结束，湖水水质较好，8 月 2—29 日期间降水量较少，由表 7.2-2 可知，东湖水质较好，但湖水营养状态呈恶化状态。

（3）底泥污染物含量及肥力超标。

为了解东湖现状污染底泥沉积情况，便于更有针对性地采取清淤治理措施，2018 年 8 月 7 日，勘查单位对东湖内底泥进行了采样检测。底泥监测点位见图 7.2-2。

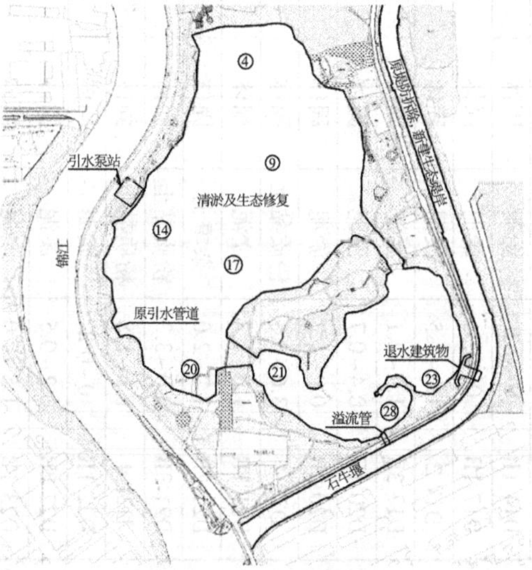

图 7.2-2　底泥监测点位

东湖底泥重金属含量监测结果见表 7.2-3。东湖底泥养分程度见表 7.2-4。

表 7.2-3　东湖底泥重金属含量监测结果

检测时间	样本编号	取样深度/m	野外定名	样品状态	检测项目及检测结果							
					pH（无量纲）	锌/（mg/kg）	砷/（mg/kg）	汞/（mg/kg）	镉/（mg/kg）	铅/（mg/kg）	铬/（mg/kg）	铜/（mg/kg）
2018 年 8 月 7 日	D4 2R	1.0~1.2	淤泥	固体	7.25	146	11.90	2.70	0.22	90.4	84	113.8
	D4 3R	6.8~7.0	细中砂	固体	7.96	229	12.00	0.75	0.23	50.0	88	83.2
	D4-11	0~0.5	淤泥	固体	8.19	248	11.10	17.20	0.26	195.4	87	163.4
	D9 1R	0~0.3	淤泥	固体	7.70	375	13.00	0.45	0.25	59.5	122	124.6
	D14 1R	0~0.3	淤泥	固体	7.60	373	12.00	0.42	0.26	57.9	141	131.7
	D17 1R	0~0.3	淤泥	固体	8.09	257	10.7	0.68	0.25	75.4	121	95.5
	D17 2	1.0~1.5	淤泥	固体	8.31	174	9.98	0.35	0.24	79.3	116	73.1
	D17 3R	1.9~2.1	淤泥	固体	8.37	175	10.6	0.60	0.25	91.1	115	72.1
	D20 1R	0.4~0.7	淤泥	固体	8.56	151	8.79	5.10	0.23	119	143	64.0
	D20 2R	0.9~1.2	淤泥	固体	8.68	109	6.52	0.31	0.21	76.3	126	42.8
	D20 4	3.6~3.8	粉质黏土	固体	8.67	117	8.12	0.31	0.23	74.2	140	47.9
	D21 1R	1.0~1.3	淤泥	固体	8.45	122	5.88	0.29	0.20	60.5	81.0	45.2
	D21 2R	1.7~2.0	杂填土	固体	8.15	260	13.8	0.16	0.26	78.5	216	44.0
	D21 3R	3.0~3.3	粉质黏土	固体	8.26	242	12.2	1.08	0.23	112	202	93.3
	D21 4	8.6~8.8	粉质黏土	固体	8.48	565	13.9	1.11	0.26	93.0	138	55.4
	D22 1R	0~0.2	淤泥	固体	8.13	111	8.58	1.06	0.21	47.7	173	45.2
	D22 2R	0.2~0.5	淤泥	固体	8.22	126	7.52	0.32	0.24	47.0	228	43.8
	D23 1R	1.5~2.0	淤泥	固体	7.46	194	6.88	0.21	0.20	50.2	150	59.2
	D23 2R	2.0~2.3	淤泥	固体	8.01	234	11.6	0.85	0.23	70.4	134	93.9
	D28 1	1.5~2.0	淤泥	固体	8.26	126	7.01	0.26	0.21	30.1	118	50.3
土壤环境Ⅰ级质量标准值					自然背景	100.00	15.00	0.15	0.20	35.0	90.0	35.0
土壤环境Ⅱ级质量标准值					>7.5	300	25.00	1.00	0.60	350.0	250	100.0

表 7.2-4　东湖底泥养分程度

检测时间	样本编号	取样深度/m	野外定名	样品状态	检测项目及检测结果		
					总磷/(mg/kg)	全氮/(g/kg)	有机质/(g/kg)
2018年8月7日	D4 2R	1.0~1.2	淤泥	固体	1.59	0.76	19.1
	D4 3R	6.8~7.0	细中砂	固体	1.01	1.17	22.7
	D4-11	0~0.5	淤泥	固体	2.07	0.84	18.8
	D9 1R	0~0.3	淤泥	固体	1.30	1.82	36.5
	D14 1R	0~0.3	淤泥	固体	1.49	2.29	43.2
	D17 1R	0~0.3	淤泥	固体	1.13	1.22	22.1
	D17 2	1.0~1.5	淤泥	固体	1.01	1.01	17.1
	D17 3R	1.9~2.1	淤泥	固体	0.99	1.00	16.8
	D20 1R	0.4~0.7	淤泥	固体	0.95	0.51	12.3
	D20 2R	0.9~1.2	淤泥	固体	0.94	0.46	10.7
	D20 4	3.6~3.8	粉质黏土	固体	0.98	0.54	12.6
	D21 1R	1.0~1.3	淤泥	固体	0.96	0.50	8.66
	D21 2R	1.7~2.0	杂填土	固体	0.86	1.10	58.4
	D21 3R	3.0~3.3	粉质黏土	固体	1.09	0.75	21.3
	D21 4	8.6~8.8	粉质黏土	固体	0.64	0.69	12.1
	D22 1R	0~0.2	淤泥	固体	1.09	0.68	11.7
	D22 2R	0.2~0.5	淤泥	固体	0.93	0.61	11.3
	D23 1R	1.5~2.0	淤泥	固体	2.39	0.96	13.8
	D23 2R	2.0~2.3	淤泥	固体	1.61	1.51	34.7
	D28 1	1.5~2.0	淤泥	固体	1.08	0.71	13.1
全国第二次土壤普查养分分级标准				一级	>1	>2	>40
				二级	0.8~1	1.5~2	30~40
				三级	0.6~0.8	1~1.5	20~30
				四级	0.4~0.6	0.75~1	10~20
				五级	0.2~0.4	0.5~0.75	6~10
				六级	<0.2	<0.5	<6

采用《土壤环境质量 农用地土壤污染风险管控标准(试行)》(GB 15618—2018)对东湖的底泥状况进行对比。在《土壤环境质量 农用地土壤污染风险管控标准(试行)》(GB 15618—2018)中,由于东湖无工业污水排入,为提高土壤质量标准,按Ⅰ类土壤进行评

价，土壤质量基本保持自然背景水平。将此次土壤监测值对照Ⅰ类土壤标准，东湖底泥中大部分点位的监测项目数值均超过Ⅰ类土壤的限值，但不超过Ⅱ类土壤的限值，可见需要进行内源治理，清除超标底泥。

对底泥营养肥力的判断，采用全国第二次土壤普查中的土壤养分分级标准，东湖的底泥富含一定的营养物质，其中各点位的有机质含量较高，均高于四级标准；各点位的全氮含量较高，均高于三级标准；各点位的全磷含量较高，均高于四级标准。由于氮、磷是造成湖体富营养化的重要指标，因此需要对湖底区域进行清淤处理。

7.3 生态需水量计算

7.3.1 基础资料

7.3.1.1 湖区降水量

采用《成都市2016年水资源公报》中人民公园雨量站数据，多年平均降水量为930 mm，多年平均各月降水量见表7.3-1。

表7.3-1 人民公园雨量站各月降水量统计　单位：mm

项目	1月	2月	3月	4月	5月	6月	7月	8月	9月	10月	11月	12月	合计
降水量	19.1	34.6	40.5	59	108.8	89.9	224.7	172.1	143.2	23.2	13.2	1.7	930

7.3.1.2 水面蒸发量

采用《成都市水资源调查评价》数据成果，多年平均各月平均蒸发量见表7.3-2。相当于Φ601型蒸发皿年蒸发量728.6 mm。

表7.3-2 中心城区蒸发站年内分配统计表(蒸发器型式Φ601型)　单位：mm

项目	1月	2月	3月	4月	5月	6月	7月
蒸发量	35.62	42.17	77.21	102.84	124.18	126.72	138.17
项目	8月	9月	10月	11月	12月	全年	
蒸发量	130.73	90.61	56.17	42.47	31.22	998.11	

7.3.1.3 水位、水面面积、水深、湖容历史数据

从东湖管理处了解到，东湖公园建成至今，尚未进行过水位、水面面积、水深、湖容的统计工作，但由2001—2018年的东湖历年卫星图片可知，多年来湖面轮廓基本保持一致，未有大的形状变化，东湖湖底也没有进行过大的清理，水深及库容没有大的变化，现状湖内最大水深6.9 m，最小水深1.5 m，平均水深约4 m。

7.3.1.4 湖泊形态及历史变化

对2001—2018年湖泊形态历史变化进行对比，可见多年来湖泊形态基本保持一致，无较大变化。

7.3.1.5 湖滨带生态环境资料

从东湖管理处了解到，湖滨带乔木构成主要以水杉、杨树、桃树、天竺桂、桂花树、

黄果树、三叶木、银杏等景观树木为主，共种植 4 144 株；灌木共 1 500 m^2；草坪共13 9311.5 m^2。

7.3.1.6　湖泊生物资料

从东湖管理处了解到，东湖公园建成至今，尚未对湖内进行过动植物投放，也未对湖内水生动植物进行过统计。经现场查勘，现状水生挺水植物主要以零星分布的旱伞草为主，沉水植物主要以零星分布的眼子菜为主，鱼类主要以游客放生的“四大家鱼”为主，未进行过有规划的捕捞。公园园区无种植、放养珍稀生物，湖水主要功能为一般性景观用水。

7.3.1.7　其他资料

此次地勘揭露东湖湖堤及湖底土层构成，从上至下主要为杂填土、粉质黏土、粉土、卵石、风化泥质砂岩，因此次将湖底部分杂填土及淤泥清除，虽揭露出底部卵石，但是考虑到东湖处于锦江与石牛堰两河交汇口之间，地下水水位较高，受地下水顶托，湖底渗漏现象不会很严重，因此次清淤工程会将上部淤泥清除，局部会揭露出强透水土层，故此次综合考虑，渗漏量采用粉砂土渗漏系数进行计算，为 0.32 m/a。

7.3.2　计算方法

根据《河湖生态环境需水计算规范》(SL/T 712—2021)表 A.0.20 内容，湖泊生态需水量计算方法、资料要求及适用范围见表 7.3-3。

表 7.3-3　湖泊生态需水量计算方法的资料要求和适用范围

名称	方法要求	适用范围	备注
Q_P 法	长系列水文资料($n \geqslant 30$ 年)	所有河湖	无长系列水文资料
近 10 年最枯月平均流量(水位)法	近 10 年水文资料	所有河湖	未统计过湖面水位数据
频率曲线法	长系列水文资料	所有河湖	无长系列水文资料
生物空间法	指示生物对水位需求资料	所有湖泊	
生物需求法	指示生物对水量(水位)需求资料	所有河湖	
湖泊形态分析法	水面面积变化与湖泊水位资料	湖泊	未统计过水面面积、水位变化数据
水量平衡法	水面面积和需水量资料	沼泽、湖泊	
单位面积用水量法	面积和灌溉定额资料	湖泊外	
间接计算法	植被面积和潜水蒸发量资料	湖泊外	

东湖属于城市湖泊，主要用于生态景观功能，因此主要根据生态景观功能计算生态需水量。受资料限制及《河湖生态环境需水计算规范》（SL/T 712—2021）要求，东湖生态需水采用水量平衡法，主要包括耗水量及生态景观功能需水量。其中，耗水量包括蒸发损失量、渗漏损失量、绿化灌溉水量；生态景观功能需水量考虑水生生物需水量（生物空间法）、循环更新水量，并取最大值。

7.3.3 计算过程及结果

7.3.3.1 蒸发渗漏损失量

为保证东湖水位基本不变，为湖泊生态系统提供稳定的水量保障，必须对东湖的蒸发、渗漏损失水量进行补充。

蒸发损失水量计算公式为

$$W_{蒸发}=A\times E \tag{7-1}$$

式中 $W_{蒸发}$——水面蒸发量，m^3；

A——水面面积，m^2；

E——蒸发系数，m/a。

此次计算选取中心城区人民公园水文站作为代表站，经计算蒸发损失水量为 13.01 万 m^3。

渗漏损失水量计算公式为

$$W_{渗漏}=A\times K \tag{7-2}$$

式中 $W_{渗漏}$——水面渗漏需水量，m^3；

A——水面面积，m^2；

K——渗漏系数，m/a。

为了维持湖泊生态及景观功能，湖泊水面常年需维持一定的水面面积和水位，因此可认为湖泊的蓄水量在一年中各月基本不变。渗漏耗水量根据湖泊水面面积和渗漏系数计算确定，根据东湖地质条件及湖底防护形式，东湖渗漏系数取 0.02 m/d，则东湖年渗漏耗水量为 94.24 万 m^3。

7.3.3.2 降水补水量

降水补水量计算公式为

$$W_{降水}=A\times P \tag{7-3}$$

式中 $W_{降水}$——降水量，m^3；

A——水面面积，m^2；

P——降水量，m^3/a。

根据人民公园的雨量站降水数据，计算的湖的水面年降水量为 12.13 万 m^3。

7.3.3.3 绿化灌溉需水量

东湖湖滨带种有乔-灌-草植被群落，其中乔木包括水杉、杨树、桃树、天竺桂、桂花树、黄果树、三叶木、银杏等，共计 4 000 余株，灌木 1 500 m^2，草坪 139 312 m^2，根据川府函〔2021〕8 号文，绿化用水定额值为 1.5 L/(m^2·d)。经计算，绿化灌溉需水量为 0.83 万

m^3/a。

7.3.3.4　水生生物需水量

为维持东湖水生生物群落的稳定性和保护生物多样性，保证湖泊系统水生生物及其栖息地处于良好状态，需要保持一定的水深。经调查，东湖水生生物主要为游客放养的四大家鱼，一般平均需水深为 1.0 m，经计算，水生生物需水量约为 13 万 m^3。

7.3.3.5　循环更新水量

为保障东湖水质，每年定期对湖泊水量进行循环更新。更新频率根据东湖现状水质，参考国内已有人工景观蓄水湖运行经验确定，本次设计在非汛期 1 月、2 月、3 月、4 月、5 月、11 月、12 月分别对湖水进行更新，每月换水 2 次，年换水次数为 14 次，每次更新水量为退水闸以上蓄水量，为 52.2 万 m^3，则东湖年循环更新水量约 365.4 万 m^3。

比较水生生物需水量、循环更新需水量，并取其外包值以保证东湖的生态环境功能，即循环更新需水量 365.4 万 m^3。综上分析，东湖生态需水量为 461.35 万 m^3，逐月生态需水量见表 7.3-4。

表 7.3-4　东湖逐月生态需水量　　单位：万 m^3

项目	1 月	2 月	3 月	4 月	5 月	6 月	7 月	8 月	9 月	10 月	11 月	12 月	合计
湖泊蒸发量	0.46	0.55	1.01	1.34	1.62	1.65	1.8	1.71	1.18	0.73	0.55	0.41	13.01
湖泊渗漏量	8.07	7.29	7.29	7.81	8.07	7.81	8.07	8.07	7.81	8.07	7.81	8.07	94.24
降雨补水量	0.25	0.45	0.53	0.77	1.42	1.17	2.93	2.25	1.87	0.3	0.17	0.02	12.13
绿化灌溉需水量	0.07	0.06	0.07	0.07	0.07	0.07	0.07	0.07	0.07	0.07	0.07	0.07	0.83
循环更新需水量	52.2	52.2	52.2	52.2	52.2	0	0	0	0	0	52.2	52.2	365.4
需水量合计	60.55	59.65	60.04	60.65	60.54	8.36	7.01	7.6	7.19	8.57	60.46	60.73	461.35

本生态需水量计算立足于东湖生态环境现状条件，服务于生态环境发展目标，全面考虑了水体生态环境、水质、景观、旅游多重因素，计算方法采用景观湖体生态需水普遍采用的功能法，计算项目考虑了蒸发、渗漏、换水、植物浇灌等各项需水，因此计算理论、方法是合理的。拟定引水量占锦江多年平均径流的 3.8%，比重较小，未影响到水源地各项用水，又能保障东湖生态需求，因此计算结果是合理的。

7.4　补水工程设计方案

为使湖内水体流动通畅，交换充分，尽量减少死水区，综合考虑湖面形状、东湖与引退水河道的位置关系、河道走向等因素，确定引水口位于东湖西北角区域，此区域距北侧地铁 8 号线施工区约 30 m，水闸施工不受其影响；距锦江左岸距离较短，工程量较少；现状该区域无地上构筑物，拆迁工作较少。确定退水口位于东湖南侧，最大限度地减少湖内死水区。

7.4.1　引、退水方式确定

该工程河湖连通方案考虑自流引、退水及泵站引水、自流退水两种方式。

7.4.1.1　自流引、退水

自流引、退水即在引、退水口处修建水闸，利用引、退水口湖面与外河水位差使锦江水自流至东湖，东湖水自流入沙河－锦江交汇口上游 150 m 处，沙河出口橡胶坝下游 40 m处。

7.4.1.2　泵站引水

泵站引水即在引水口处设置引水泵站自锦江抽水至东湖，并抬高湖面水位，在退水口设置水闸，使东湖水自流至石牛堰。

7.4.1.3　对比分析

引、退水方案对比分析见表 7.4-1。

表 7.4-1　引、退水方案对比分析

方案	调度运行方式	工程投资	运行成本	特点
自流	当锦江水位高于湖面设计水位时，引、退水闸闸门开启；当锦江水位低于东湖设计水位时，关闭引、退水闸，防止湖水外泄	440 万元	6 570 元/年	优点：工程及运行费用较少。 缺点：工程量较大
泵站引水、涵闸退水	自锦江抽水至东湖，退水闸门开启退水至石牛堰，通过控制闸门开度使湖面维持一定水位高程	635 万元	73 000 元/年	优点：可人为控制引水量，提高湖面水位，退水流量加大，湖体水动力较好。 缺点：工程投资及运行成本较大，且现状锦江水位与湖面设计水位相差不大，修建引水泵站费效比较低

通过上述对比分析综合考虑，自流引、退水较为经济、合理，故采用自流引、退水的连通方案。

7.4.2　连通规模确定

此次连通规模按东湖循环水量确定，每月补水两次，每次补水量为 26.1 万 m^3，按 2 d 满足补水量计算，所需引水流量为 1.51 m^3/s，此次确定进水闸引水规模为 1.5 m^3/s。

东湖最高运行水位为 490 m，考虑退水闸底高程为 487 m，退水水量为 35 万 m^3，按2 d 退水考虑，所需流量为 2.03 m^3/s，据此确定退水闸设计流量为 2.1 m^3/s。

7.4.3　水位确定

东湖湖区面积约 130 500 m^2，现状平均水深 4 m，总库容 52.2 万 m^3，清淤后平均水深 5.5 m，总库容 71.78 万 m^3，根据《水利水电工程等级划分及洪水标准》(SL 252—2017) 中表 3.0.1，东湖属小(2)型水库，V 等工程。根据《堤防工程设计规范》(GB 50286—2013) 表 3.2.1，湖堤安全加高值应不低于 0.5 m。

由东湖测量资料可知，东湖湖堤最低处为 490.56 m，故确定湖内最高水位为 490 m，超过最高水位需通过退水闸排涝；最低水位为 489 m，低于最低水位需通过引水闸引水；运行水位与非汛期锦江水位相同。

7.4.4　水资源合理性分析

2017 年、2018 年都江堰为锦江逐月分配最小景观流量为 16.8 m^3/s，满足东湖逐月最大生态需水要求，且东湖退水闸可退水至锦江，东湖湖底渗漏亦可以为锦江补充水量，故由锦江引水至东湖是合理的。

第 8 章　四川省泸州市纳溪区案例

8.1　项目区基本情况

8.1.1　自然地理

泸州市纳溪区位于四川盆地南部，长江之南，永宁河下游两岸，介于东经 105°09′~105°37′、北纬 28°02′14″~28°26′53″，东西宽 41 km，南北长 46 km，辖区面积 1 150.6 km^2。其东连合江县，南接叙永县，西接宜宾市江安县，北邻江阳区。《永乐大典泸州志》载“纳溪县，县名。古之有溪，上控永宁界首，下注泸江，昔诸葛武侯平定云南，蛮夷（少数民族）纳贡出此溪”，因名纳溪，又曰“云溪”，有“海纳百川”之意。

8.1.2　流域概况

纳溪区境内溪河众多，有大小溪河 130 余条，总长度 615.53 km，有长江、永宁河、白节河、清溪河、倒流河、护国河、野鹿溪河、老滩河等，均属长江流域，川江水系。其中集雨面积在 23 km^2 以上的河流有 11 条，总长 224.5 km。区内主要河流有长江、永宁河、倒流河、野鹿溪河等。

该工程水资源调入区马庙水库所在的野鹿溪河属长江右岸支流，为二级河流。发源于泸州市纳溪区护国镇境内的川龙山处，海拔约 450.0 m。出库后自南向北，经七峰、马庙、坪桥、石银，在石龙岩注入长江。河长 21 km，河宽 2~50 m，流域集雨面积 66.2 km^2，天然落差 155 m，平均比降 12.0‰。水能理论蕴藏量 1 330.6 kW。设计流域地势南高北低，多为深丘，部分为浅丘，流域内林木繁茂，覆盖率高，水土保持较好。

该工程水资源调出区取水口石河堰所在的清溪河属于长江水系支沟溪流，发源于江安县留耕镇任家坝水库，全长 25.2 km，河道比降 1.993‰，总流域面积 115.40 km^2，位于纳溪区境内流域面积 112.40 km^2。清溪河为长江河谷浅丘地貌，山势南高北低，高差较大，沟势较陡。

受水区马庙水库位于泸州市纳溪区大渡口镇坪桥村境内，距纳溪城区约 26.0 km。水库大坝位于长江右岸一级支流野鹿溪河上游，地理位置为东经 105° 17′ 29″、北纬 28°42′19″，坝址以上集雨面积 26.1 km^2。大坝为均质土坝，坝长 171.0 m，总库容 1 544 万

m^3,兴利库容 1 040 万 m^3,死库容 40 万 m^3。

泸州市纳溪区水系分布及工程位置示意图见图 8.1-1。

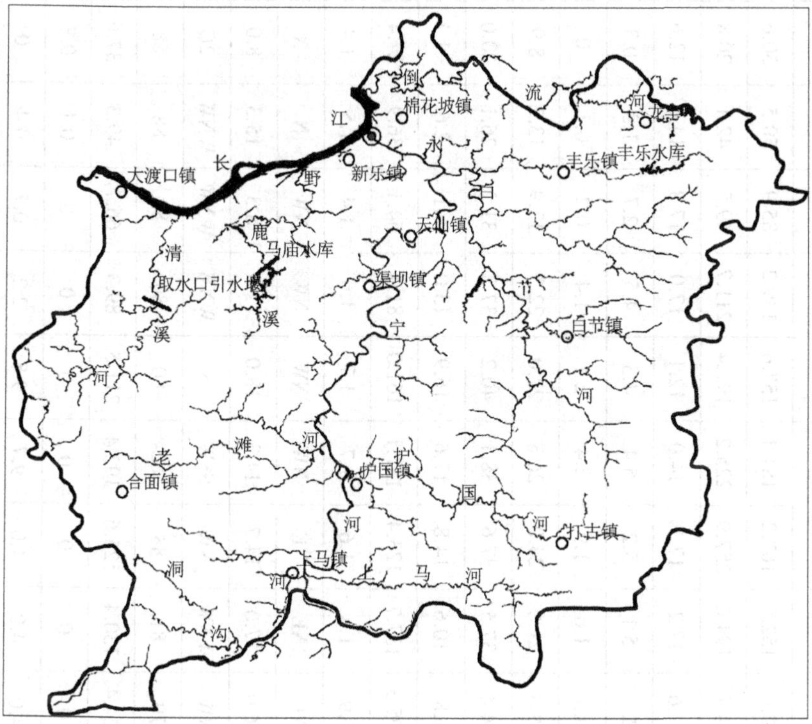

图 8.1-1　泸州市纳溪区水系分布及工程位置示意图

8.1.3　气象

工程区所在的纳溪区地处四川南部盆地腹部丘陵地区,属温暖潮湿的亚热带季风性湿润气候。流域内气候温和,冬暖春早,夏季炎热,雨量充沛。

据泸州市纳溪区气象站资料统计,多年平均气温 17.5 ℃,极端最高气温 40.2 ℃(2011 年 8 月 26 日),极端最低气温-1.60 ℃(1989 年 1 月 14 日),多年平均相对湿度 84%,多年平均降水量 1 150.8 mm,最大年降水量 1 437.7 mm(1964 年),最小年降水量 789.4 mm(1960 年),多年平均风速 1.6 m/s,最大风速 18.0 m/s(1989 年 8 月 9 日),相应风向为 SSE,多年平均雾天数 51.4 d,多年平均霜天数 2.1 d(见表 8.1-1)。

表 8.1-1　泸州市纳溪区气象站气象要素统计表

项目		1月	2月	3月	4月	5月	6月	7月	8月	9月	10月	11月	12月	全年
降水量	多年平均/mm	30.2	32.4	43.0	80.6	152.5	167.2	181.1	157.6	139.2	85.9	50.5	30.6	1 150.8
	最大日降水量/mm	15.7	29.8	27.8	64.7	194.6	257.9	225.2	191.4	211.7	49.5	42.1	20.8	257.9
	>0.1 mm 降水天数/d	12.7	11.9	13.4	14.6	17.2	17.1	14.0	12.1	17.0	17.8	14.6	12.6	175
	>10 mm 降水天数/d	0.3	0.3	0.8	2.1	5.1	5.2	5.4	4.3	4.5	2.7	1.3	0.3	32.3
	>25 mm 降水天数/d	0	0	0	0.3	1.6	1.9	2.4	2.1	1.4	0.2	0.1	0	10
气温	多年平均/℃	7.4	9.0	13.6	18.3	21.8	24.0	26.8	27.0	22.3	17.9	13.2	8.9	17.5
	极端最高/℃	17.7	22.5	32.3	34.4	37.5	37.6	38.1	40.2	37.3	31.2	26.1	20.0	40.2
	极端最低/℃	−1.6	−0.4	1.1	1.8	10.6	14.8	17.6	16.9	13.0	6.1	2.6	−1.1	−1.6
多年平均蒸发量/mm		27.6	33.1	68.2	105.3	137.7	123.4	157.1	161.0	81.4	54.1	36.9	27.4	1 013.2
风速	多年平均/(m/s)	1.4	1.6	1.8	1.9	1.8	1.6	1.7	1.7	1.6	1.4	1.5	1.4	1.6
	最多风向	N	N	N	NE	NE	NE	NW	NW	NW	NW	N	N	N
	最大风速/(m/s)	8.7	7.3	10.0	16.0	17.0	14.7	14.3	18.0	11.3	8.3	15.3	8.0	18.0
	相应风向	NNE	N	N	NW	WNW	NW	SSW	S	WNW	WNW	WNW	2G	S
多年平均相对湿度/%		86	85	80	79	81	83	82	80	86	88	88	88	84
多年平均日照时数/h		37.1	44.2	91.6	124.4	130.4	125.6	192.4	211.5	89.3	66.7	49.3	37.6	1 200.1
多年平均霜天数/d		0.8	0.4	0.1	0	0	0	0	0	0	0	0.1	0.8	2.2
多年平均雷暴天数/d		0	0.1	0.7	4.0	4.9	4.0	9.7	9.8	2.2	0.7	0.4	0	36.5
多年平均雾天数/d		6.9	3.7	2.4	1.8	3.1	3.3	2.4	2.2	4.3	6.7	6.6	8.2	51.6

8.1.4　水文

8.1.4.1　水文基本资料

工程区内马庙水库于 1978 年设计马庙水库人工雨量站，开始观测降水并有 1978—2017 年逐日降水观测资料。由于该站位于工程受水区，能更好地反映工程区内降水情况，故选择该站作为工程区雨量参证站。

工程区右侧的永宁河流域设有叙永水文站，该站集水面积为 948 km^2，位于叙永县城下游 2 km，1956 年 12 月由四川省水利厅在歇滩子设立，1957 年 1 月开始观测，1964 年 1 月改由四川省水文总站领导，1974 年 1 月 1 日上迁约 10 km，改名为叙永站。测验河段顺直，长约 200 m，卵石河床，右岸系深槽，左岸为浅滩，断面略有冲淤变化。基本断面上游约 90 m 处有一道乱石砌的顺水堤埂。近年来，两岸及河底经多次清理，现已基本平衡。测验项目有水位、流量、泥沙等。

玉水水库位于马庙水库东侧邻近流域永宁河的支流白节河上，控制流域面积24.77 km^2，多年平均降水量 1 181 mm。玉水水库坝址以上流域内没有水文站，其径流系列以永宁河干流叙永水文站（控制流域面积 948 km^2）为参证站，采用水文比拟法利用面积、降水量双因素修正得到 1975—2012 年入库径流系列资料，其多年平均入库径流量 1 790 万 m^3，合流量 0.57 m^3/s。玉水水库的入库径流年内分配和 P－Ⅲ频率分析成果见表 8.1-2、表 8.1-3。玉水水库的水文有关成果可以作为该工程的参考。

表 8.1-2　玉水水库径流量年内分配情况（1975—2012 年）　　单位：万 m^3

项目	1 月	2 月	3 月	4 月	5 月	6 月	7 月	8 月	9 月	10 月	11 月	12 月	全年
平均	80	87	99	123	195	245	250	198	185	135	114	78	1 789

表 8.1-3　玉水水库设计径流成果（1975—2012 年）

均值	C_v	C_s/C_v	$P=5\%$	$P=25\%$	$P=50\%$	$P=75\%$	$P=95\%$
0.57	0.31	2.0	0.89	0.68	0.55	0.44	0.31

8.1.4.2　径流

该连通工程涉及野鹿溪河、清溪河两条河流，大气降水是本地区地表径流的主要补给来源，径流的补给强度不仅与降水多少及其分配有关，而且也与下垫层面及水文地质条件十分密切，降水和地表径流的年内分配规律基本一致。

通过建立 $P \sim R$ 关系，对马庙水库前期径流成果进行插补延长，并采用水文比拟法，得到清溪河引水泵站断面及马庙水库 1978—2017 年径流系列。对系列进行 P－Ⅲ频率分析，相关设计断面设计径流成果见表 8.1-4。

表 8.1-4　相关设计断面设计径流成果（1978—2017 年）　　单位：万 m^3

断面	均值	C_v	C_s/C_v	$P=5\%$	$P=25\%$	$P=50\%$	$P=75\%$	$P=95\%$
马庙水库	1 517	0.18	2.0	1 992	1 691	1 500	1 325	1 097
引水泵站	5 118	0.18	2.0	6 722	5 706	5 063	4 470	3 703

玉水水库在马庙水库东侧，同处于纳溪区同一纬度，其降水量、地形地貌、下垫面条件等与工程区十分类似。选取 2001 年、2009 年和 2010 年玉水水库入库径流过程作为 50%、75%和 95%典型年分配过程，以此年内分配比例推算本连通工程相关设计断面的典型年入库径流过程。相关断面天然径流年内分配情况见表 8.1-5。清溪河引水泵站断面典型年径流过程见图 8.1-2。

表 8.1-5　相关断面天然径流年内分配情况　　单位：万 m^3

断面	频率	1月	2月	3月	4月	5月	6月	7月	8月	9月	10月	11月	12月	全年
玉水水库	多年平均	80	87	99	123	195	245	250	198	185	135	114	78	1 790
	$P=50\%$	76	39	25	77	242	350	313	151	97	151	133	124	1 778
	$P=75\%$	52	41	62	56	192	264	117	394	45	53	45	67	1 389
	$P=95\%$	29	36	43	99	191	240	111	92	49	100	56	53	1 100
马庙水库	多年平均	68	74	84	104	165	208	212	168	157	114	97	66	1 517
	$P=50\%$	64	33	21	65	205	295	264	127	82	127	112	104	1 501
	$P=75\%$	50	39	59	54	183	252	111	376	43	51	43	64	1 325
	$P=95\%$	29	36	43	99	190	240	111	92	49	100	56	53	1 097
引水泵站	多年平均	230	239	277	350	569	743	702	552	525	386	316	228	5 118
	$P=50\%$	217	112	72	218	690	996	892	429	276	429	378	352	5 063
	$P=75\%$	168	132	199	181	618	851	376	1 267	145	172	145	215	4 470
	$P=95\%$	97	121	144	333	642	809	374	310	166	336	189	179	3 703

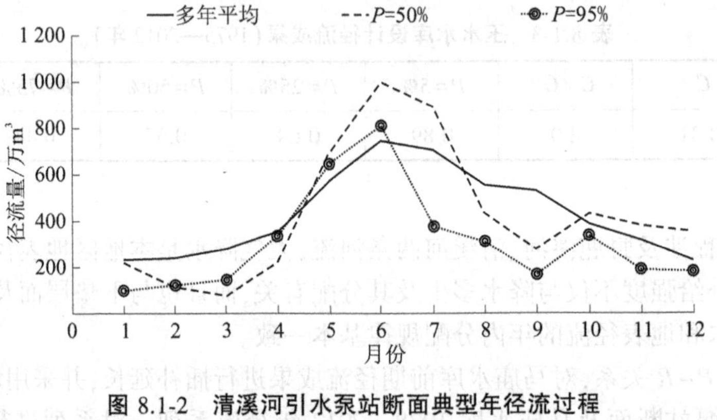

图 8.1-2　清溪河引水泵站断面典型年径流过程

枯水期径流分析：从现场查勘和调研情况来看，工程涉及的野鹿溪河、清溪河为常流水河流，设计断面位置全年无断流现象，径流的年内分配与降水量基本一致，在 10 月至次年 4 月降水量和地表径流均较少。

从马庙水库 1978—2017 年入库径流系列的年内分配比例来看，多年平均 10 月至次年 4 月的径流量明显要小，5—9 月的入库径流量较为集中。长系列中最小一次月平均径流量发生在 2001 年的 3 月，月径流量 19 万 m^3，而清溪河取水泵站断面对应的 2001 年径流量约 64 万 m^3。马庙水库径流量年内分配过程（1978—2017 年）见图 8.1-3。

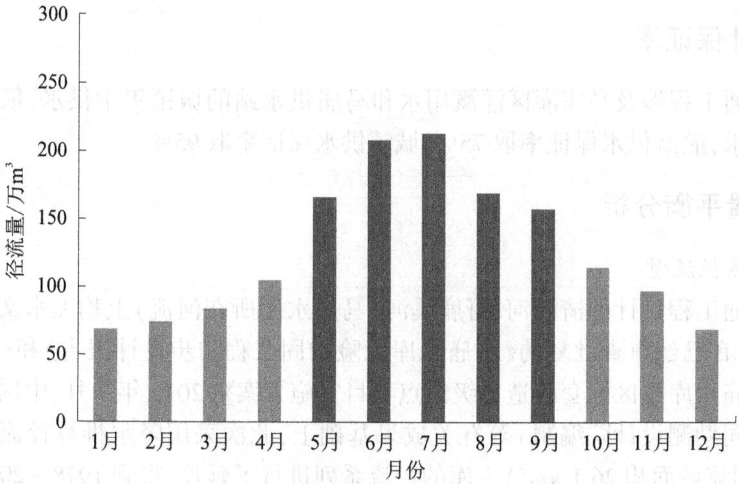

图 8.1-3　马庙水库径流量年内分配过程（1978—2017 年）

依据对马庙水库 1978—2017 年入库径流系列，分别统计 5—9 月、10 月至次年 4 月及最小月的径流系列，并采用 P-Ⅲ频率法进行频率分析，成果见表 8.1-6。

表 8.1-6　马庙水库分期径流量频率计算成果

时段	统计参数			不同频率设计值/万 m^3				
	均值	C_v	C_s/C_v	5%	25%	50%	75%	95%
5—9 月	916	0.23	2.5	1 294	1 045	896	765	607
10 月至次年 4 月	601	0.23	2.5	848	685	588	502	398
最小月	46.8	0.32	2.5	74.3	55.5	44.8	35.9	26.0

8.2　存在的问题

马庙水库是一座集防洪、灌溉、供水于一体的综合性水库，近几年来随着灌溉供水需求逐渐增加，以及生态河道理念的转变，水库的年可用水量已日渐不足，河道生态用水量被严重挤占。经过水资源供需平衡分析计算，水库在对自身进行调节的情况下，无法满足目前的用水需求，用水缺口达 588 万 m^3/年，水量严重不足。

目前，水库来水尚不能满足用水需求，致使水库没有多余水向下游河道输入；且河道为满足下游灌溉需求，也在河道上修建了截流堰，马庙水库—野鹿溪河 6 km 河道，河流 80%以上时间几乎干枯，不能保证生态基流。

8.3 生态需水量计算

8.3.1 设计保证率

此次连通工程涉及马庙灌区灌溉用水和马庙供水站的城镇集中供水,依据有关行业供水规范要求,灌溉供水保证率取75%,城镇供水保证率取95%。

8.3.2 水量平衡分析

8.3.2.1 天然径流量

此次连通工程设计的清溪河、野鹿溪河(马庙水库所在河流)上均无水文站。依据水文分析成果,在已经审查批复的《马庙水库除险加固工程初步设计报告》和《四川省泸州市纳溪区马庙水库灌区配套改造省级试点项目实施方案》(2015年7月,中国葛洲坝集团股份有限公司勘测设计院编制)等有关成果基础上,此次采用降水推算径流的方法对马庙水库(控制流域面积26.1 km²)入库的径流系列进行了延长,得到1978—2016年的径流系列,经统计得到马庙水库以上流域多年平均径流深为581 mm,多年平均入库径流量为1 517万m³,75%和95%来水年的入库径流量分别为1 325万m³、1 098万m³。

考虑清溪河与野鹿溪河相距十分接近,为纳溪区紧邻的两条河流,从实地查勘、降水量等值线图有关资料查阅情况来看,两条河流所处区域的降水量基本一致,流域内的下垫面条件也十分相似,因此清溪河流域的多年平均径流深采用马庙水库相同值,推算得到清溪河取水泵站断面以上(控制流域面积88.07 km²)的多年平均径流量为5 117万m³,75%和95%来水年的天然径流量分别为4 469万m³、3 699万m³。

马庙水库、清溪河取水石河堰断面入库径流各月分配情况见表8.3-1。

表8.3-1 相关断面天然径流年内分配情况 单位:万m³

断面	频率	1月	2月	3月	4月	5月	6月	7月	8月	9月	10月	11月	12月	全年
马庙水库	多年平均	68	74	84	104	165	208	212	168	157	114	97	66	1 517
	$P=75\%$	50	39	59	54	183	252	111	376	43	51	43	64	1 325
	$P=95\%$	29	36	43	99	190	240	111	92	49	100	56	53	1 098
取水泵站	多年平均	230	239	277	350	569	743	708	546	525	386	316	228	5 117
	$P=75\%$	168	132	199	181	618	851	376	1 267	145	172	145	215	4 469
	$P=95\%$	97	121	144	333	642	809	374	310	166	336	188	179	3 699

8.3.2.2 生态需水量

该河道建设拦河坝拦蓄河道来水,形成生态水面,生态需水根据水量平衡法,考虑河槽水面蒸发损失水量、渗漏损失水量、生态林草灌溉需水量、换水量四部分。

1.水面蒸发损失水量

该工程实施将形成连续的生态水面，根据水面面积、降水量、水面蒸发量计算各月的蒸发生态需水量。设计河道常水位对应的水面面积为 7.90 hm^2。根据泸州市纳溪区气象站观测资料统计，多年平均水面蒸发量为 1 013.30 mm，多年平均降水量为 1 150.80 mm。经计算，该河段年蒸发损失量为 0.43 万 m^3。

2.渗漏损失水量

根据河床地质勘测成果，该河段为含砂黏土，渗透系数为 2.5×10^{-5} cm/s，经计算，该河段渗漏损失量为 62.19 万 m^3。

3.生态林草灌溉需水量

该工程沿河道两岸恢复植被，植被由河道内取水灌溉。根据《河湖生态环境需水计算规范》(SL/T 712—2021)，采用单位面积用水量法计算植物灌溉需水量。工程植被恢复面积 1.07 hm^2，根据川府函〔2021〕8 号文，城镇绿化用水取 1.5 L/(m^2·d)。经计算，该工程植物灌溉需水量为 0.58 万 m^3。

4.换水量

为保证河道水质，每月换水一次。换水量为 237.76 万 m^3。

综上所述，该河段生态需水量合计为 300.96 万 m^3(见表 8.3-2)。

表 8.3-2　生态需水量计算成果　　单位：万 m^3

项目	1月	2月	3月	4月	5月	6月	7月	8月	9月	10月	11月	12月	合计
蒸发损失水量	0	0.01	0.2	0.2	0	0	0	0.02	0	0	0	0	0.43
渗漏损失水量	5.3	4.74	5.3	5.13	5.13	5.13	5.3	5.3	5.13	5.3	5.13	5.3	62.19
绿化灌溉水量	0.05	0.03	0.05	0.05	0.05	0.05	0.05	0.05	0.05	0.05	0.05	0.05	0.58
换水量	19.81	19.81	19.81	19.81	19.81	19.81	19.83	19.83	19.81	19.81	19.81	19.81	237.76
生态需水量合计	25.16	24.59	25.36	25.19	24.99	24.99	25.18	25.2	24.99	25.16	24.99	25.16	300.96

8.3.2.3　马庙水库灌区需水量

马庙水库灌区是以马庙水库为水源的地表水灌区，分布纳溪区城西南面的渠坝镇、新乐镇境内，共计 2 镇 13 村，农业社 167 个，紧靠纳溪区的经济开发区，原设计灌溉面积3.16万亩，分为左、右干渠控制着灌区内灌溉面积。由于马庙水库灌区渠系大多数修建于 20 世纪六七十年代，长期以来因投入资金较少，灌区配套不完善，已配套的渠道，建设标准低，经多年运行，工程老化严重、效益衰减，实际有效灌溉面积仅 1.8 万亩，严重制约了灌区经济社会发展。本工程及马庙水库灌区关系的总体布置见图 8.3-1。

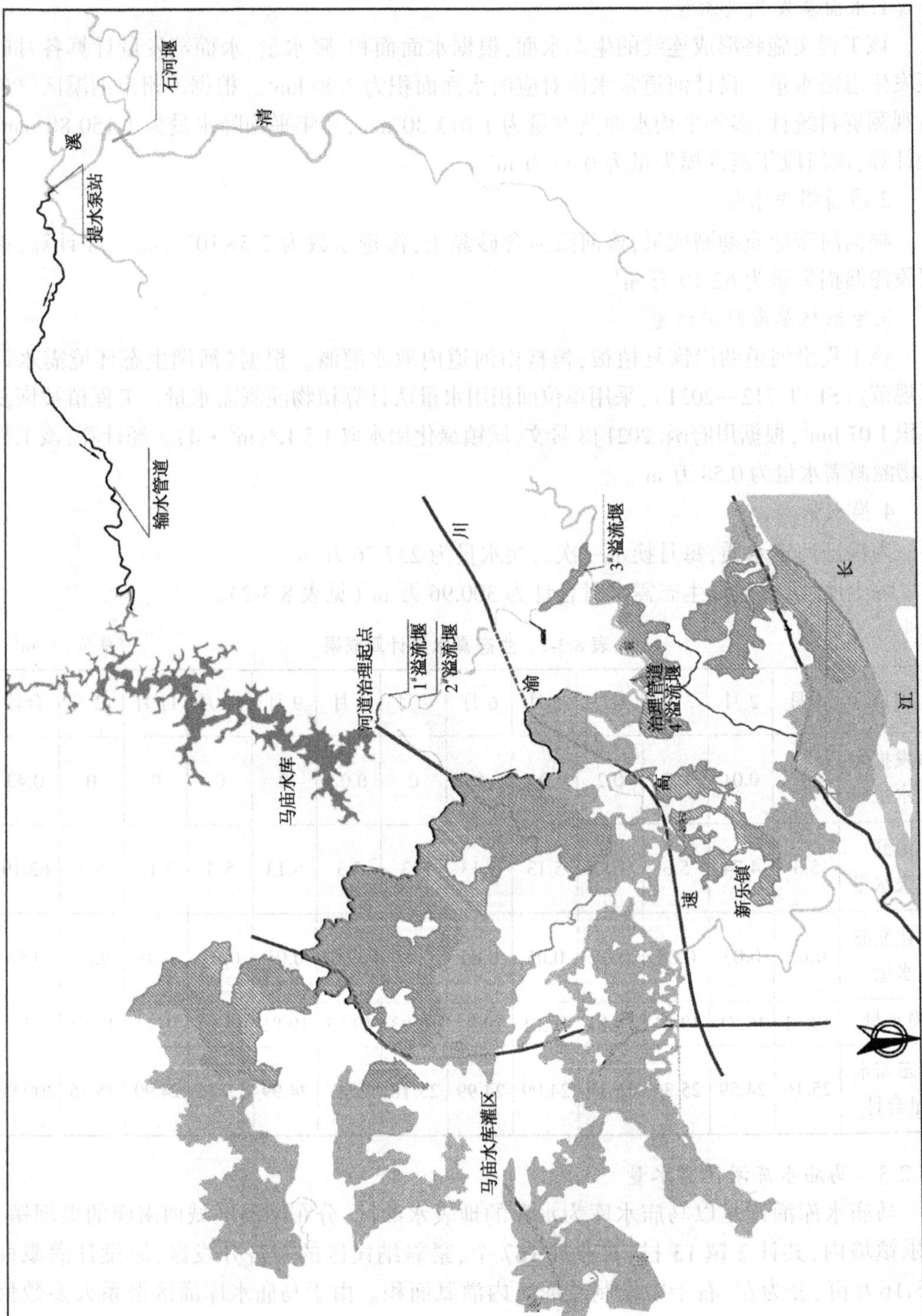

图8.3-1 本工程及马庙水库灌区关系的总体布置

渠坝镇、新乐镇位于纳溪区的中北部，依据纳溪区统计年鉴 2016 年数据，两镇全部户籍人口共计 3.85 万人，地区生产总值(GDP)合计 13.56 亿元，人均 GDP 为 3.52 万元。灌区范围耕地面积约 4.27 万亩，灌区设计灌溉面积 3.16 万亩，田内以种植水稻、油菜为主，土内以种植小麦、红苕、玉米、高粱、胡豆、甘蔗、芝麻为主，冬季除有灌溉水源保证的田可种植胡豆、油菜外，有近 80%冬囤水田，适宜水稻、小麦、玉米、红苕等粮食作物生产，是纳溪区粮食主产区。

按照四川省水利厅组织编制的《四川省"再造一个都江堰灌区"实施规划》的有关要求和资金安排，中国葛洲坝集团股份有限公司勘测设计院于 2017 年编制了《四川省泸州市纳溪区马庙水库灌区配套改造省级试点项目实施方案》，2015 年 7 月四川省水利厅、四川省财政厅联合发布了文件"川水函〔2015〕1005 号"，对已成中型灌区配套改造工程试点项目建设方案予以批复，其中包括纳溪区马庙水库灌区。按照批复的实施计划和指标，马庙灌区于 2016 年 9 月至 2017 年 9 月实施了续建配套与节水改造建设，工程共新建、整治渠道约 65 km，新增灌溉面积 1.36 万亩，改善有效灌溉面积 1.8 万亩，合计有效灌溉面积恢复至 3.16 万亩，当地耕地有效灌溉率由实施前的约 42%提高到 74%以上，干支渠渠系和建筑物配套率达 90%，衬砌率达 100%，完好率达 100%，灌区的灌溉水利用系数也从 0.42 提高到 0.75 以上，节水水平明显提高。2018 年 1 月，纳溪区组织专家组对"四川省泸州市纳溪区马庙水库灌区配套改省级试点项目"进行了验收，并出具了验收报告。

依据《四川省泸州市纳溪区马庙水库灌区配套改造省级试点项目实施方案》的灌区需水预测等有关分析成果：在规划设计水平年，马庙水库灌区通过渠系续建配套将达到设计灌溉面积 3.16 万亩，灌区总净需水量为 1 199.5 万 m^3(含灌区内的灌溉净需水量和少量居民生活和乡镇企业净需水量)；灌区内小型水利冬囤水田、提灌站、地下水等年均净供水量 330.3 万 m^3，尚有净需水量 869.2 万 m^3 缺口，需要由马庙水库提供水源；配套改造实施后，马庙水库灌溉水利用系数为 0.75，则灌区需要马庙水库提供 1 158.93万 m^3 的毛供水量。具体需水计算过程如下：

1.灌区净灌溉需水量

续建配套与节水改造后，考虑到区域的种植条件、再生稻等作物的种植优势和需求，灌区种植结构有所调整变化，重点增加了再生稻、蔬菜等作物的种植面积。同时，通过实地调查灌区内小型水库灌溉用水定额和干旱年灌溉用水情况，结合当地农作物生长需要和节水灌溉方式制定出了马庙水库灌区主要农作物在 $P=75\%$ 典型年下的净灌溉定额，水稻(中稻)净灌溉定额 285 m^3/亩(其中泡田水 90 m^3/亩)，再生稻 50 m^3/亩，玉米 41.8 m^3/亩，高粱 30.0 m^3/亩，小麦 98.3 m^3/亩，红苕 53.3 m^3/亩，油菜 79.6 m^3/亩，蔬菜125.0m^3/亩。根据 $P=75\%$ 典型年下单项农作物的净灌溉定额和农作物组成计算出设计水平年田、土综合净灌溉定额为 335 m^3/亩，据此推算设计水平年灌区灌溉需水量为 1 058.6 万 m^3。灌区主要农作物组成见表 8.3-3。

表 8.3-3　灌区主要农作物组成

%

项目		田					土					
农作物		中稻	再生稻	油菜	蔬菜	小麦	玉米	高粱	红苕	小麦	蔬菜	其他
种植比例	2014 年	100	35	50	10	5	40	30	50	50	20	10
	规划年	100	75	50	20	10	40	30	50	50	30	20

注：现状年 2014 年田、土耕地复种指数分别为 155%、200%，规划年田、土耕地复种指数分别为 255%、220%。

2.生活及牲畜需水量

设计水平年灌区乡村居民的用水量按 90 L/(人・日)，大、小牲畜用水定额采用《纳溪区水利区划》一书中的大牲畜 30 L/(头・日)、小牲畜 20 L/(头・日)，推算得到设计水平年生活及牲畜需水量为 126.43 万 m^3。

3.企业需水量

据调查统计，2014 年灌区内供水企业 10 个，年供水量 10 万 m^3，分析认为至 2025 年灌区内企业个数将增至 15 个，年供水量将增至 14.52 万 m^3。

4.灌区水源状况

地下水供水量：根据综合水文地质图单位面积蓄水量乘以灌区辖区面积推算得到马庙水库灌区内地下水资源量为 118 万 m^3，在 $P=75\%$代表典型年下可开采量为 54.5 万 m^3，可供灌区部分人畜饮水之用。

小型水利、提灌站等供水量：马庙水库灌区内有小(2)型水库两座，总库容 21.9 万 m^3；有山坪塘 206 口，有效库容 96 万 m^3；有石河堰 6 处，有效库容 22 万 m^3；灌区内有小型提灌站 3 处，总装机容量 165 kW。依据统计分析，保证率 $P=75\%$情况下，2 座小(2)型水库的可供水量为 13.8 万 m^3，山坪塘、石河堰净供水量为 156 万 m^3，提灌站可提供净供水量为 12.0 万 m^3，冬囤水田供水量指标为 95 万 m^3。因此，灌区的合计小型水利、提灌站等供水量合计为 276.77 万 m^3。

考虑到马庙水库灌区刚实施完成，所依据的现状年和规划水平年反映了灌区的最新基本情况，且有关成果已经得到主管部门和专家的认可，因此此次连通工程设计过程中需水预测等主要成果直接采用《四川省泸州市纳溪区马庙水库灌区配套改造省级试点项目实施方案》的成果。设计水平年灌区供需马庙水库提供的毛水量平衡分析成果见表 8.3-4。

表8.3-4 设计水平年灌区供需水量平衡分析($P=75\%$)

单位：万 m³

项目		1月	2月	3月	4月	5月	6月	7月	8月	9月	10月	11月	12月	全年
灌区净需水量	农业灌溉用水	16.08	8.24	20.14	319.94	185.12	191.14	219.34	56.36	14.08	4.01	20.14	4.01	1 058.60
	生活及牲畜用水	9.00	10.00	10.00	10.00	11.00	11.00	12.20	12.20	11.00	10.00	10.00	10.00	126.40
	企业用水	1.31	1.31	1.31	1.31	1.16	1.16	1.16	1.16	1.16	1.16	1.16	1.16	14.52
灌区水源可供水量	地下水供水量	4.55	4.54	4.54	4.54	4.54	4.54	4.54	4.54	4.54	4.54	4.54	4.55	54.50
	小型水利、提灌站等供水量	3.13	3.13	3.13	84.10	35.63	78.40	44.19	12.54	3.13	3.13	3.13	3.13	276.77
供需马庙水库提供水量	净水量	19.70	11.88	23.78	242.61	157.11	120.36	183.97	52.64	18.57	7.50	23.63	7.49	869.24
	毛水量	26.27	15.83	31.70	323.47	209.48	160.48	245.29	70.19	24.76	10.00	31.51	9.99	1 158.97

8.3.2.4 马庙水库供水站需水量

马庙水库供水站位于纳溪区大渡口镇的平桥村,供水规模为 10 000 m^3/d。在"十二五"期间,为了尽快解决泸州市纳溪区大渡口镇、渠坝镇、新乐镇、棉花坡镇共 39 个村 52 252 人缺水或水质型缺水的问题,并辐射改善周边 35 000 人的供水条件,于 2013 年 4 月 15 日开工建设马庙水库供水站,并于 2014 年 4 月 14 日主体工程完工,完成总投资 3 339.79 万元,共建设厂区面积 4 695 m^2,铺设供水管网 140 km。

依据《泸州市纳溪区马庙水库供水站工程初步设计》(2011 年 7 月,重庆精佳工程设计咨询有限公司编制)的有关成果可知,马庙水库供水站工程的设计水平年为 2030 年,为全日制供水厂,设计供水范围为纳溪区大渡口镇、渠坝镇、新乐镇、棉花坡镇 4 个镇的绝大部分范围,供水人口为 87 252 人(其中改善型人口 35 000 人)。

依据马庙水库供水站初步设计报告,按照《农村饮水安全工程项目建设管理办法》,水利部、卫生部联合下发的《农村饮用水安全卫生评价指标体系》,2004 年 12 月发布的《村镇供水工程技术规范》(GB/T 43824—2024),四川省计委、四川省水利厅《关于印发〈四川省农村人畜饮水项目建设管理办法实施细则〉的通知》(川计农经〔2001〕39 号)等文件要求,并参考当时相似条件、运转正常的供水工程,结合项目区农村饮水的实际情况、设计年限内的发展变化、农民经济承受能力等因素,综合确定生活用水标准定额为 85 L/(d·人),居民人数按照 87 252 人计算,并同时考虑村镇企业用水量、乡村公共建筑、管网漏损及未预见的用水量等情况,预测马庙水库供水站规划供水规模约为 10 000 m^3/d。马庙水库供水站工程供水规模计算见表 8.3-5。

表 8.3-5 马庙水库供水站工程供水规模计算(摘自原初步设计报告)

项目	计算说明	用水定额	用水量小计	备注
居民生活	0.085×87 252	85 L/(d·cap)	7 416.42 m^3/d	87 252 人
村镇工副业			1 000 m^3/d	现场调查
公共建筑	居民生活用水量		742 m^3/d	
浇洒道路和绿地用水量	居民生活用水量			主要是给农村居民供水,此项不单独计算
管网漏失及未预见	上述用水量总和		916 m^3/d	
合计	上述用水量之和		10 074.42 m^3/d	取近似值 10 000 m^3/d

此次依据有关统计资料和 2016 年四川省质量技术监督局发布的川府函〔2021〕8 号文对马庙水库供水站的规模进行了初步复核。具体复核分析情况如下：

（1）泸州市纳溪区 2016 年乡村生活供水量为 1 000 万 m^3，乡村供水人口 30.36 万人，据此推算现状泸州市纳溪区乡村居民生活供水标准为 90 L/（人 · d），高于马庙水库供水站原设计乡村居民供水标准。

（2）依据《纳溪区统计年鉴》2016 年发布的统计数据，马庙水库供水站供水范围涉及的大渡口镇（38 482 人）、渠坝镇（17 677 人）、新乐镇（20 855 人）、棉花坡镇（23 852 人）4 镇 2016 年户籍人口共计 100 866 人，水厂的原设计供水受益人口可以覆盖大部分范围。

（3）依据川府函〔2021〕8 号文中的有关乡村居民生活用水定额的有关规定，泸州市属于东部盆地区，按"全日供水，户内有洗涤池和部分其他卫生设施的集中供水"标准，农村居民推荐用水定额为 120 L/（人 · d），高于马庙水库供水站原设计乡村居民供水标准。

（4）若按照川府函〔2021〕8 号文推荐的农村居民用水定额标准，则马庙水库供水站的受益人口覆盖范围可能有所减小，但仍然可以满足缺水或水质型缺水人口 52 252 人的供水，并改善部分区域的乡村居民供水条件。

（5）依据实地查勘和调研了解，现状马庙水库供水站的输配水管网尚未完全配套，部分集中安置点的农村居民也尚未安置完成，水厂供水能力尚未完全发挥，现状实际毛供水量约为 2 000 m^3/d，水厂的实际覆盖范围还可以随着用水需求的发展趋势和特点进一步调整，并与周边水厂联合调度供水，最大限度地发挥供水能力。

综上所述，此次复核后认为马庙水库供水站覆盖范围内的用水需求较大，此次工程设计时规划年按照水厂满负荷运行进行（供水规模 10 000 m^3/d）水资源平衡分析是合理的。马庙水库供水站的供水过程较为均匀，全年需水量共计 365 万 m^3，若考虑供水站约 5%的处理损失，全年毛需水量约 384 万 m^3，各月需水量在 29.5 万～32.6 万 m^3。

依据《泸州市纳溪区马庙水库供水站工程初步设计报告》，经综合分析比选后，马庙水库供水站供水水源选择为马庙水库，水源水质满足供水规范要求。在 2014 年马庙水库供水站建成之时，马庙水库灌区配套改造尚未实施，灌区灌溉面积仅 1.8 万亩，马庙水库供水站使用马庙水库作为供水水源，实际是占用了马庙水库灌区的部分灌溉水量指标。随着 2015—2016 年马庙灌区续建配套与节水改造建设实施完成，马庙水库的有效灌溉面积恢复至 3.16 万亩，届时马庙水库供水站的供水量也逐步增加，马庙水库的供水矛盾日益凸显。

8.3.2.5 马庙水库水量平衡分析

1.现状年供需分析

马庙水库是一座以灌溉为主,兼顾防洪、发电、水产养殖、旅游、供水等综合利用的中型水库,水库总库容1 450万 m^3,兴利库容1 040万 m^3,死库容40万 m^3,马庙水库为年调节水库。依据《四川省泸州市纳溪区马庙水库灌区配套改造省级试点项目实施方案》有关成果,按照灌溉设计保证率 $P=75\%$ 的用水需求,在考虑水库下游最小河道生态用水(按75%频率各月入库径流量的10%考虑)、水库蒸发、渗漏损失(全年35.86万 m^3)的条件下,进行了水库的水量平衡分析计算,结果显示在 $P=75\%$ 的灌溉设计保证率下,马庙水库基本可以满足灌区设计需水要求和下游河道的最小河道生态需求,没有多余水量供给其他用水户,现状年仅考虑灌溉工况条件下水量平衡分析见表8.3-6。

但是,现状马庙水库供水站占用了部分灌溉用水指标,现状供水站的实际日供水量为2 000 m^3/d,年供水量达到73万 m^3,水库取用的水库毛水量为76.8万 m^3(考虑水厂5%水处理损失率),则直接导致灌区的灌溉需水量不能得到完全满足,缺水主要发生在4月、5月、7月。同时,下游河道的生态需水量仅能按照最小目标考虑,不能满足水生态文明建设提出的更高要求,下游河道水生态环境无法保障。

2.设计水平年供需分析

此次对野鹿溪河马庙水库下游河道的生态环境需水量进行了复核分析,为保持下游河道的良好生态环境,在枯水期河道的生态环境用水量一般应当在10%以上,丰水期应当在30%以上,据此推算可知马庙水库下游河道的年生态环境需水量约334万 m^3,明显大于《四川省泸州市纳溪区马庙水库灌区配套改造省级试点项目实施方案》中水库下泄的河道生态环境最小用水量133万 m^3。

设计水平年在没有外调水补给的情况下,马庙水库的供水能力将不会增加,而马庙水库占用的原灌区灌溉用水量指标应当予以退还,马庙水库下游生态环境需水增量也将无法保障,村镇供水、河道生态、灌溉用水的供需矛盾将更加突出,年缺水量将达到588万 m^3,其中生态缺水量204万 m^3,马庙水库供水站缺水量384万 m^3。考虑到水厂的引水过程较为均匀、下游生态环境随入库径流有所变化,并减小引水对马庙水库消纳能力的影响,各月的引水过程尽可能均匀,但在5—8月调出区来水量较大的情况下适当加大引水量,各月的设计引水净入库量在38万~58万 m^3。经平衡分析计算,在从清溪河引水入库588万 m^3的条件下,设计水平年各用水户的用水需求可以得到满足。现状年马庙水库水量平衡分析($P=75\%$,不考虑供水站供水工况)见表8.3-6。现状年马庙水库水量平衡分析见表8.3-7。

表 8.3-6　现状年马庙水库水量平衡分析（$P=75\%$，不考虑供水站供水工况）

单位：万 m^3

典型年	入库	下游河道	灌区需水库提供毛水量			水库水量损失			当月径流	当月径流缺水量	水库汛期	月末水库
月份	径流	生态基流	左干渠	右干渠	合计	蒸发量	渗漏量	总损失	余水量	（水库补供水量）	弃水	蓄水量
												40.0
8	376	37.6	24.66	45.53	70.19	4.30	0.88	5.18	262.70			303
9	43.0	4.3	8.69	16.06	24.75	3.10	0.93	4.03	9.95			313
10	50.9	5.1	3.51	6.48	9.99	1.00	0.93	1.93	33.85			346
11	43.0	4.3	11.06	20.44	31.50	0.93	1.30	2.23	5.00			351
12	63.6	6.4	3.51	6.47	9.98	0.60	1.30	1.90	45.38			397
1	49.8	5.0	9.23	17.04	26.27	0.69	1.10	1.79	16.79			414
2	39.2	3.9	5.56	10.27	15.83	0.54	1.00	1.54	17.94			432
3	59.0	5.9	11.13	20.56	31.69	1.50	1.00	2.50	18.93			451
4	53.7	5.4	113.63	209.85	323.48	2.10	0.42	2.52		277.70		173
5	183.2	18.3	73.58	135.90	209.48	3.30	0.68	3.98		48.57		124
6	252.2	25.2	56.37	104.10	160.47	2.80	0.73	3.53	63.01			187
7	111.4	11.1	86.16	159.13	245.29	4.00	0.73	4.73		149.73		37.5
合计	1 325.0	132.5	407.09	751.83	1 158.92	24.86	11.00	35.86	473.55	476.00		

表 8.3-7　设计水平年马庙水库水量平衡分析（$P=75\%$，考虑调入水量和供水站工况）

单位：万 m^3

典型年月份	入库径流	清溪河引水量	水库下游河道生态环境需水量	水库水量损失			马庙供水站供水量	灌区需水库提供毛水量			当月径流余水量	当月径流缺水量（水库补供水量）	水库汛期弃水	月末水库蓄水量
				蒸发量	渗漏量	总损失		左干渠	右干渠	合计				
														40.0
8	375.63	57.7	50.41	4.30	0.88	5.18	32.63	24.66	45.53	70.19	274.94			315
9	43.03	48.9	47.16	3.10	0.93	4.03	31.58	8.69	16.06	24.75		15.57		299
10	50.85	49.9	11.41	1.00	0.93	1.93	32.63	3.51	6.48	9.99	44.79			344
11	43.03	48.9	9.67	0.93	1.30	2.23	31.58	11.06	20.44	31.50	16.96			361
12	63.63	41.1	6.58	0.60	1.30	1.90	32.63	3.51	6.47	9.98	53.63			415
1	49.83	41.1	6.77	0.69	1.10	1.79	32.63	9.23	17.04	26.27	23.46			438
2	39.24	38.2	7.39	0.54	1.00	1.54	29.47	5.56	10.27	15.83	23.16			461
3	59.03	41.1	8.36	1.50	1.00	2.50	32.63	11.13	20.56	31.69	24.93			486
4	53.66	48.9	10.41	2.10	0.42	2.52	31.58	113.63	209.85	323.48		265.41		221
5	183.21	57.7	49.64	3.30	0.68	3.98	32.63	73.58	135.90	209.48		54.79		166
6	252.23	56.7	62.34	2.80	0.73	3.53	31.58	56.37	104.10	160.47	51.05			217
7	111.43	57.7	63.69	4.00	0.73	4.73	32.63	86.16	159.13	245.29		177.18		40.0
合计	1 324.80	587.9	333.83	24.86	11.00	35.86	384.20	407.09	751.83	1 158.92	512.92	512.95		

8.4　补水工程设计方案

8.4.1　引水量规模分析

由马庙水库水量平衡分析可以看出：一方面，马庙水库为满足野鹿溪河马庙水库下游段生态治理目标和任务的生态环境需水要求，马庙水库年均需调水约 204 万 m^3 用于下游河道生态补水。另一方面，马庙水库是为马庙灌区建设的专用水库，在 2017 年节水配套与升级改造之前，有效灌溉面积萎缩至仅有 1.8 万亩；在“十二五”期间为了尽快解决纳溪区大渡口镇、渠坝镇、新乐镇、棉花坡镇及周边的人饮水问题，建成马庙水库供水站，供水站占用马庙水库的灌溉用水指标，以水库地表水作为水源；2017 年马庙灌区实施了节水配套与升级改造之后，有效灌溉面积恢复至设计时的 3.16 万亩，马庙水库的水源供给灌区后已无余水供给马庙水库供水站，因此马庙水库供水站占用的灌溉水量需要予以退还于灌溉，这将直接加剧区域水资源供需矛盾。因此，需要从清溪河引水作为马庙水库供水站的水源。

综上所述，为了解决马庙水库下游河道的生态补水问题（年需引水量 204 万 m^3），以及马庙水库供水站的水源置换问题（年需引水量 384 万 m^3），优化区域的水资源配置，多年平均需从附近流域引入客水约 588 万 m^3。综合考虑周边河流的水源条件和输水距离与线路等综合条件，选择邻近西侧的清溪河作为此次连通工程的引水水源。考虑输水管线的初步线路长度和输水设施，输水损失按 2% 估算，因此年均需要从清溪河引入的毛水量为 600 万 m^3，各月的毛引水量维持在 39.3 万～58.8 万 m^3，其中枯水期引水量略小而丰水期略多，各月引水量见表 8.4-1。

表 8.4-1　清溪河引水量成果

月份	入库水量/万 m^3			清溪河引入毛水量/万 m^3	清溪河月径流量/万 m^3	清溪河引入毛水量占清溪河月径流量的百分比/%
	生态引水量	供水站需引水量	引水总量			
8	25.0	32.6	57.6	58.8	546	10.8
9	17.0	31.6	48.6	49.6	525	9.4
10	17.0	32.6	49.6	50.6	386	13.1
11	17.0	31.6	48.6	49.6	316	15.7
12	9.0	32.6	41.6	42.5	228	18.6
1	9.0	32.6	41.6	42.5	230	18.5
2	9.0	29.5	38.5	39.3	239	16.4
3	9.0	32.6	41.6	42.5	277	15.3

续表 8.4-1

月份	入库水量/万 m^3			清溪河引入毛水量/万 m^3	清溪河月径流量/万 m^3	清溪河引入毛水量占清溪河月径流量的百分比/%
	生态引水量	供水站需引水量	引水总量			
4	17.0	31.6	48.6	49.6	350	14.2
5	25.0	32.6	57.6	58.8	569	10.3
6	25.0	31.6	56.6	57.7	743	7.8
7	25.0	32.6	57.6	58.8	708	8.3
合计	204	384.1	588.1	600.3	5 117	11.7

按照初步选定的引水线路，清溪河取水泵站位于象鼻嘴处，引水线路长约 5.84 km，其中 2.2 km 为泵站提水至天堂村高位，然后自流从马庙水库学堂沟支沟位置进入水库库区。按照最大月 58.8 万 m^3 左右的引水量，提水泵站每天运行时间约 23 h 推算，引水流量约 0.231 m^3/s。

从清溪河取水泵站位置的 $P=95\%$ 特枯水年份的分旬流量过程来看，11 月至次年 3 月各月的分旬流量明显较小，上旬、中旬、下旬最小的平均流量分别为 0.367 m^3/s、0.363 m^3/s、0.317 m^3/s，均大于泵站的引水流量，因此泵站引水是有保障的。清溪河引水泵站断面分旬流量过程见表 8.4-2。

表 8.4-2　清溪河引水泵站断面分旬流量过程（$P=95\%$）　单位：m^3/s

频率	引水泵站断面流量				引水流量
	月份	上旬	中旬	下旬	
$P=95\%$	1	0.415	0.363	0.317	0.231
	2	0.523	0.507	0.454	0.231
	3	0.367	0.495	0.735	0.231
	4	1.352	1.348	1.158	0.231
	5	2.762	2.633	1.850	0.231
	6	1.218	1.084	7.061	0.231
	7	1.176	1.230	1.750	0.231
	8	1.300	1.023	1.152	0.231
	9	0.586	0.605	0.728	0.231
	10	1.136	2.018	0.671	0.231
	11	1.190	0.642	0.349	0.231
	12	0.646	0.703	0.662	0.231

8.4.2　引出区影响分析

依据水文分析成果：清溪河降水和径流较为丰富，取水泵站以上清溪河控制流域面积达 88.07 km^2，多年平均径流量 5 118 万 m^3，径流较少的 10 月至次年 4 月的月平均径流量一般在 228 万 m^3 以上；95%典型年的最小月径流量一般在 97 万 m^3 左右，最小旬径流量在 30 万 m^3 以上；依据玉水水库 1974—2012 年径流系列推算的 10 月至次年 4 月取水堰最枯月径流量应该在 60 万 m^3 左右。分析可知，该连通工程年均毛引水量 600 万 m^3，仅约占调出区多年平均径流量的 11.7%；最枯来水月 1 月的引水量 42.5 万 m^3，仅占 1 月多年平均径流量的 18.5%，仅占 95%特枯年份 1 月径流量的 43.8%，也小于长系列实际发生的最小月径流量。

另外，依据现场查勘和调研了解的情况，清溪河处于丘陵山区，流域内植被良好，受人类活动影响较小。引水泵站断面上游没有较大的取水口或水库工程，居民较少，也较为分散，沿岸村民的人饮一般通过其他水源的集中供水工程解决，直接以清溪河为水源的很少；引水泵站下游情况也比较类似，至入河口区域基本没有河道取水口，也没有大的蓄水工程。

从清溪河取水泵站断面的径流系列成果来看，径流量较为稳定，这为减少水量调出对上下游的影响创造了较为有利的条件。取水断面的天然径流年际变化不大，最大年天然径流量为 6 630 万 m^3，最小年天然径流量为 3 373 万 m^3，极值比仅 2 倍。从天然径流量的年内分配来看，12 月最枯，平均天然径流量 228 万 m^3，6 月最丰，平均天然径流量为 743 万 m^3，年内变化相对比较均匀。

综上所述，该连通工程的引水量相对于清溪河的天然径流量占比较小，对清溪河的河道生态不会造成明显的影响，也不会对以清溪河为水源的少量用水户造成明显的不利影响。

8.4.3　补水工程方案

由清溪河向马庙水库调水，以满足生态环境及灌溉用水需求。补水工程拟于清溪河调水至马庙水库，于石河堰上游 1.2 km 处布置提水泵站 1 座，建设输水管线 1 条，于天堂村附近处设置高位调节水池 1 座，并采用定向钻穿越最高山脊后，采用重力流输水，出水口位于马庙水库。

第9章 海南省海口市江东新区案例

9.1 项目区基本情况

9.1.1 自然地理

江东新区位于海南岛东北部，地处海口市最北端，北临琼州海峡，东起东寨港，南至海口市绕城高速公路二期和212省道，西临南渡江，介于东经110°22′~110°38′、北纬19°53′~20°04′。规划范围约298 km²，分为东部生态功能区和西部产城融合区。其中，东部生态功能区约106 km²，西部产城融合区约192 km²，规划范围占海口市总面积3 145.93 km²的9.5%。

江东新区的战略定位紧紧围绕全面深化改革开放试验区、国家生态文明试验区、国际旅游消费中心、国家重大战略服务保障区（"三区一中心"）的战略定位，在加快质量变革、效率变革、动力变革，提高全要素生产率，建立开放型、生态型、服务型产业体系等方面做表率，努力建设成为中国（海南）自由贸易试验区的集中展示区。

9.1.2 流域概况

江东新区西部毗邻海南省最大河流南渡江的出海口，属南渡江下游的冲积平原。区域内水系、湖塘密布，生态资源本底独特优良，主要河流水系有8条，分别是潭览河、迈雅河、道孟河、芙蓉河、演丰西河、演丰东河、罗雅河、演州河。其中潭览河、迈雅河、道孟河、芙蓉河属境内河流，演丰西河、演丰东河、罗雅河、演州河属过境河流。境内河流流域面积均小于50 km²，最大的为芙蓉河流域面积39.5 km²，最小的为潭览河流域面积10.24 km²。过境河流流域面积最大的为南渡江，流域面积7 033 km²，其次是演州河，流域面积253 km²，区内流域面积为26.3 km²。此外还有其他若干条细小支流。

9.1.2.1 南渡江干流

南渡江是海南岛第一大河流，发源于海南岛中部山区白沙县的南峰山，干流流经白沙、儋州、琼中、屯昌、澄迈、定安、琼山、海口等市（县），于海口市新埠岛三联村入海。干流长334 km，平均坡降0.72‰，总落差703 m。

南渡江松涛坝址以上为上游（河段长137 km），松涛坝址至九龙滩坝址为中游（河段长83 km），九龙滩坝址以下为下游（河段长114 km）。南渡江流经海口境内河道长度约75 km，龙塘坝址以下河段主河道长约26 km，江东新区毗邻段河道长度约17.3 km。南渡江流域水系及测站分布示意图见图9.1-1。

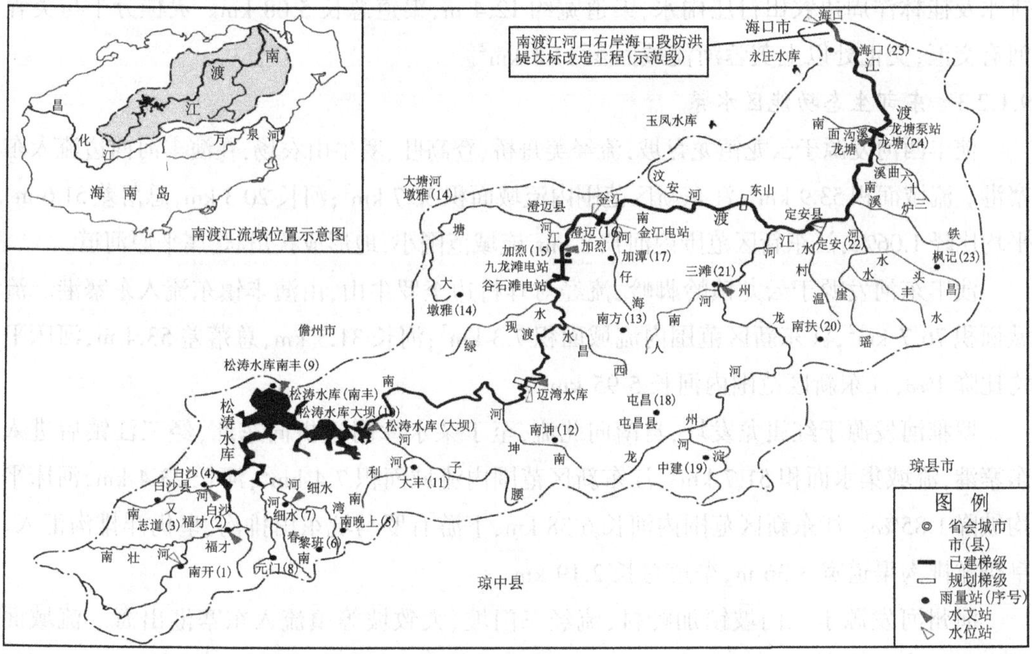

图9.1-1　南渡江流域水系及测站分布示意图

9.1.2.2　西部产城融合区水系

潭览河发源于灵山镇溪宜村，控制流域面积10.24 km^2，干流河长8.55 km，河源深泓点最高1.5 m，干流坡降为0.07‰。潭览河沿线有外坪沟和陶沙河汇入。灵东分干与潭览河有交汇，交汇处以上潭览河流域面积1.09 km^2。

迈雅河发源于灵山镇乐阳村，流域面积为32.8 km^2，分为左、右两支，左支主干河长12.40 km，河源深泓点最高2.3 m，干流坡降为0.16‰。右支河长4.3 km，河源深泓点最高2.29 m。迈雅河沿线从上至下有大良溪、仙月仙河、良古溪、东营溪汇入。灵东分干与迈雅河有交汇，交汇处以上迈雅河流域面积1.38 km^2。

道孟河发源于灵山镇分创村，流域面积17 km^2，道孟河中上游部分被人为地改道，修建为宽度较窄的矩形渠道，干流河长10.6 km，干流坡降为0.11‰。河源深泓点最高3.14 m，道孟河沿河形态基本保持不变。道孟河沿线接纳道郡下溪来水后经山湖港入海。灵东分干与道孟河有交汇，交汇处以上道孟河流域面积3.02 km^2。

芙蓉河，又名福创溪，发源于灵山镇南部长合岭，从桂林洋农场大绿松村出海，流域面积39.5 km^2，干流河长13.9 km，干流坡降为0.94‰。中下游段长度7.49 km，河床平均比降0.21‰。河源深泓点最高5.02 m。芙蓉河下游段现状较宽，平均可达50 m，中游段被改造为宽度较窄的渠道，宽度仅为10~20 m。芙蓉河沿线有潭宋溪和桂林洋大排沟汇入。其中，桂林洋大排沟起点位于美兰油站附近，河源深泓点最高5.59 m，纳入机场周边农田排水及桂林洋周边农田村庄雨水，渠道宽约12.4 m，渠道总长5.08 km。灵桂分干与芙蓉河有交汇，交汇处以上芙蓉河流域面积11.8 km²。

9.1.2.3 东部生态功能区水系

演丰西河发源于云龙镇龙盘坡，流经美丹桥、登高肚、罗牛山农场，在演丰河西边流入东寨港。流域面积53.9 km²，江东新区范围内流域面积30.7 km²；河长20.3 km，总落差51.6 m，平均比降1.06‰，江东新区范围内河长8 km，流域范围小，地形成狭岱状，属平原河道。

演丰东河发源于云龙镇岭脚岭，流经对耳村边至罗牛山，由演丰镇东流入东寨港。流域面积76.7 km²，江东新区范围内流域面积7.3 km²；河长31.5 km，总落差53.4 m，河床平均比降1‰，江东新区范围内河长5.95 km。

罗雅河发源于红旗龙发圩，自南向北流，至丁荣水库附近折向东北，经三江镇后进入东寨港，流域集水面积51.7 km²，江东新区范围内流域面积7.4 km²；河长23.4 km，河床平均坡降1.85‰。江东新区范围内河长6.38 km，下游有罗马坑东田排沟、皇仍洋排沟汇入。皇仍洋排沟渠道宽3.36 m，渠道总长2.19 km。

演州河发源于三门坡镇加岭村，流经三门坡、大致坡等镇流入东寨港出海。流域面积253 km²，海口境内236 km²，江东新区范围内流域面积26.3 km²；干流长50 km，河床平均比降1.80‰，总落差148.3 m。演州河下游江东新区范围5.8 km，主要有陈土坑水沟、溪尾沟、三江湾闸门排沟汇入。三江湾闸门排沟宽42.21 m，沟长3.27 km，水域面积约0.14 km²。

主要支流河流基本特征见表9.1-1。

9.1.2.4 湖泊坑塘

现状江东新区河网密集，河流下游滨海滩涂地带鱼塘、虾塘发达，坑塘较多。现有天然洼塘3.77 km²，鱼塘、虾塘总水域面积23.9 km²，占新区总面积(除去东寨港水面面积54 km²)的11.3%。其中，桂林洋坑塘水域面积为5.43 km²，灵山镇坑塘水域面积为5.35 km²，三江镇坑塘水域面积为8.44 km²，演丰镇坑塘水域面积为8.44 km²。各河系流域范围内坑塘水域面积见表9.1-2。

9.1.3 气象

海口市属热带岛屿气候，夏长冬短，午热夜凉，历年未见霜雪，冬春多雾多旱，夏秋多雷暴雨，并有台风。多年平均气温23.8 ℃，绝对最低气温2.8 ℃，最高温度38.8 ℃，发生在5月。而3—7月的极端最高温度均达到38 ℃。太阳辐射强，多年平均日照时数2 210 h。

表 9.1-1　主要支流河流基本特征

分区	河流名称	河流发源地	河流出口	支流名称	集雨面积/km^2		河长/km		坡降/‰
					总面积/km^2	片区内面积/km^2	总河长/km	片区内长/km	
南渡江		白沙县	入海	龙州河	7 033		334.00	0.72	
产城融合区	潭览河	灵山镇溪宜村	南渡江	外坪沟、陶沙河	10.24	10.24	8.55	8.55	0.07
	迈雅河	灵山镇乐阳村	入海	仙月仙河、大良溪、良古溪、东营溪	32.80	32.80	12.40	12.40	0.16
	道孟河	灵山镇分创村	入海	道郡下溪	17.00	17.00	10.60	10.60	0.11
	芙蓉河	灵山镇南部长合岭村	入海	潭宋溪、桂林洋大排沟	39.50	39.50	13.90	13.90	0.94
	小计				99.54	99.54	45.45	45.45	
生态功能区	演丰西河	云龙镇龙盘坡	入东寨港		53.90	30.70	20.30	8.00	1.06
	演丰东河	云龙镇	入东寨港		76.70	7.30	31.50	5.95	1.00
	罗雅河	红旗龙发圩	入东寨港		51.70	7.40	23.40	6.38	1.85
	演州河	三门坡镇加岭村	入东寨港	南洋河	253.00	26.30	50.00	5.80	1.80
	小计				435.30	71.70	125.20	26.13	
总计					534.84	171.24	170.65	71.58	

表 9.1-2 各河系流域范围内坑塘水域面积

序号	二级区名称	自然坑塘		人工坑塘		坑塘总面积/km²
		个数/个	总面积/km²	个数/个	总面积/km²	
1	潭览河片区	45	0.28	24	0.77	1.05
2	迈雅河分区	128	0.79	57	1.67	2.46
3	道孟河分区	77	0.29	89	1.13	1.42
4	芙蓉河分区	100	0.57	123	2.48	3.05
5	演丰西河分区	52	0.43	96	3.89	4.32
6	演丰东河分区	2	0.01	61	1.24	1.25
7	罗雅河分区	0	0	30	3.80	3.80
8	演州河	29	0.10	208	3.60	3.70
合计		433	2.47	688	18.58	21.05

海口市多年平均降水量为 1 796 m。其中 5—10 月为雨季,降水量占全年降水量的 78.1%;9 月为降水高峰期,平均降水量为 265 mm,占全年降水量的 14.8%;1 月平均降水量只有 20.8 mm,尤其 12 月至次年 2 月,月平均降水量小于 50 mm;11 月至次年 4 月为旱季,降水量仅占全年降水量的 20%。多年平均水面蒸发量为 1 359 mm。其中 5—8 月蒸发量最大,最大是高温强光的 7 月,为 160.7 mm;其次是 5 月,为 148.9 mm;最小是低温阴雨的 2 月,为 64.4 mm。多年平均相对湿度为 85%。

海口市北部临海,地势平坦,风向基本一致。冬半年(10 月至次年 2 月),北方冷空气入侵频繁,以劲吹东北季风为主;夏半年(4—8 月),受低纬度暖气流的影响,盛行东风;3 月和 9 月,是东北和东南风的转换季节,风向不定。多年平均风速 3.4 m/s。其中,2 月风速较大,为 3.8 m/s;8 月风速较小,为 2.7 m/s;冬半年比夏半年风速大。多年平均受影响的台风 5.5 个(次),年平均大于 8 级大风 12 d,年平均 12 级以上台风 2~4 个(次)。每年 4—10 月是台风活跃季节,台风盛季平均个(次)数占平均年个(次)数的 81%,8 月、9 月下旬为台风高峰期。

9.1.4 水文

9.1.4.1 降水

降水主要由来自中纬度的锋面、低槽和热带气旋,东风波、热带辐合等多种系统形成降水条件。海口地区年降水量相对丰富,各月均有降水,海口站多年平均降水量 1 708.3 mm,雨季 5—11 月降水量占全年降水量的 86.3%,其中 6—8 月降水量占全年降水量的 40.6%,枯水期 12 月至次年 4 月降水量占全年降水量的 13.7%,多年平均降水日数 147.2 d。海口气象站多年平均降雨量月分配见表 9.1-3。

表 9.1-3 海口气象站多年平均降雨量月分配

月份	1	2	3	4	5	6	7	8	9	10	11	12	全年
降水量/mm	22.9	33.3	49.1	92.4	187.2	226.6	222.7	244.5	282.1	226.3	84.3	36.9	1 708.3

9.1.4.2　径流

南渡江径流分析主要依据龙塘站的径流资料，该站为国家基本站，测验精度可靠，每年水文资料经过整编复审后，刊布使用。江东新区水系径流量在空间上变化总的趋势是由西部向东部递增，呈东高西低的趋势，径流深等值线的变化范围在 700~1 000 mm，与降水量时空分布是一致的。

龙塘站多年平均径流量 71.8 亿 m^3，折合径流深 1 040 mm，为南渡江多年平均降水量 1 824 mm 的 57.0%。南渡江径流年际变化不稳定，变幅较大，丰枯水年组交替出现，持续时间较短。根据实测系列统计，龙塘断面最大年径流量为 276 m^3/s（2000 年 6 月至 2001 年 5 月），最小年径流量为 64.5 m^3/s（1959 年 6 月至 1960 年 5 月），丰枯比值为 4.3。

江东新区区域内河流没有设立水文站，无实测流量资料。各河流径流深根据 1956—2000 年降水量等值线图查算，各河流多年平均径流量成果见表 9.1-4。

表 9.1-4　江东新区各河流多年平均径流量成果

河名	控制面积/km^2	径流深/mm	多年平均径流量/万 m^3	多年平均流量/(m^3/s)
潭览河	10.24	700	716.8	0.227
迈雅河	32.80	720	2 362.0	0.749
道孟河	17.00	740	1 258.0	0.399
芙蓉河	39.50	760	3 002.0	0.952
演丰西河	53.90	800	4 312.0	1.367
演丰东河	76.70	820	6 290.0	1.995
罗雅河	51.70	840	4 343.0	1.377
演州河	253.00	830	20 999.0	6.659

9.2　存在的问题

江东新区内河流汇流面积较小，产流量较小，现状河流水量主要依靠天然降水，存在水量受季节性降水影响分布不均的问题。江东新区成立后，从区域战略定位、生态环境需求、人居亲水需求等方面，对河流生态水量提出了新的要求。

产城融合区内河流较短，径流量较小，缺少水文站等水量、流量监控站点，本次方案按照径流计算生态水量，在入海口断面处目前能够基本满足生态需水的要求。但河流水量受季节性降水影响分布不均，在不同河段和不同季节，河流的生态流量难以全面保障。因此，现状的河流生态水量难以满足江东新区日后发展的需求。从流域角度出发，南渡江龙塘坝处的生态下泄流量尚未考虑江东新区的建设需求，而流域上游的迈湾水库尚未建设，江东新区的生态水量缺乏保障。

9.3 生态需水量计算

9.3.1 生态水量保障目标

生态水量考虑江东新区南渡江、潭览河、迈雅河等10条主要河流，分析论证生态、环境、景观、航道等用水需求，维护江东新区生态廊道健康。根据江东新区水资源条件、开发利用情况以及生态环境保护需求，生态水量目标按照平水年(来水频率50%)、枯水年(来水频率75%)分别考虑，对于来水频率90%以上的干旱年，不强制要求生态需水。南渡江龙塘坝断面，生态基流平水年非汛期达到多年平均径流量的20%，汛期达到40%；枯水年非汛期达到多年平均径流量的10%，汛期达到30%。其他河流，非汛期达到多年平均径流量的30%，汛期达到50%；枯水年非汛期达到多年平均径流量的20%，汛期达到40%。敏感生态需水量平水年维持现状入海水量，枯水年维持现状入海水量的80%。河流景观水深达到1.0 m以上，通航水深达到1.5 m以上，对河流水体定期置换，保障其水环境质量良好，年换水次数不低于2次。

9.3.2 生态需水量

9.3.2.1 生态基流

为保障江东新区主要河流生态环境状况良好，采用Tennant法，保障江东新区生态基流平水年非汛期达到多年平均径流量的20%~30%，汛期达到多年平均径流量的40%~50%；枯水年非汛期达到多年平均径流量的10%~20%，汛期达到多年平均径流量的30%~40%。经计算，江东新区生态基流平水年为21.88亿 m^3，枯水年为14.33亿 m^3。江东新区主要河流生态基流成果见表9.3-1。

表9.3-1 江东新区主要河流生态基流成果 单位：m^3/s

序号	河流	断面	多年平均天然径流量	平水年		枯水年	
				非汛期(11月至次年5月)	汛期(6—10月)	非汛期(11月至次年5月)	汛期(6—10月)
1	南渡江	龙塘	225.61	45.12	90.24	22.56	67.68
2	潭览河	入海口	0.23	0.07	0.11	0.05	0.09
3	迈雅河	入海口	0.75	0.22	0.37	0.15	0.30
4	道孟河	入海口	0.40	0.12	0.20	0.08	0.16
5	芙蓉河	入海口	0.95	0.29	0.48	0.19	0.38
6	演丰西河	入境	0.59	0.18	0.29	0.12	0.24
		入海口	1.37	0.41	0.68	0.27	0.55

续表 9.3-1

序号	河流	断面	多年平均天然径流量	平水年		枯水年	
				非汛期（11 月至次年 5 月）	汛期（6—10 月）	非汛期（11 月至次年 5 月）	汛期（6—10 月）
7	演丰东河	入境	1.80	0.54	0.90	0.36	0.72
		入海口	1.99	0.60	1.00	0.40	0.80
8	罗雅河	入境	1.18	0.35	0.59	0.24	0.47
		入海口	1.38	0.41	0.69	0.28	0.55
9	演州河	入境	5.97	1.79	2.98	1.19	2.39
		入海口	6.66	2.00	3.33	1.33	2.66
10	振家溪	入海口	0.20	0.06	0.10	0.04	0.08

9.3.2.2　敏感生态需水量

敏感生态需水重点考虑海南东寨港国家级自然保护区，保护区位于江东新区东部，保护对象是以红树林、湿地为主的北热带边缘河口港湾和海洋滩涂生态系统及越冬鸟类栖息地。流经保护区的河流主要为演丰西河、演丰东河、罗雅河、演州河。采用入海水量法，取河口断面多年平均天然径流量作为天然状况下的入海水量。由于现状保护区红树林生态状况良好，因此规划平水年维持现状入海水量，枯水年维持现状入海水量的 80%。经计算，流经保护区河流平水年敏感生态需水量为 6.60 亿 m^3，枯水年为 5.28 亿 m^3。江东新区主要河流敏感生态需水量见表 9.3-2。

表 9.3-2　江东新区主要河流敏感生态需水量　　单位：万 m^3

河流	断面	水平年	敏感生态需水量
演丰西河	入境	平水年	1 856.00
		枯水年	1 484.80
	入海口	平水年	4 312.00
		枯水年	3 449.60
演丰东河	入境	平水年	5 690.80
		枯水年	4 552.64
	入海口	平水年	6 289.40
		枯水年	5 031.52
罗雅河	入境	平水年	3 721.20
		枯水年	2 976.96
	入海口	平水年	4 342.80
		枯水年	3 474.24
演州河	入境	平水年	18 816.10
		枯水年	15 052.88
	入海口	平水年	20 999.00
		枯水年	16 799.20

9.3.2.3 景观航道需水量

规划增加江东新区水面面积,维持景观水位,提高河流观赏性,提升城市景观;增加水运航线,保障通航水位,拓展水系功能,提升城市旅游价值。为保障河流水位以及水环境治理良好,在降水少,水体恶化概率较大的非汛期进行水体置换,年换水 2 次,景观航道需水量 2 000.20 万 m^3。实际运行过程中,可根据水源和河流水质情况,灵活调度,适时调整新区补水次数和补水水量。江东新区主要河流景观航道水量见表 9.3-3。

表 9.3-3 江东新区主要河流景观航道水量　　单位:万 m^3

序号	河流	蓄水量	换水次数	换水量
1	潭览河	43.14	2	86.28
2	迈雅河	154.31	2	308.62
3	道孟河	80.28	2	160.55
4	芙蓉河	74.70	2	149.40
5	演丰西河	37.13	2	74.25
6	演丰东河	32.80	2	65.60
7	罗雅河	24.85	2	49.70
8	演州河	39.00	2	78.00
9	振家溪	64.35	2	128.70
10	航道	449.55	2	899.10
合计				2 000.20

9.3.2.4 总生态需水量

考虑河道生态基流、敏感生态需水、景观航道需水过程,结合各项用水水源、用水性质,取外包线或累计值,江东新区总生态需水量平水年为 244 009.20 万 m^3,枯水年为 164 304.24万 m^3。总生态需水量成果见表 9.3-4。

9.4 补水工程设计方案

江东新区生态用水天然水源主要为河道径流以及丰富的海水资源。河道径流考虑了南渡江沿岸现状以及规划用水户取用水量。此次评价的河流均为入海河流,河道下游为感潮河段,有海水上溯可以用作生态水量的补给。当关闸潮位为 1.80 m 时,迈雅河、道孟河、芙蓉河、演丰西河、振家溪海水上溯距离分别为 11.35 km、5.44 km、7.82 m、5.00 km、9.00 km,上溯距离以下利用海水补给,潭览河、演丰东河、罗雅河、演州河在江东新区境内全河段海水水深超过 1.00 m,可以全河段利用海水补给。因此,扣除河道径流以及海水可补给量后,江东新区平水年工程措施应补水量为 1 636.69 万 m^3,枯水年应补水量为 7 130.59万 m^3。江东新区生态补水量见表 9.4-1。

表 9.3-4　总生态需水量成果

单位：万 m^3

序号	河流	水平年	1月	2月	3月	4月	5月	6月	7月	8月	9月	10月	11月	12月	合计
1	南渡江	平水年	12 085.49	10 915.93	12 085.49	11 695.64	12 085.49	23 391.27	24 170.98	24 170.98	23 391.29	24 170.99	11 695.66	12 085.49	201 944.70
		枯水年	6 042.75	5 457.96	6 042.75	5 847.82	6 042.75	17 543.45	18 128.24	18 128.24	17 543.45	18 128.23	5 847.81	6 042.75	130 796.20
2	潭览河	平水年	18.26	59.64	18.26	17.67	18.26	29.46	30.44	30.44	29.46	30.44	17.68	61.40	361.41
		枯水年	12.18	54.14	12.18	11.78	12.18	23.57	24.35	24.35	23.57	24.35	11.76	55.32	289.73
3	迈雅河	平水年	60.17	208.66	60.17	58.23	60.17	97.05	100.29	100.29	97.05	100.29	58.24	214.48	1 215.09
		枯水年	40.11	190.54	40.11	38.82	40.11	77.64	80.23	80.23	77.64	80.24	38.84	194.42	978.93
4	道孟河	平水年	32.05	109.23	32.05	31.02	32.05	51.70	53.42	53.42	51.70	53.42	31.03	112.33	643.42
		枯水年	21.37	99.58	21.37	20.68	21.37	41.36	42.74	42.74	41.36	42.74	20.67	101.64	517.62
5	芙蓉河	平水年	76.49	143.79	76.49	74.02	76.49	123.37	127.48	127.48	123.37	127.48	74.02	151.19	1 301.67
		枯水年	50.99	120.76	50.99	49.35	50.99	98.70	101.99	101.99	98.70	101.99	49.33	125.69	1 001.47
6	演丰西河	平水年	109.87	136.36	109.87	106.32	188.68	409.72	430.06	552.93	921.64	923.77	388.99	236.17	4 514.38
		枯水年	86.90	103.28	73.24	70.88	150.94	327.78	344.05	442.34	737.31	739.02	311.21	196.36	3 583.31
7	演丰东河	平水年	160.25	177.54	160.25	155.08	275.20	597.62	627.28	806.49	1 344.28	1 347.39	567.38	323.13	6 541.89
		枯水年	126.76	129.29	106.83	103.39	220.16	478.09	501.83	645.19	1 075.42	1 077.91	453.92	265.06	5 183.85
8	罗雅河	平水年	110.65	124.79	110.65	107.08	190.02	412.65	433.14	556.88	928.22	930.37	391.78	225.32	4 521.55
		枯水年	87.53	91.48	73.77	71.39	152.02	330.12	346.51	445.50	742.58	744.29	313.41	185.23	3 583.83
9	演州河	平水年	535.04	522.26	535.04	517.78	918.84	1 995.31	2 094.37	2 692.69	4 488.27	4 498.66	1 894.39	1 008.35	21 701.00
		枯水年	423.22	361.18	356.70	345.19	735.07	1 596.25	1 675.49	2 154.15	3 590.62	3 598.93	1 515.49	814.48	17 166.77
10	振家溪	平水年	15.69	78.52	15.69	15.18	15.69	25.30	26.14	26.14	25.30	26.13	15.17	80.04	364.99
		枯水年	10.46	73.79	10.46	10.12	10.46	20.24	20.91	20.91	20.24	20.91	10.12	74.81	303.43
11	航道	平水年	0	449.55	0	0	0	0	0	0	0	0	0	449.55	899.10
		枯水年	0	449.55	0	0	0	0	0	0	0	0	0	449.55	899.10
合计		平水年	244 009.20												
		枯水年	164 304.24												

表 9.4-1　江东新区生态补水量

单位：万 m^3

河流	河段	水平年	频率	1月	2月	3月	4月	5月	6月	7月	8月	9月	10月	11月	12月	合计
南渡江	龙塘	平水年	50%	0	0	0	0	0	0	0	0	0	0	0	0	0
		枯水年	75%	0	0	0	0	0	0	5 669.42	0	0	0	0	0	5 669.42
迈雅河	入海口11.35 km以上河段	平水年	50%	3.33	27.14	37.49	16.24	0	0	0	0	0	0	0	6.76	90.96
		枯水年	75%	0	16.26	22.26	5.78	0	0	0	0	0	0	0	6.76	51.06
道孟河	入海口5.44 km以上河段	平水年	50%	1.77	39.45	19.97	8.65	0	0	0	0	0	0	0	28.60	98.44
		枯水年	75%	0	33.66	11.85	3.08	0	0	0	0	0	0	0	28.60	77.19
芙蓉河	入海口7.82 km以上	平水年	50%	4.24	41.96	47.65	20.64	0	0	0	0	0	0	0	16.05	130.54
		枯水年	75%	0	28.13	28.30	7.34	0	0	0	0	0	0	0	16.05	79.82
演丰西河	入海口 5.00 km以上河段	平水年	50%	6.08	51.84	68.45	29.65	8.42	18.28	19.19	24.67	41.12	41.21	17.35	23.51	349.77
		枯水年	75%	5.24	31.97	40.65	10.55	9.09	19.75	20.73	26.65	44.42	44.51	18.73	24.22	296.51
振家溪	入海口 9.00 km以上河段	平水年	50%	0.87	29.16	9.77	4.23	0	0	0	0	0	0	0	23.85	67.88
		枯水年	75%	0	26.33	5.80	1.51	0	0	0	0	0	0	0	23.85	57.49
航道	航道	平水年	50%	0	449.55	0	0	0	0	0	0	0	0	0	449.55	899.10
		枯水年	75%	0	449.55	0	0	0	0	0	0	0	0	0	449.55	899.10
合计		平水年	50%	1 636.69												
		枯水年	75%	7 130.59												

第 10 章　福建省漳州市九十九湾案例

10.1　项目区基本情况

10.1.1　自然地理

漳州市地处东经 116°54′~118°14′、北纬 23°32′~25°12′，陆域南北长 187 km，东西宽 127 km，面积 12 880 km^2，东濒台湾海峡，东北与泉州和厦门接壤，西北与龙岩相接，西南与广东潮州毗邻。漳州市历史悠久，人文荟萃，山清水秀，风光绮丽，气候适宜，土地肥沃，交通港运便利，素有“鱼米花果之乡”的美称，是极富发展潜力的福建东南部地区的重要城市，依靠较为优越的地理位置和产业基础，成为国家持续高效农业示范区、海峡西岸对台农业合作试验区、全省重要的农产品出口创汇基地之一、独具特色的休闲度假胜地，是著名的侨乡和台湾祖居地。

龙文区，位于厦门、汕头两大经济特区的腹地，东经 117°、北纬 24°，地处福建省漳州市平原中部，辖区范围东联漳州台商投资区，西接芗城区，北邻长泰区，南临九龙江西溪北岸，水陆交通便捷，324 国道、319 国道穿境而过，鹰厦铁路纵贯全区，陆路距厦门高崎国际机场仅 43 km，水路沿九龙江可通航出海。该区属九龙江冲积平原，区内三面临江，水网稠密；年平均气温 21.4 ℃，无霜期 330 d，年平均降水量 1 450 mm，年平均日照时数 4 430 h。

漳州市九十九湾连通水系由北往南贯穿漳州市主城区，连通九龙江北、西溪，西连三湘江引水泵站，东接西溪桥闸，其间串联湘桥湖、上美湖、碧湖生态园、西院湖生态园等蓄滞洪区。九十九湾河名来源系指九龙江北溪右岸内林进水闸与西溪左岸湘桥水闸之间的河道，自北向南蜿蜒迂回，弯弯曲曲，故称九十九湾。九十九湾连通水系脉络清晰、水流通畅，水系面积 202.4 km^2，主要以九十九湾涝片为核心，连通了龙文区的石井、漳滨、长洲、郭坑片区，并通过浦头港的串连，连通了芗城区的三湘江、吴浦等片区，形成九十九湾连通水系，干支流总长约 130 km。

10.1.2　流域概况

九十九湾位于漳州市区，地处西北溪下游漳州平原，其主河道上下游分别连通九龙江北溪干流及九龙江支流西溪干流。河名来源系指九龙江北溪右岸内林进水闸与西溪左岸湘桥水闸之间的河道，自北向南蜿蜒迂回，弯弯曲曲，故称九十九湾。

九龙江位于福建省西南部，是福建省第二大河，地理位置介于东经 116°50′~118°02′、北纬 24°12′~25°44′。流域北及东北部与闽江水系上游支流沙溪相接，西邻汀江流域，南与漳浦、云霄、诏安等县诸小河相邻，东与晋江西溪相接，东南滨海。九龙江全流域面积 14 741 km^2，主河道长 285 km，平均坡降 2.0‰，主要河流为北溪、西溪、南溪。北溪是九龙江的干流，西溪是九龙江的主要支流，西、北溪于龙海区福河汇合后，分南、中、北港再纳南溪后经厦门港入海，其中南港是九龙江的主流。

北溪是九龙江的干流，上游主河道为万安溪(依据福建省水利厅2008年12月编制的《福建省主要河流流域基本特征集》成果重新确定万安溪为北溪上游主流，万安溪流域面积1 470 km^2，雁石溪流域面积1 459 km^2)，发源于龙岩市连城县曲溪乡将军山，由西北向东南流经曲溪、莒溪、万安、白沙、苏坂乡汇合雁石溪后始称北溪；北溪过漳平后折向由北向南流，经华安、芗城、龙文至龙海区境内福河与九龙江西溪汇合，分南、中、北港入海。北溪流域面积9 640 km^2，河长272 km，平均坡降2.4‰。北溪流域主要属于龙岩市和漳州市，其中龙岩市境内面积约占60%，漳州市境内面积约占36%，其余部分在泉州市境内。

西溪是九龙江的最大支流，其上游主河道为船场溪，发源于南靖县南坑镇葛竹村内舰山北麓，由东南向西北流经书洋、梅林折向由西北向东南流，经船场、南靖、芗城、龙文于龙海区境内的福河与北溪汇合。西溪自上游往下游主要支流有花山溪、芗江。船场溪、花山溪于南靖坎仔头汇合称荆江；芗江在南靖县丰田镇分为龙山溪和永丰溪。荆江与芗江于靖城汇合后为西溪下游干流河段，长34.8 km。西溪流域面积3 940 km^2，河道全长172 km，平均坡降3.1‰。西溪流域大部分在漳州境内，约占94.4%，只有少许上游支流发源于龙岩市境内。

西、北溪于福河汇合后，中间以龙海区角美镇的沙洲、紫泥镇的浒茂洲和乌礁洲、海澄镇的玉枕洲隔开形成南、中、北港，至南溪河口归一经厦门港入海，其中南港是九龙江的主流。支流南溪发源于平和县南胜镇义路村邦寮水库尾部红婆石山西侧，流经平和县欧寮进入漳浦县境，交错经漳浦县的南浦、官浔和龙海区的程溪、东泗、白水、东园等乡镇，于龙海区浮宫镇汇入九龙江，南溪流域面积660 km^2，河道全长88.0 km，平均坡降2.69‰。

九龙江流域地势自西北向东南倾斜，境内西北部玳瑁山脉与中西部博平岭山脉延伸相衔接。上游分水岭大部分海拔1 000~1 600 m，最高峰在流域西部博平岭山脉与汀江交界处的岩顶山，海拔达1 813 m。北溪自潭口以上多高山峻岭，少平地，河道坡降陡，滩多流急，河床多岩石或卵石，潭口以下地形开阔，沿岸为丘陵或平原地带；西溪自靖城以上属山区，河流经过群山峡谷，间或有些盆地，靖城以下河势较开阔，两岸为丘陵或平原，丘陵一般高程为35~100 m。西北溪下游漳州平原是福建省最大的冲积—海积平原，高程基本在35 m以下，福河以下为河口三角洲。

九十九湾位于漳州市区，地处西北溪下游漳州平原，河名来源系指九龙江北溪右岸内林进水闸与西溪左岸湘桥水闸之间的河道，自北向南蜿蜒迂回，弯弯曲曲，故称九十九湾。流域东以三峰山、狮尾山和凤山为分水岭，西到芗城区石亭镇埔尾村，南临九龙江西溪，北至后房农场笔架山、横山。九十九湾现状流域面积100.5 km^2，上游主流为恒坑溪，发源于流域西北部的竹古寨南麓，流经董坑、坂园、蔡前、丰乐、恒坑、流岗于孚美村北面注入九十九湾，九十九湾再流经东屿、圳头、湘桥等地，于湘桥水闸处注入九龙江西溪，主河道长21.0 km，平均坡降0.8‰，上游主流恒坑溪流域面积25.2 km^2，河长12.9 km，平均坡降1.75‰。主要支流有西洋、古塘、浦口、东墩溪4条，流域面积分别为23.2 km^2、9.7 km^2、8.1 km^2、15.9 km^2。九龙江流域水系分布示意图见图10.1-1。九十九湾流域水系分布示意图见图10.1-2。九十九湾现状水系图见图10.1-3。

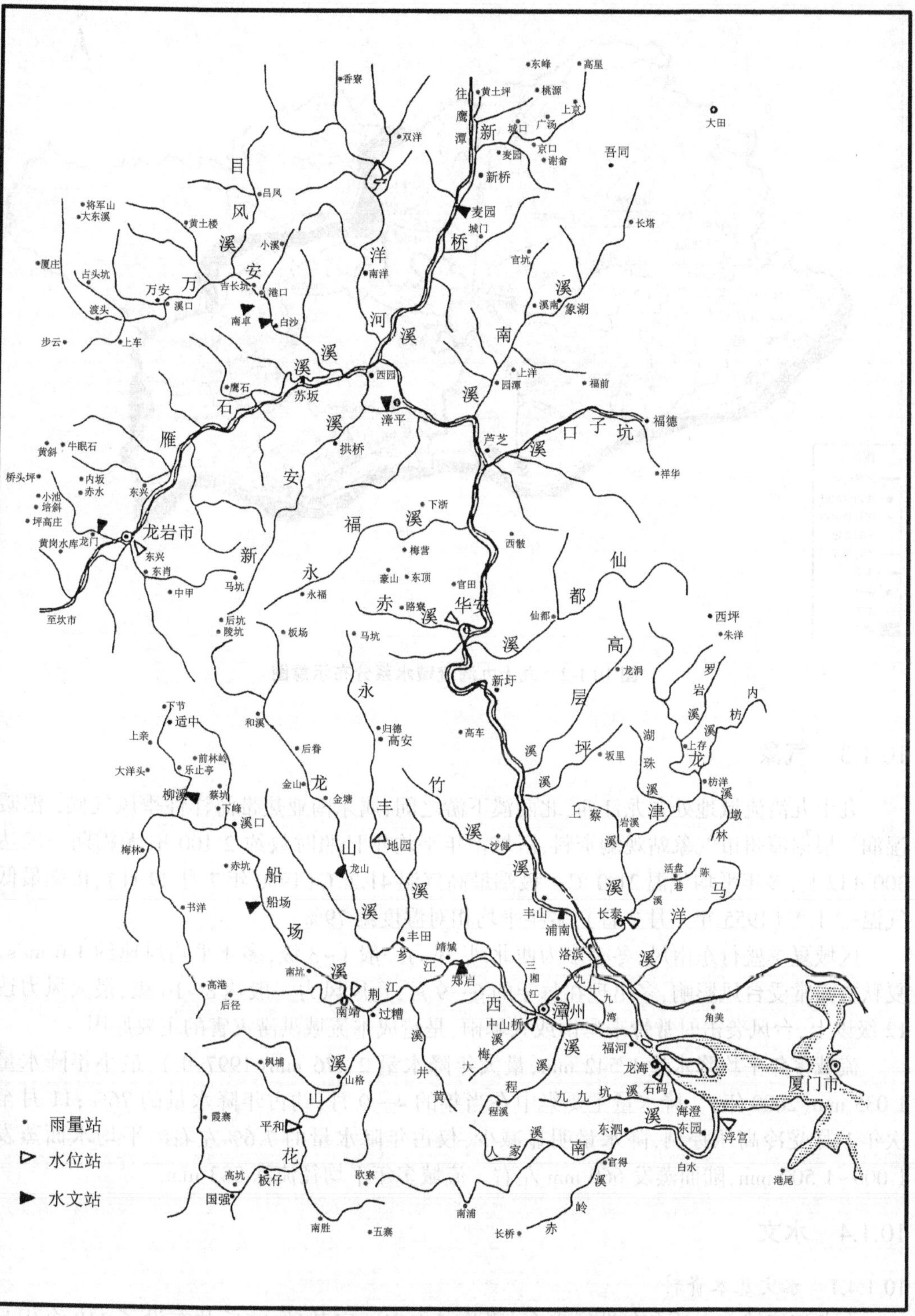

图 10.1-1　九龙江流域水系分布示意图

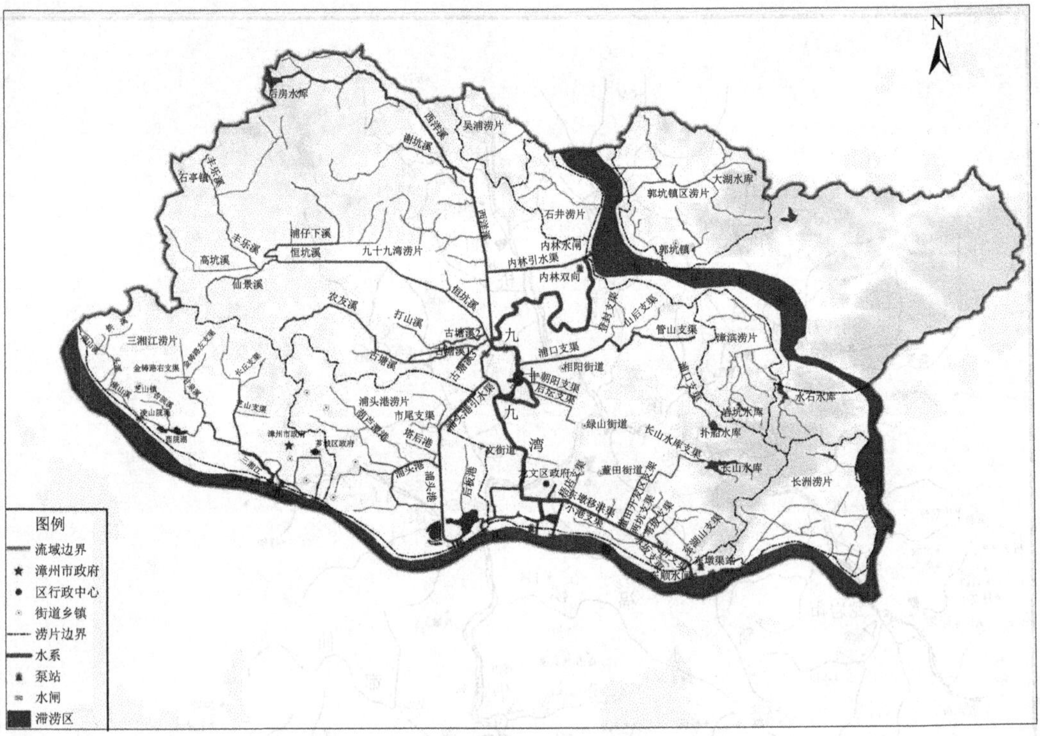

图 10.1-2　九十九湾流域水系分布示意图

10.1.3　气象

九十九湾流域地处九龙江西、北两溪下游之间，属东南亚热带海洋性季风气候，温暖湿润。根据漳州市气象站观测资料，区域多年平均年日照时数约 2 100 h，无霜期一般达 300 d 以上，多年平均气温 21.0 ℃。极端最高气温 41.2 ℃（1950 年 7 月 29 日），极端最低气温−2.1 ℃（1955 年 1 月 2 日），多年平均相对湿度约 79%。

区域夏季盛行东南风，冬季多为西北风，风力一般 1~3 级，多年平均风速约 1.6 m/s，夏秋之间常受台风影响，多出现在每年的 6—9 月，台风风力一般达 8~10 级，最大风力达 12 级以上，台风袭击时常带来暴雨或大暴雨，是造成本流域洪涝灾害的主要原因。

流域多年平均降水量 1 542 mm，最大年降水量 2 376 mm（1997 年），最小年降水量 1 035 mm（2009 年）。降水量主要集中在当年的 4—9 月，约占年降水量的 76%；11 月至次年 1 月受冷高压控制，降水量明显减少，仅占年降水量的 7.6%左右。平均水面蒸发 1 000~1 500 mm，陆面蒸发 660 mm 左右。流域多年平均径流深 883 mm。

10.1.4　水文

10.1.4.1　水文基本资料

九龙江流域水文站点布设较齐全，测验工作有一定基础，前后共布设了 118 个雨量站，其中北溪流域内 75 个雨量站，西溪流域内 35 个雨量站，河口段 2 个雨量站，南溪流域

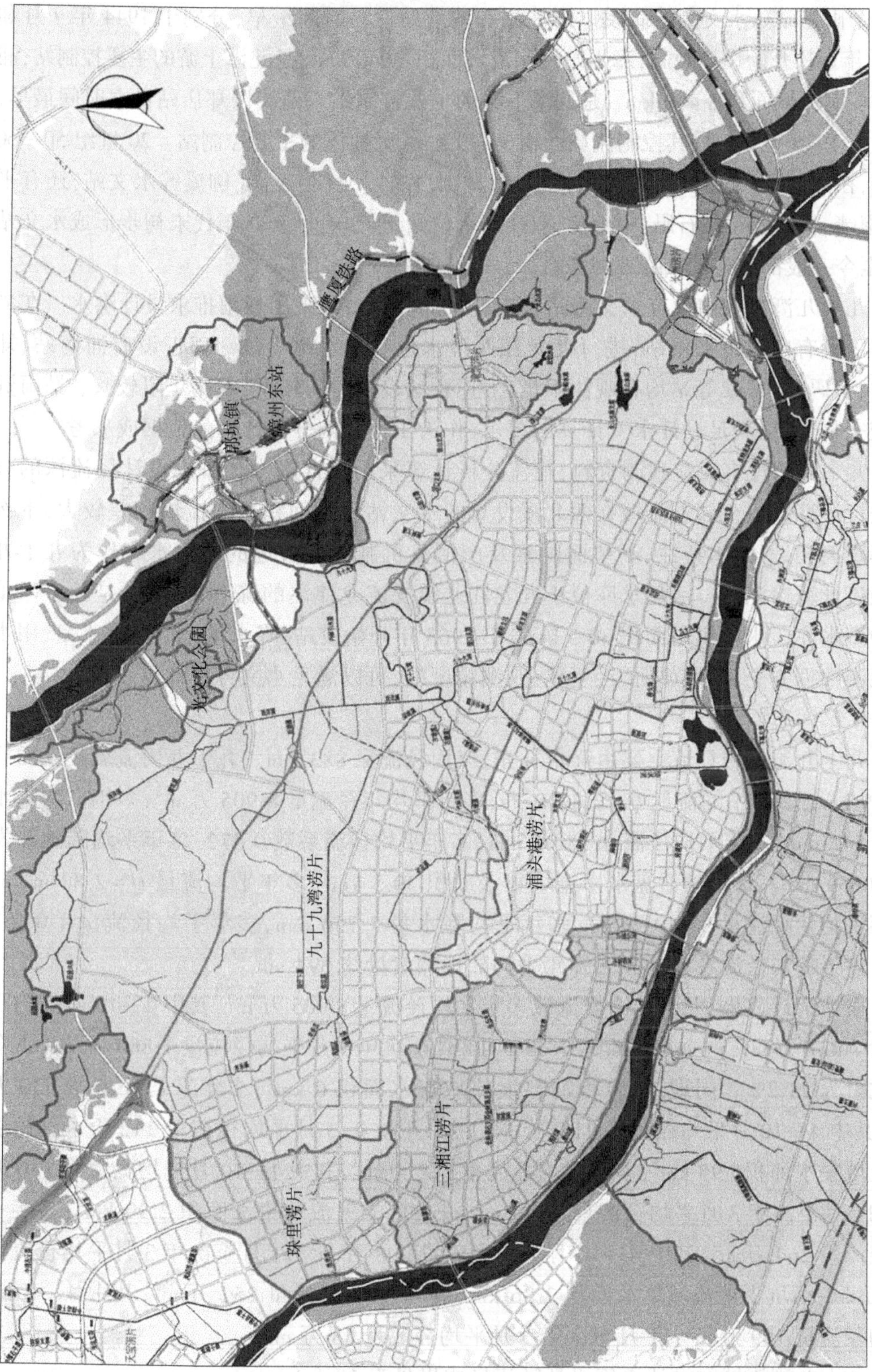

图10.1-3　九十九湾现状水系

内 6 个雨量站。水文测站北溪以漳平站和浦南站设立时间最早，分别于 1944 年 9 月和 1946 年 6 月开始设站观测，漳平站控制流域面积 4 940 km^2，是北溪上游的主要控制站；浦南站控制流域面积 8 490 km^2，是北溪下游的主要控制站。西溪以郑店站设立时间最早，设立于 1945 年 11 月，其控制流域面积 3 419 km^2，为西溪的主要控制站。20 世纪 50—60 年代，在西、北溪上游支流陆续增设船场、龙山、白沙、龙门、麦园、柳溪等水文站，还有平和、南靖、长泰、东兴、石码、中山桥、双洋等水位站，于 20 世纪 60 年代末初步形成水文站网，至今一般都具有较长的观测资料。

九十九湾流域内没有水文测站，没有洪水观测资料，采用暴雨推求设计洪水。在漳州市区设有中山桥水位站，进行九龙江西溪水位和降水量观测。邻近设有浦南站、郑店站、石码站、长泰等站均有观测雨量，上述各站设站时间较早，观测年限较长，暴雨资料较完整，可以满足设计水文计算的要求，作为工程暴雨分析计算的依据或参考。

九十九湾没有径流观测资料，径流分析计算采用设计降水量推求设计径流深的方法进行计算。由于邻近流域在西北溪设立的水文站点的面积与本流域相差较大，本次选择距离相近、降水特性、下垫面因素及产汇流机制比较接近的活盘水库作为九十九湾径流计算参证站。活盘水库位于九龙江北溪支流龙津溪的陈巷溪支流，是长泰区重要中型水库。水库集雨面积 30.5 km^2，于 1963 年开始设站，降水量、水位、来水量、用水量观测数据齐全，整理成册，经复核，观测精度好，可以满足水文分析计算要求。

10.1.4.2　径流

九十九湾流域径流主要由降水补充，年均径流深 883 mm。九十九湾流域集水面积 100.9 km^2，多年平均流量 $Q=2.82\ m^3/s$，多年平均年径流量 8 905 万 m^3，多年平均降水量 1 542 mm，多年平均径流深 882.6 mm，多年平均径流系数 0.572，多年平均陆地蒸发量约 659 mm。参证站活盘水库流域集水面积 30.5 km^2，多年平均流量 $Q=2.82\ m^3/s$，多年平均年径流量 3 240 万 m^3，多年平均降水量 1 756 mm，多年平均径流深 1 062.2 mm，多年平均径流系数 0.605，多年平均陆地蒸发量约 694 mm。

根据统计成果，九十九湾全流域多年平均径流量 8 905 万 m^3，其中 4—10 月平均径流量 7 022 万 m^3，占全年比重为 78.8%，11 月至次年 3 月平均径流量 1 883 万 m^3，占全年比重为 21.2%。同理，计算得浦口溪流域集水面积 6 km^2，多年平均径流量 530 万 m^3，其中 4—10 月平均径流量 418 万 m^3，11 月至次年 3 月平均径流量 112 万 m^3；梧店溪流域集水面积1.95 km^2，多年平均径流量 172 万 m^3，其中 4—10 月平均径流量 136 万 m^3，11 月至次年 3 月平均径流量 36 万 m^3；开发区支渠流域集水面积 2.99 km^2，多年平均径流量 264 万 m^3，其中 4—10 月平均径流量 208 万 m^3，11 月至次年 3 月平均径流量 56 万 m^3；西坑支渠流域集水面积 2.86 km^2，多年平均径流量 252 万 m^3，其中 4—10 月平均径流量 199 万 m^3，11 月至次年 3 月平均径流量 53 万 m^3。

九十九湾流域的设计逐年逐月径流量成果见表 10.1-1。

表 10.1-1　九十九湾流域设计逐年逐月径流量　　单位：万 m^3

时间	1月	2月	3月	4月	5月	6月	7月	8月	9月	10月	11月	12月	合计
1965	215	285	353	676	724	1 791	1 536	612	397	540	466	288	7 883
1966	174	213	213	368	322	1 355	1 053	1 419	512	226	228	241	6 324
1967	238	267	450	1 073	923	595	1 476	793	383	217	243	362	7 020
1968	341	357	503	665	931	1 334	1 127	1 397	1 053	529	384	324	8 945
1969	349	318	675	429	611	1 756	776	1 507	772	371	365	288	8 217
1970	221	166	377	284	719	1 063	658	907	1 792	342	298	273	7 100
1971	226	141	199	239	532	1 757	1 189	252	640	54	249	379	5 857
1972	230	172	100	252	408	1 407	1 491	3 204	646	384	330	296	8 920
1973	252	205	251	1 283	936	1 438	2 229	857	488	999	334	259	9 531
1974	263	207	218	362	1 074	1 567	930	1 208	534	518	591	325	7 797
1975	383	353	575	582	1 899	1 489	853	2 501	1 632	1 167	596	532	12 562
1976	284	181	245	618	620	1 869	1 055	1 339	623	314	326	263	7 737
1977	328	233	184	229	891	1 466	571	1 041	625	505	251	304	6 628
1978	352	216	704	842	1 359	1 533	383	1 401	355	442	608	400	8 595
1979	221	169	687	514	449	1 269	924	1 614	1 020	243	294	253	7 657
1980	210	319	523	1 174	2 128	443	668	1 437	629	357	358	277	8 523
1981	237	209	452	607	914	1 328	893	618	640	352	343	238	6 831
1982	302	355	588	683	551	1 300	533	1 770	433	249	433	277	7 474
1983	376	1 223	2 590	2 327	865	1 519	910	563	931	268	247	214	12 033
1984	273	199	302	989	931	1 235	421	1 694	1 962	401	338	278	9 023
1985	295	809	644	944	1 290	1 827	1 670	1 373	1 322	356	366	300	11 196
1986	297	340	450	512	1 376	1 298	2 167	512	355	237	431	242	8 217
1987	224	154	983	731	1 003	1 187	949	599	708	562	477	313	7 890
1988	278	275	488	730	1 027	666	595	679	2 480	452	553	340	8 563
1989	413	239	210	652	1 381	668	576	1 297	1 142	428	330	188	7 524
1990	308	452	236	1 532	855	1 517	1 703	2 606	2 856	512	392	212	13 181
1991	267	206	246	206	222	1 871	527	657	1 579	1 188	366	311	7 646
1992	486	813	179	1 447	999	1 368	1 647	1 402	1 410	456	352	294	10 853
1993	348	249	499	471	635	2 166	739	804	388	330	258	287	7 174
1994	173	586	491	809	777	1 604	1 382	1 935	715	288	287	424	9 471
1995	223	267	397	359	420	860	1 706	2 588	507	299	187	197	8 010

续表10.1-1

时间	1月	2月	3月	4月	5月	6月	7月	8月	9月	10月	11月	12月	合计
1996	191	366	691	892	1 071	859	762	2 709	794	539	498	371	9 743
1997	566	659	616	937	2 480	1 623	2 150	2 958	1 761	821	581	617	15 769
1998	562	999	845	657	1 769	975	1 072	861	1 205	870	590	457	10 862
1999	459	365	390	360	707	1 362	701	977	1 360	1 759	424	299	9 163
2000	495	691	601	1 269	670	3 133	2 279	3 181	1 168	592	442	529	15 050
2001	537	281	361	700	706	887	1 861	1 010	1 659	472	313	311	9 098
2002	325	255	252	307	293	501	654	2 945	1 108	522	430	584	8 176
2003	320	332	447	466	753	417	767	862	1 040	212	199	207	6 022
2004	396	307	529	997	830	860	410	1 404	594	383	340	335	7 385
2005	230	278	684	445	1 181	1 042	428	2 466	1 404	1 102	447	358	10 065
2006	422	494	736	689	2 564	1 819	4 775	1 807	834	348	490	532	15 510
2007	299	228	418	708	424	3 074	600	1 720	868	227	228	362	9 156
2008	245	304	133	364	387	2 696	1 668	1 048	743	566	239	130	8 523
2009	79	65	234	474	223	1 195	694	693	341	229	258	249	4 734
2010	315	462	405	586	907	1 392	720	357	2 446	1 591	432	344	9 957
2011	259	225	210	115	541	845	1 105	610	315	134	502	157	5 018
2012	414	755	583	592	881	1 624	1 043	968	627	277	703	526	8 993
2013	265	277	137	684	1 327	1 296	3 269	1 869	1 076	437	449	426	11 512
2014	238	387	370	275	1 393	2 482	977	1 130	572	281	318	298	8 721
2015	344	289	305	487	1 951	1 309	1 366	1 588	1 812	354	400	375	10 580
2016	873	477	1 321	1 257	1 236	859	1 088	1 393	2 751	1 737	794	740	14 526
2017	567	418	645	800	498	1 137	928	680	175	253	181	129	6 411
2018	682	274	470	122	211	744	354	1 434	968	372	449	294	6 374
2019	187	222	941	451	962	1 079	709	1 623	934	324	239	166	7 837
2020	286	221	382	359	403	532	292	717	1 252	267	184	212	5 107
平均	328	354	495	671	931	1 362	1 143	1 386	1 024	505	382	325	8 905

10.2 存在的问题

(1)水环境污染管控仍需加强。

九十九湾是龙文区的一条内河,上游分布有农田、鱼塘和村庄,农村生活污水、生活垃圾、畜禽和水产养殖等污染虽然已经进行了治理，但仍需进一步加强污染管控，减小农业农村面源污染对河道水环境的影响。九十九湾下游城区段入河排污口已进行多轮排查和整治，但仍有部分小区存在雨污错接、混接问题，致使生活污水随雨水管道排入河道，影响河流水质。另外，为解决暗渠旱季污水直排内河，目前虽已采取了建设末端截污管道等措施，但仍存在雨季时污水溢流污染问题。

（2）季节性水体自净能力不强。

恒坑溪、西洋溪、古塘溪、浦头港等九十九湾入境的支流来水水质相对较差，加上九十九湾上建有多处闸坝，特别是汛期容易受九龙江西溪水位顶托影响，导致九十九湾下游段水体流速缓慢，水体自净能力不强，要维持和改善河道水质难度较大。

九十九湾上游河道在水系连通工程和中小河流治理工程实施采取了直立挡墙硬质护岸，水生植物无法生长，导致水体自净能力较差，生态系统较为脆弱。九十九湾上游河道硬质护岸现状见图 10.2-1。

图 10.2-1　九十九湾上游河道硬质护岸现状

（3）湘桥湖水生态环境有待提升。

湘桥湖作为龙文区重要的滞洪区，承接了九十九湾主港道及浦头港、后坂港等支渠的来水，水质易波动，湖区水生植物较少，水系流动性较差，湖体部分区域藻类较多，溶解氧不足，水生态环境有待提升。

10.3　生态需水量计算

该工程生态需水对象包括浦口支渠、梧店支渠、开发区支渠、西坑支渠。生态补水总体目标为维系渠道水生态系统的结构与功能，提高水体流动性，改善河道生态环境，增强水体自我净化能力。

根据浦口支渠、梧店支渠、开发区支渠、西坑支渠水资源条件与水文资料情况综合分析。由于浦口支渠、梧店支渠、开发区支渠、西坑支渠无径流实测数据，其径流量为通过活盘水库流域的降水径流相关关系及径流过程，并采用经验公式法推求得到各支渠多年平均径流量及各月分配情况。根据现场勘察及走访调查，各支渠实际存在干涸断流情况，考虑浦口支渠、梧店支渠、开发区支渠、西坑支渠为城市重要渠道，为了全面考虑河流实际来水情况，本次生态需水在水文常规计算的基础上，补充断流情况的需水量计算，即生态需水量分为干涸断流、多年平均径流两种来水情况分别计算。

(1)多年平均径流情况。

当河道天然来水较少时，加上污染物排放导致河流水质差，将影响河道水系生态功能，与城市水系功能不符，这种情况的生态需水量按生态基流、生物基本栖息功能需水量、自净需水量的外包线进行分析确定。

(2)干涸断流情况。

经查阅相关资料及现场调查，九十九湾干涸月份为最枯期12月到次年2月(共90 d)。若河道断流，将导致河流水生态功能和自净能力丧失。为了避免河流生态系统退化，以维持河流最基本的生态环境功能，在河道干涸断流情况下取生态基流作为河道生态需水量。

生态环境需水量依据《河湖生态环境需水计算规范》(SL/T 712—2021)，结合工程生态补水目标、项目区水资源条件、资料获取情况综合确定，具体包括生态基流、生物基本栖息功能需水量、自净需水量几部分。

10.3.1 多年平均径流条件下

在多年平均径流情况下，生态需水量按生态基流、生物基本栖息功能需水量、自净需水量的外包线进行分析确定。

10.3.1.1 生态基流

根据《河湖生态环境需水计算规范》(SL/T 712—2021)，生态基流计算方法有 Q_P 法、Tennant法、近10年最枯月平均流量法等。由于市区内河没有流量观测资料，无法利用 Q_P 法、近10年最枯月平均流量法进行计算。Tennant 法是利用径流量资料按照天然径流量的一定比例作为河流生态环境需水量，于实测资料不齐全时较为适用，一般用于流量较大或流量较稳定的常年性河流。因此，该工程生态基流采用 Tennant 法进行计算。

根据规范规定，不同河道内生态环境状况对应的流量的百分比见表10.3-1。

表10.3-1 河道内不同生态状况对应的多年平均天然流量百分比 %

不同流量百分比对应河道内生态状况	占天然流量的百分比	
	年内较枯时段	年内较丰时段
最佳	60~100	
优秀	40	60
很好	30	50
良好	20	40
一般或较差	10	30
差或最小	10	10
极差	0~10	0~10

该工程按“良好”级确定工程各渠道生态基流，年内较枯时段取多年平均径流量的20%，年内较丰时段取多年平均径流量的40%。经计算，浦口支渠年内较枯时段生态基流为0.034 m^3/s，较丰时段为0.067 m^3/s；梧店支渠年内较枯时段生态基流为0.011 m^3/s，较丰时段为0.022 m^3/s；开发区支渠年内较枯时段生态基流为0.017 m^3/s，较丰时段为0.034 m^3/s；西坑支渠年内较枯时段生态基流为0.016 m^3/s，较丰时段为0.032 m^3/s（见表10.3-2）。

表 10.3-2　Tennant 法各渠道生态基流计算成果

时段	项目	浦口支流	梧店支渠	开发区支渠	西坑支渠
	多年平均流量/(m^3/s)	0.168	0.055	0.084	0.08
年内较枯时段	占天然流量的百分比/%	20			
	生态基流/(m^3/s)	0.034	0.011	0.017	0.016
年内较丰时段	占天然流量的百分比/%	40			
	生态基流/(m^3/s)	0.067	0.022	0.034	0.032

10.3.1.2　生物基本栖息功能需水量

浦口支渠、梧店支渠、开发区支渠、西坑支渠建设后，逐渐恢复河流简单生物栖息功能，河流近期目标生物主要为藻类、微生物、体型小的鱼虾，维持生物栖息地功能不丧失的流量采用R2-CROSS法进行计算，水深按R2-CROSS法最小流量标准拟定为0.06 m。根据浦口支渠、梧店支渠、开发区支渠、西坑支渠规划断面渠宽及渠道栖息地要求的平均水深，利用曼宁公式来确定渠道最小流量。维持生物栖息地功能不丧失的流量计算见表10.3-3。

表 10.3-3　维持生物栖息地功能不丧失的流量计算

序号	参数	浦口支渠	梧店支渠	开发区支渠	西坑支渠
1	设计渠底宽/m	8.0	8.0	8.0	24.0
2	渠道坡降	0.000 4	0.000 5	0.000 5	0.000 2
3	平均水深/m	0.06	0.06	0.06	0.06
4	平均流速/(m/s)	0.12	0.12	0.12	0.07
5	生态流量/(m^3/s)	0.06	0.06	0.06	0.10

10.3.1.3　自净需水量

结合工程现状水质条件、排污情况及项目区水资源条件，工程水质目标为内河乡镇交界断面水质持续稳定保持在《地表水环境质量标准》（GB 3838—2002）Ⅴ类以上。补水水源来自九十九湾溪，取水泵站设置在九十九湾主河道上美湖，现状水质达到《地表水环境质量标准》（GB 3838—2002）Ⅳ类水标准。

水体维持自净能力基本流量按照《水域纳污能力计算规程》（GB/T 25173—2010）的相关规定计算。根据内河的多年平均流量，内河均为小型河段，采用河流一维模型进行分析。此次分析采用枯、丰时段多年径流作为设计流量，并将污染源概化于一点。

污染源计算包括未纳管的生活污水及流域范围内耕地、园地等农业面源污染。生活污水纳管率按75%进行计算，农业面源入河系数取0.40，按照河流一维模型计算。各渠道参数一览表见表10.3-4。

表10.3-4　各渠道参数一览表

序号	参数	浦口支渠	梧店支渠	开发区支渠	西坑支渠
1	渠道初始断面的入流流量/(m^3/s)				
	年内较丰时段	0.226	0.074	0.112	0.108
	年内较枯时段	0.086	0.028	0.043	0.041
2	初始断面的污染物浓度/(mg/L)				
	COD	23.17	16.17	24.6	20.385
	氨氮	2.96	0.87	2.09	1.48
	总磷	0.32	0.21	0.14	0.175
3	污染物综合衰减系数/(1/d)				
	COD	0.2	0.2	0.2	0.2
	氨氮	0.15	0.15	0.15	0.15
	总磷	0.07	0.07	0.07	0.07
4	污染物入河速率/(g/s)				
	COD	3.809	2.926	2.481	2.149
	氨氮	0.522	0.400	0.338	0.293
	总磷	0.065	0.045	0.036	0.031
5	补水水源的水质/(mg/L)				
	COD	20.17			
	氨氮	0.7			
	总磷	0.15			
6	水质保护目标/(mg/L)				
	COD	40			
	氨氮	2			
	总磷	0.4			

根据河流一维模型对各渠道末端断面污染物浓度进行分析计算，水质目标为《地表水环境质量标准》(GB 3838—2002) Ⅴ类标准，经计算，得到各时段各渠道自净需水量(见表10.3-5)。

表 10.3-5　自净需水量计算成果

序号	参数	浦口支渠	梧店支渠	开发区支渠	西坑支渠	备注
1	年内较丰时段	0.766	0.304	0.382	0.278	
2	年内较枯时段	0.526	0.298	0.303	0.241	

10.3.1.4　生态需水量计算

在多年平均径流下，生态需水量是取生态基流、生物基本栖息功能需水量、自净需水量的外包线，计算式如下：

$$\left.\begin{aligned} Q_{\mathrm{ba}} &= \sum_{i=1}^{n} Q_{\mathrm{b}i} \\ Q_{\mathrm{ba}} &= \max(\text{生态基流,维持生物栖息功能的流量,自净需水生态流量}) \times T \end{aligned}\right\} \quad (10\text{-}1)$$

式中　Q_{ba}——生态流量全年值，以水量计为 m^3。

$Q_{\mathrm{b}i}$——生态流量年内不同时段值，以水量计为 m^3。

T——年内不同时段天数，年内较丰时段取 214 d，年内较枯时段取 61 d。

经计算，浦口支渠年内较丰时段生态需水量约为 1 416.30 万 m^3，年内较枯时段生态需水量约为 277.22 万 m^3；梧店支渠年内较丰时段生态需水量约为 562.08 万 m^3，年内较枯时段生态需水量约为 157.06 万 m^3；开发区支渠年内较丰时段生态需水量约为 706.30 万 m^3，年内较枯时段生态需水量约为 159.69 万 m^3；西坑支渠年内较丰时段生态需水量约为 514.01 万 m^3，年内较枯时段生态需水量约为 127.02 万 m^3；各支渠年内不同时段生态需水量见表 10.3-6。

表 10.3-6　多年平均径流工况下生态需水量成果　　单位：m^3

序号	参数	浦口支渠	梧店支渠	开发区支渠	西坑支渠
1	年内较丰时段生态需水量	14 163 034	5 620 838	7 063 027	5 140 109
2	年内较枯时段生态需水量	2 772 230	1 570 579	1 596 931	1 270 166

10.3.2　干涸断流条件下

在河道干涸断流情况下取生态基流作为河道生态需水量。根据《河湖生态环境需水计算规范》(SL/T 712—2021)，该工程生态基流采用 Tennant 法进行计算。该情况按“良好”级确定工程各渠道生态基流，年内较枯时段取多年平均径流量的 20%，年内较丰时段取多年平均径流量的 40%。

经计算，在干涸断流情况下，浦口支渠生态基流为 0.034 m^3/s；梧店支渠生态基流为 0.011 m^3/s；开发区支渠生态基流为 0.017 m^3/s；西坑支渠生态基流为 0.016 m^3/s（见表 10.3-7）。

表 10.3-7 Tennant 法各渠道生态基流计算成果

序号	参数	浦口支渠	梧店支渠	开发区支渠	西坑支渠
1	多年平均流量/(m^3/s)	0.168	0.055	0.084	0.08
2	占天然平均流量的百分比/%	20			
3	生态基流/(m^3/s)	0.034	0.011	0.017	0.016

干涸断流工况下的生态需水量为生态基流×干涸断流天数，经计算干涸断流工况下，浦口支渠生态需水量约为 26.13 万 m^3，梧店支渠约为 8.55 万 m^3，开发区支渠约为 13.06 万 m^3，西坑支渠约为 12.44 万 m^3，干涸断流条件下生态需水量见表 10.3-8。

表 10.3-8 干涸断流工况下生态需水量成果

单位：m^3

参数	浦口支渠	梧店支渠	开发区支渠	西坑支渠
干涸断流条件下生态需水量	261 274	85 536	130 637	124 416

10.3.3 总生态需水量

该工程总生态需水量为多年平均径流工况下生态需水量和干涸断流工况下生态需水量之和。经计算，浦口支渠全年总生态需水量约为 1 719.65 万 m^3，梧店支渠总生态需水量约为 727.70 万 m^3，开发区支渠总生态需水量约为 879.06 万 m^3，西坑支渠总生态需水量约为653.47 万 m^3（见表 10.3-9）。

表 10.3-9 西坑支渠总生态需水量成果

单位：m^3

序号	工况	参数	浦口支渠	梧店支渠	开发区支渠	西坑支渠
1	多年平均径流	年内较丰时段生态需水量	14 163 034	5 620 838	7 063 027	5 140 109
		年内较枯时段生态需水量	2 772 230	1 570 579	1 596 931	1 270 166
		小计	16 935 264	7 191 417	8 659 958	6 410 275
2	干涸断流	生态需水量	261 274	85 536	130 637	124 416
合计			17 196 538	7 276 953	8 790 595	6 534 691

10.4 补水工程设计方案

10.4.1 来水分析

工程生态补水取水口位于九十九湾主河道上美湖，集雨面积 56.6 km^2，多年平均径流量 5 000 万 m^3。九十九湾溪现有内林补水工程，各工程丰、枯水期平均补水量见

表 10.4-1。因此取水口 4—10 月平均来水量为 22 433 万 m^3，11 月至次年 3 月平均径流量为 7 580 万 m^3。

表 10.4-1　九十九湾溪取水口处多年平均径流量　　单位：万 m^3

参数	4—10 月平均径流量	11 月至次年 3 月平均径流量
多年平均径流量	3 943	1 057
现有内林补水工程	18 490	6 523
总计	22 433	7 580

工程近期补水对象为浦口支渠，远期补水对象为浦口支渠、梧店支渠、开发区支渠、西坑支渠。各支渠丰、枯水期平均径流量见表 10.4-2。

表 10.4-2　各支渠丰、枯水期平均径流量

参数		浦口支渠	梧店支渠	开发区支渠	西坑支渠
流域集水面积/km^2		6.00	1.95	2.99	2.86
多年平均流量	4—10 月平均径流量/万 m^3	418	136	208	199
	11 月至次年 3 月平均径流量/万 m^3	112	36	56	53
合计		530	172	264	252

10.4.2　补水水量分析

工程近期补水对象为浦口支渠，远期补水对象为浦口支渠、梧店支渠、开发区支渠、西坑支渠。由于浦口支渠、梧店支渠、开发区支渠、西坑支渠均无蓄水建筑物，为保障各渠道内水量需持续补水。多年平均径流工况下年内较丰时段补水时间为 214 d，较枯时段补水时间为 61 d；干涸断流工况下补水时间为 90 d。

工程区现有漳州市龙方区蓝田开发区引水工程，从龙文南路与水仙大街交叉处抽水，供水点为梧店支渠、开发区支渠、西坑支渠及蔡坂支渠。工程采用水量平衡法进行分析计算支渠补水量，梧店支渠 1.50 万 t/d，开发区支渠 1.12 万 t/d，西坑支渠 1.81 万 t/d，蔡坂支渠 0.4 万 t/d。

龙文区九十九湾抽水泵站及浦口支流滚水坝建设工程，从九十九湾与厦蓉高速交叉处取水，放水口在登科支流和山后支流汇合处，即厦蓉高速与九龙大道汇合处，引水规模 1.80 万 t/d。

此次工程生态需水量根据《河湖生态环境需水计算规范》（SL/T 712—2021），分为多年平均径流（包括较丰时段和较枯时段）和干涸断流两种工况进行分析并确定各支渠生态需水量。补水水量根据生态环境需水量，结合现有补水水量和渠道多年径流量综合确定。

$$补水水量=生态环境需水量-现有补水水量-渠道多年径流量 \tag{10-2}$$

由于漳州市龙方区蓝田开发区引水工程在梧店支渠、开发区支渠、西坑支渠的放水口位于明渠段起始位置，3 条支渠上游暗涵段未进行补水；龙文区九十九湾抽水泵站及浦口支流滚水坝建设工程从登科支流和山后支流汇合处进行补水，浦口支渠上游段未进行补水。工程从浦口支渠、梧店支渠、开发区支渠、西坑支渠起始位置进行补水，当补水水量小于或等于生态基流时，按生态基流进行补水；当补水水量大于生态基流时，按补水水量进行补水。

全年补水水量=多年平均径流工况下生态补水量+干涸断流工况下生态补水水量 (10-3)

(1)多年平均径流条件下。

经计算，在多年平均径流工况下，近期补水水量为 668.52 万 m^3，其中年内较枯时段补水水量 55.42 万 m^3，年内较丰时段补水水量 613.10 万 m^3(见表 10.4-3)；远期补水水量为 1 164.75 万 m^3，其中年内较枯时段补水水量 128.78 万 m^3，年内较丰时段补水水量1 035.97 万 m^3。

表 10.4-3 工程补水水量计算成果

单位：万 m^3

序号	参数	浦口支渠	梧店支渠	开发区支渠	西坑支渠
一	多年平均径流条件下				
1	年内较枯时候				
1.1	生态环境需水量	277.22	157.06	159.69	127.02
1.2	现有补水水量	109.80	91.50	68.32	110.41
1.3	同期多年平均流量	112.00	36.00	56.00	53.00
1.4	补水水量	55.42	29.56	35.37	8.43
2	年内较丰时段				
2.1	生态环境需水量	1 416.30	562.08	706.30	514.01
2.2	现有补水水量	385.20	321.00	239.68	387.34
2.3	同期多年平均流量	418.00	136.00	208.00	199.00
2.4	补水水量	613.10	105.08	258.62	59.17
二	干涸断流条件下	668.52	134.64	293.99	67.6
1.1	生态环境需水量	26.13	8.55	13.06	12.44
1.2	现有补水水量	162.00	135.00	100.80	162.90
1.3	同期多年平均流量	0	0	0	
1.4	补水水量	26.13	8.55	13.06	12.44
三	全年补水水量	694.65	143.19	307.05	80.04
3.1	年内较枯时段补水水量	81.55	38.11	48.43	20.87
3.2	年内较丰时段补水水量	613.10	105.08	258.62	59.17

(2)干涸断流条件下。

经计算，干涸断流工况下，近期补水水量为 26.13 万 m^3，远期补水水量为 60.18

万 m^3。

(3)全年补水水量。

经计算,全年近期补水水量为 694.65 万 m^3,其中年内较枯时段补水水量 81.55 万 m^3,占同期可供补水水量 1.08%,年内较丰时段补水水量 613.10 万 m^3,占同期可供补水水量 2.73%;远期补水水量为 1 224.93 万 m^3,其中年内较枯时段补水水量 188.96 万 m^3,占同期可供补水水量 2.49%,年内较丰时段补水水量 1 035.97 万 m^3,占同期可供补水水量 4.62%。

10.4.3　补水规模

10.4.3.1　多年平均径流条件下

该条件下分为年内较枯时段补水流量和年内较丰时段补水流量。近期年内较枯时段补水流量为 0.11 m^3/s,年内较丰时段补水流量为 0.33 m^3/s(见表 10.4-4);远期年内较枯时段补水流量为 0.26 m^3/s,年内较丰时段补水流量为 0.56 m^3/s。

表 10.4-4　多年平均径流工况下补水流量一览表

序号	参数	浦口支渠	梧店支渠	开发区支渠	西坑支渠
一	多年平均径流工况下				
1	年内较枯时段				
	补水水量/万 m^3	55.42	29.56	35.37	8.43
	补水流量/(m^3/s)	0.11	0.06	0.07	0.02
2	年内较丰时段				
	补水水量/万 m^3	613.10	105.08	258.62	59.17
	补水流量/(m^3/s)	0.33	0.06	0.14	0.03

近期补水流量=浦口支渠补水流量

远期补水流量=(浦口支渠+梧店支渠+开发区支渠+西坑支渠)补水流量

10.4.3.2　干涸断流条件下

干涸断流工况下,近期年内较枯时段补水流量为 0.03 m^3/s(见表 10.4-5),远期补水流量为0.08 m^3/s。

表 10.4-5　干涸断流工况下补水流量一览表

序号	参数	浦口支渠	梧店支渠	开发区支渠	西坑支渠
一	干涸断流工况下				
1.1	补水水量/万 m^3	26.13	8.55	13.06	12.44
1.2	补水流量/(m^3/s)	0.03	0.01	0.02	0.02

10.4.3.3　工程补水规模

工程补水规模根据多年平均径流工况和干涸断流工况下补水流量取最大值确定,经分析,浦口支渠补水规模为0.33 m^3/s,梧店支渠补水规模为0.06 m^3/s,开发区支渠补水规模为0.14 m^3/s,西坑支渠补水规模为0.03 m^3/s(见表10.4-6)。

表10.4-6 工程补水规模成果

单位:m^3/s

序号	参数	浦口支渠	梧店支渠	开发区支渠	西坑支渠
一	多年平均径流工况下				
1.1	年内较枯时段补水流量	0.11	0.06	0.07	0.02
1.2	年内较丰时段补水流量	0.33	0.06	0.14	0.03
二	干涸断流工况下				
2.1	补水流量	0.03	0.01	0.02	0.02
三	补水规模	0.33	0.06	0.14	0.03

说明:补水规模=max(多年平均径流工况下年内较枯时段补水流量,多年平均径流工况下年内较丰时段补水流量,干涸断流工况下补水流量)。

10.4.4 补水工程

建设浦口支渠生态补水工程:新建九十九湾上美湖取水泵站近期3.00万m^3/d,干管按照远期规模5.10万m^3/d进行铺设,支管根据浦口支渠补水量进行铺设,其余九十九湾下游梧店支渠、开发区支渠等河道生态补水进行预留三通口,剩余2.10 m^3/d取水泵站远期另行新建,工程新建一体化泵站1座。输水管线总长5.70 km。

第 11 章　安徽省宿州市主城区水系治理案例

11.1　项目区基本情况

11.1.1　自然地理

宿州市位于安徽省最北部,苏、鲁、豫、皖 4 省交界处,介于东经 116°09′~118°10′、北纬 33°18′~34°38′。宿州市襟连沿海、背倚中原,历来被称为“枕徐豫而控江淮之郡”。境内现有京沪、陇海两大铁路干线,两条国家级高速公路[京台高速公路(G3)、连霍高速公路(G30)],三条安徽省级高速公路[泗洪—许昌高速公路(S04、S06)、徐州—明光(在建)高速公路(S07)和济南—祁门(在建)高速公路(S21)],4 条国道纵横穿越。宿州市区南距蚌埠 86 km,北距徐州 75 km,西北距淮北 40 km。全市共管辖 1 区 4 县,其中埇桥区位于境内中部,泗县、灵璧县、萧县、砀山县从东南向西北依次分布。

宿州市现辖砀山、萧县、灵璧、泗县和埇桥区,71 个建制镇,23 个乡,1 206 个中心村,市域总面积 9 787 km^2。

宿州市以平原为主(占总面积的 91%),海拔 14~48 m,坡降 1/5 000~1/10 000,由北向南,由西向东微斜;以石灰岩为主的岛状残丘,主要分布在濉河以北、京沪铁路两侧,即萧县的东南部,埇桥区、灵璧、泗县北部,海拔 400 m 以下,其四周分布着台地,共占总面积的 9%。平坦的地形对建筑物、道路建设十分有利,节省工程造价,有利于城市发展。

11.1.2　流域概况

宿州市地表水系较发达,区内河流属淮河流域,自北向南依次分布有废黄河、利民河、大沙河、王引河、潼河、龙河、老濉河、濉河、新汴河、沱河、浍河、澥河等自然和人工河道。水流自西北流向东南,注入洪泽湖,多数河道为跨境河道,有些不止一次出入境。新汴河为大型人工河道,是宿州市的重要河道。全市现有中小河流 70 余条,主干河道总长约 990 km,两岸配套排水大沟 355 条,分为怀洪新河水系、奎濉河水系、新汴河水系、南四湖水系、安河水系、故黄河水系六大水系。

宿州主城区汴南区域范围主要为外环南路以北、新汴河以南、二徐路以西、京台高速以东区域,主城区内主要有沱河、小黄河、新北沱河、莲花沟、吕凌沟、运粮河、三八河、三八沟、汇源大沟、环城河、引河、龙河、宿蒙大沟、铁路运河、老沱河、大陈沟、铁路两塘等河流,这些河流均为季节性河流,雨季上游客水和当地径流向下游排泄,水位涨幅大,而非汛期降水量少,上游多级拦蓄,冬春季节大多河流干枯断流。宿州市中心城区水系分布见图 11.1-1。

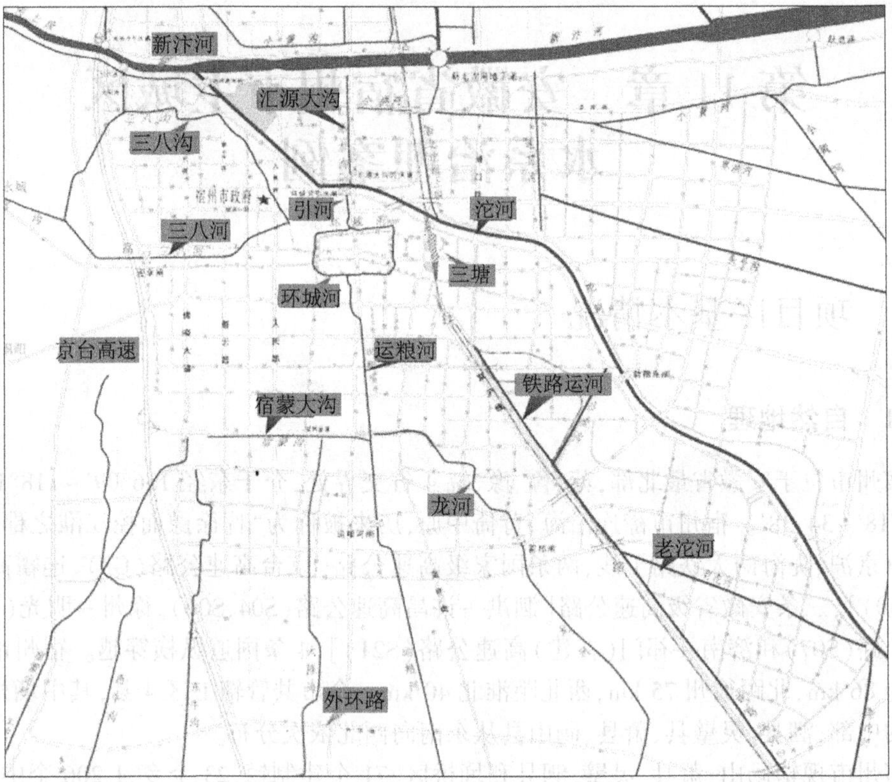

图 11.1-1　宿州市中心城区水系分布

11.1.3　气象

宿州市属暖温带半湿润大陆季风气候，四季分明，雨热同季、光照充足、降水适中、无霜期长。冬季多偏北风，夏季多偏南风。冬季气候干冷，降水很少，夏季暖湿，是降水的主要季节。年平均气温为 14～14.4 ℃，月平均气温 1 月最低，为-0.6～1.0 ℃，月平均气温 7 月最高，平均日照差 9.1～10.7 ℃，日照差大，有利于作物产量和质量的提高，无霜期年平均 201～210 d。

宿州市 1956—2009 年平均降水量 866.1 mm，最大年降水量 1 362.3 mm，是最小年降水量 583.9 mm 的 2.33 倍，多年平均 6—9 月降水量占年降水总量的 66.2%；1980—2009 年年平均蒸发量为 884.8 mm，多年平均干旱指数为 1.02。

11.1.4　水文

宿州市属淮河流域，大小河流 70 条，分属新汴河、濉河、崇潼河、安河、南四湖和故黄河六大水系。汛期河水猛涨猛落，枯水期成无水源河道。一般年份和稍干旱年份，不少河流干涸断流，且河流污染日益严重，尤以奎河为最。城镇建设除注意防洪排涝外，还必须注重水源保护和节约用水。

宿州市水资源总量约为 34.8 亿 m^3，人均占有量 556 m^3，亩均占有量 431 m^3，分别不足全省的 1/2、全国的 1/4，水资源紧缺状况相当严重。

11.2　存在的问题

宿州市中心城区内水体水质总体较差，主要是由于城市点源污染、面源污染、内源污染及水生态系统不完善等原因严重影响主城区内各河流湖泊水质，恶化了主城区水生态环境。目前，城市水体水质及水生态环境主要存在以下问题。

11.2.1　点源污染

(1)污水直排：污水管网建设不完善，生活污水直排；较多个体经商户零散排污点，污水直排。

(2)雨污混流：雨污分流不彻底，合流制管道雨季溢流，污染水体直排入河；分流制雨水管道初期雨水携带污染物直排。

(3)其他：生活垃圾沿河抛撒，导致河道水体污染物含量过高。

11.2.2　面源污染

(1)农业面源污染：主要为城市中部分农村居民生活废物，包括农业生产过程中不合理使用而流失的农药、化肥、残留在农田中的农用薄膜、处置不当的农业畜禽粪便，以及不科学的水产养殖等产生的污染物，对水体造成的污染。

(2)城市面源污染：由于城市现代化建设速度的不断加快，城市下垫面硬化程度的持续增大，降水往往裹挟着大量灰尘、渣土、垃圾、油渍等进入水体，形成城市面源污染。

(3)大气沉降：大气湿沉降中的 NH_4^+—N、NO_3^-—N 等营养盐是湖泊水体氮素的重要输入源，使水体氮含量增加，水体富营养化加重，进而影响河湖生态系统的稳定性。

11.2.3　内源污染

黑臭底泥淤积，N、P 超标，导致河湖富营养化严重，藻类暴发，水质黑臭，景观质量差。

11.2.4　水生态系统不完善

水生态系统不完善，耐污染负荷能力较低，极易因某种干扰而崩溃，如病虫害、突发性污染、单一优势种大量死亡等。这不仅造成水域自净能力不足，进而影响水质达标，而且影响水域的景观效果。

11.2.5　水系沟通不畅

城区水体均承担一定的排涝功能，但由于城市建设等原因造成主城区内水体连通性差，不能发挥水体的排涝及调蓄作用。尤其是旱季，各主要河道水体流速不高，水体“活力”较低，进而影响水质提升与水环境、水生态综合质量提升。

11.3 生态需水量计算

根据项目前期规划和现场勘查等相关资料，本节对城区水系的水源、需水量进行计算分析，进而进行水量平衡分析，并依据此结果制定了补水方案。

11.3.1 水源分析

宿州主城区的水源主要有新汴河水、城南再生水厂的中水以及地下水。此外，城区降水也可以作为一种补充水源。下面对这些水源年内水量进行分析。

11.3.1.1 淮水北调宿州配水

根据《宿州市水资源综合规划》，利用淮水北调向宿州配水。规划利用新汴河、沱河、萧濉新河、芦岭采煤沉陷区、孤山湖、岱山湖对淮水北调来水进行调蓄，并在适当位置新建净水厂，以满足宿州市城区、灵璧县和萧县的工业供水的需求。规划至2020年，调淮河水分配给宿州市12 000万 m^3。配水工程受水区包括宿州城区、灵璧县城和萧县县城，近期拟分配给宿州城区水量8 000万 m^3，但这8 000万 m^3的水量如何分配尚未明确规划。

11.3.1.2 中水

中水不失为良好的补水水源，随着再生水厂排放标准的日益提高，经升级改造后的城南再生水厂的出水可作为一种优质的水资源为城市河道补水所用。依据《宿州市城市排水工程专业规划(2012—2030年)》，至2030年城南再生水厂规划规模维持现状不变，即16万 m^3/d，其中10万 m^3/d 可用于活水循环，年可提供中水3 650万 m^3。

11.3.1.3 地下水开采量

在此次规划中，火车站南、北塘为封闭水塘，其水源补给由当地地下水来满足。因此，南、北水塘可以单独列出，地下水开采量由两塘降水、蒸发和渗漏量确定。根据有关资料，火车站排涝点，可抽排地下水3 000 m^3/d，年抽排量为109.5万 m^3。

11.3.1.4 城区降水汇水

统计宿州市1956—2016年的实测降水资料，可得不同月份的平均降水量，列于表11.3-1。宿州市，年平均降水量年际变化较大，各月降水分布颇不均匀。降水主要集中在6—9月，占全年降水总量的65.2%。

表11.3-1 宿州市1956—2016年月平均降水量 单位：mm

月份	日均降水	月均降水	月份	日均降水	月均降水
1	0.58	17.92	7	7.55	233.93
2	0.92	25.93	8	4.33	134.11
3	1.38	42.84	9	2.84	85.26
4	1.82	54.63	10	1.49	46.28
5	2.10	64.95	11	1.07	32.10
6	3.64	109.14	12	0.50	15.59

按宿州市城市总体规划，城区规划远期建设用地总规模为 110 km^2，其中绿地面积 10.1 km^2，占总用地比例 9.2%，公共设施用地 16.53 km^2，占总用地比例 15.0%，其余为居住、道路、工业、市政等用地。按《室外排水设计标准》(GB 50014—2021)，城区降水综合径流系数可选 0.67，进而可以得到主城区降水的径流深。

《宿州市城市排水防涝综合规划(2013—2030 年)》将雨水系统分为 10 个分区。城市降水通过排水管道进入排涝沟渠，各分区汇水面积和年径流总量列于表 11.3-2，宿州城区总汇水面积有 112 km^2，年径流总量在 6 390.82 万 m^3。

表 11.3-2　宿州市各排水分区年径流总量

服务区名称	汇水面积/km^2	径流系数	径流量/mm	年径流总量/万 m^3
北部雨水区	4.11	0.67	862.67	237.55
汴北雨水区	16.48	0.67	862.67	952.53
沱汴三角雨水区	3.68	0.67	862.67	212.70
三八河雨水区	8.11	0.67	862.67	468.75
西南雨水区	7.29	0.67	862.67	421.35
运粮河雨水区	19.32	0.67	862.67	1 116.67
宿蒙沟雨水区	6.95	0.67	862.67	401.70
沱东雨水区	21.56	0.67	862.67	1 246.14
铁路运河雨水区	7.70	0.67	862.67	445.05
沱南雨水区	15.37	0.67	862.67	888.37
合计	110.57	—	—	6 390.81

降水不确定因素大，时空分布不均匀，难以大规模存蓄利用。考虑日后建设海绵城市的要求，城区雨水径流控制率达到 80%以上，雨水在源头下渗蓄存，本部分计算不将雨水纳入稳定水源计算中，只是将其作为备用水源。

11.3.2　需水量分析

区域内的需水量包括生态需水量、蒸发量、渗水量和河道换水量。根据有关资料，本节分别对上述需水量进行了计算。

11.3.2.1　生态需水量

根据宿州市主城区各条河道的横断面形状，采用改进湿周法计算了各条河流的最小生态流量，最后计算了年内生态需水量。

1.湿周法

河流生态基流是指维持河流基本形态和基本生态功能，保证水生态系统基本功能正常运转的最小流量。在此流量下，河道可以保证不断流，水生生物群落能够避免受到不可恢复性的破坏。生态基流不足，通常会造成河流纳污能力和稀释自净能力降低、地下水位下降、水土流失、水生生物栖息地环境恶化等一系列生态环境问题。因此，生态基流对于维持河流生态系统生态平衡、保持流域的整体性和连续性等特征具有重要的意义。

目前,生态基流的计算方法较多,一般可分为以下几类,即水文学法、水力学法和栖息地法,其中水文学法和水力学法比较常用。水文学法得到一个流量的估计值,该法通常作为在优先度不高的河段研究河道流量推荐值使用。栖息地法虽然提供了一种非常灵活的估计河流流量的方法,但不容易被应用。因而,本次采用水力学方法。

湿周法是常用的一种水力学方法。由水力学可知,通常湿周随着河流流量的增大而增加,然而当湿周超过某临界值后,即使河流流量的巨幅增加也只能导致湿周的微小变化,这种状态,在水位-流量关系上是一个突变点。也就是说,在突变点以下每减少一个单位的流量,水面宽的损失将显著增加,河床特征将严重损失。因此,可将突变点处对应的流量作为最小生态流量。从一定意义上说,为了保证河流的正常生态功能的实现,需要河流至少维持该临界点对应的流量值。

根据曼宁公式和谢才公式(假设河流为明渠恒定均匀流),可得湿周-流量关系为

$$Q = \frac{1}{n}A^{\frac{5}{3}}P^{-\frac{2}{3}}S^{\frac{1}{2}} \tag{11-1}$$

式中 Q——流量,m^3/s;

n——糙率;

A——断面面积,m^2;

S——水面比降;

P——湿周,m。

河流断面的湿周-流量关系见表 11.3-3,常见的有矩形、梯形、三角形和抛物线形。

表 11.3-3　不同河流断面的湿周-流量关系

断面形状	湿周-流量关系	说明
矩形	$Q=\frac{\sqrt{S}}{3.17n}[(P-B)B]^{\frac{5}{3}}P^{-\frac{2}{3}}$	Q 为流量;S 为水面比降;n 为糙率;B 为宽度;P 为湿周
梯形	$Q=\frac{\sqrt{S}}{n}\left[\frac{b}{2}(P-b)\cos\theta+\frac{1}{8}(P-b)\sin2\theta\right]^{\frac{5}{3}}P^{-\frac{2}{3}}$	b 为河底宽度;其余同上
三角形	$Q=\frac{\sqrt{S}}{32n}(\sin\theta)^{\frac{5}{3}}P^{\frac{8}{3}}$	θ 为断面夹角;其余同上
抛物线形	$Q=\frac{\sqrt{S}}{n}\left(\frac{2}{3}B\sqrt{\frac{3B(P-B)}{8}}\right)^{\frac{5}{3}}P^{-\frac{2}{3}}$	B 为河宽;其余同上

传统湿周法都采用目估法确定变化点,存在较大的主观性。根据国外对湿周法的研究应用,分别采用对数函数和幂函数对湿周-流量关系进行拟合。对数函数和幂函数的拟合形式分别如式(11-2)和式(11-3)所示:

$$P = a\ln Q + b \tag{11-2}$$

$$P = cQ^d \tag{11-3}$$

式中　a、b、c、d——常数。

本次湿周-流量关系曲线变化点的确定采用斜率为 1 法和最大曲率法来确定变化点,从而可以精准地推求出最小的生态流量。

2.最小生态流量计算

以环城河为例,进行最小生态流量的求取。环城河河道断面形式为梯形断面,渠底宽度 22.0 m,坡脚 56.0°,糙率取值为 0.03,水力坡降为 0.000 01。利用曼宁公式,可以求得关系曲线。如图 11.3-1 和图 11.3-2 所示,分别利用对数函数和幂函数对该曲线进行拟合。幂函数拟合的结果为 $c=23.195$,$d=0.012\ 4$,即 $y=23.195x^{0.012\ 4}$,$R^2=0.994\ 5$。对数函数的拟合结果 $a=0.278\ 4$,$b=23.184$,即 $y=0.278\ 4\ln x+23.184$,$R^2=0.993\ 6$。

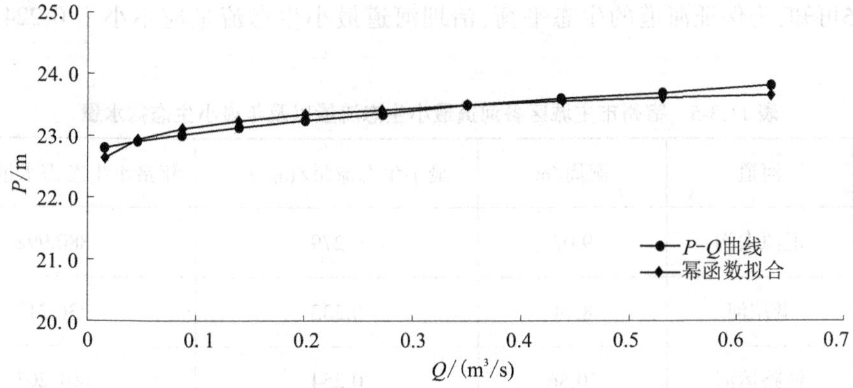

图 11.3-1　幂函数拟合

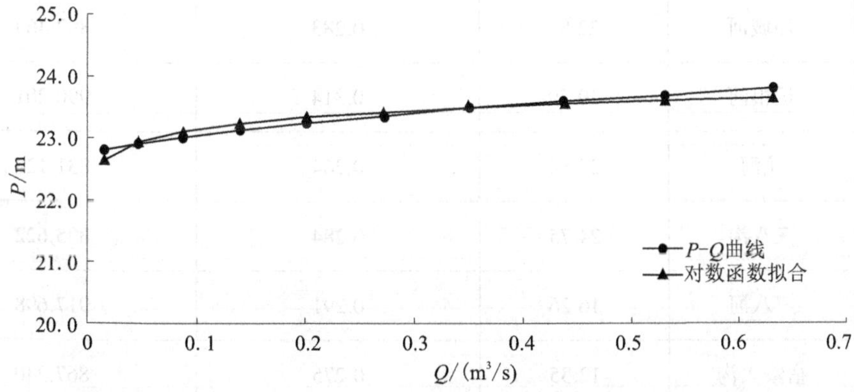

图 11.3-2　对数函数拟合

对拟合的湿周-流量关系曲线,分别采用斜率为 1 法和最大曲率法求解环城河最小生态流量(曲线变化点),计算结果见表 11.3-4,结果显示斜率为 1 法计算的变化点要比曲率最大值法的结果大 1.436 倍。两种方法孰优孰劣,尚无定论。在本次计算中的河道为城区河道,为最大地保证生态平衡,在此选择斜率为 1 法的计算结果。

表 11.3-4　不同方法求解的环城河最小生态流量

拟合函数类型	变化点确定方法	生态流量/(m^3/s)	年生态需水量/万 m^3
幂函数拟合	斜率法	0.283	892.469
	曲率法	0.197	621.259
对数函数拟合	斜率法	0.278	876.701
	曲率法	0.197	621.259

由上述的计算方法,依次计算其他河流的最小生态流量。计算结果见表 11.3-5,由表 11.3-5可知,为保证河道的生态平衡,治理河道最小生态流量应不小于 0.224～0.314 m^3/s。

表 11.3-5　宿州市主城区各河道最小生态流量以及年最小生态需水量

编号	河道	湿周/m	最小生态流量/(m^3/s)	年最小生态需水量/万 m^3
1	汇源大沟	9.07	0.279	880.992
2	老沱河	8.74	0.233	736.212
3	铁路运河	10.86	0.254	801.203
4	环城河引河	15.97	0.224	707.868
5	环城河	22.83	0.283	892.469
6	运粮河	20.79	0.314	990.201
7	龙河	25.84	0.264	831.129
8	三八沟	24.75	0.284	895.622
9	三八河	16.26	0.291	917.698
10	宿蒙大沟	12.35	0.275	867.240

注:沱河为跨境河流,该项目仅限通过沱河调用新汴河水,故在此不考虑其生态流量。

11.3.2.2　蒸发量

根据宿州市统计的 1956—2016 年月均蒸发量,结合 12 条规划河道的总面积,可以计算出相应的月均蒸发水量,结果见表 11.3-6。由表 11.3-6 可知,蒸发量年际变化较大,1—4 月蒸发量较大,9—11 月的蒸发量最小,年均的蒸发量总计 1 208.36 mm,年均蒸发损失水量达到 152.15 万 m^3。

表 11.3-6　1956—2016 年月均蒸发量

月份	月均蒸发/mm	蒸发损失量/万 m^3	月份	月均蒸发/mm	蒸发损失量/万 m^3
1	113.67	14.31	7	91.31	11.50
2	142.86	17.99	8	61.13	7.70
3	173.65	21.86	9	44.20	5.57
4	157.03	19.77	10	39.22	4.94
5	141.02	17.76	11	50.94	6.41
6	109.61	13.80	12	83.72	10.54
			合计	1 208.36	152.15

12 条河道的年均蒸发量见表 11.3-7。

表 11.3-7　12 条河道的年均蒸发量

编号	河道名称	水面面积/m^2	蒸发量/mm	年蒸发量/万 m^3
1	环城河	81 089	1 208.36	9.80
2	三八河	43 474	1 208.36	5.25
3	三八沟	63 432	1 208.36	7.66
4	火车站二塘	16 492	1 208.36	1.99
5	汇源大沟	28 575	1 208.36	3.45
6	环城引河	9 135	1 208.36	1.10
7	沱河	534 170	1 208.36	64.55
8	运粮河	85 478	1 208.36	10.33
9	龙河	77 700	1 208.36	9.39
10	宿蒙大沟	59 670	1 208.36	7.21
11	铁路运河	189 520	1 208.36	22.90
12	老沱河	70 395	1 208.36	8.51

11.3.2.3 渗水量

当河道水位高于两岸地下水位时，河水在重力作用下，以渗流形式补给地下水，河道以这种形式损失的水量称为渗水量。渗水量的计算应首先对每条河道的水文特性和两岸地下水动态进行分析，确定河水补给地下水的河段，然后进行渗水量的计算。

该项目所包含的12条河道均未加防渗处理。前期勘测资料显示，多数河岸表层主要为：①杂填土，以粉质黏土为主，含碎砖、石子等建筑垃圾，灰色、灰黄色，松散状态，高压缩性；②粉质黏土，黄色、灰黄色，湿，含铁锰结核，可塑状态，中压缩性。

在勘探期间，勘察深度范围内堤防测得地下水埋深在地表下1.0~2.7 m，属潜水类型。主要补给来源为大气降水、地表水下渗、河流径流补给，据调查资料全年水位变化幅度1.0~1.5 m。

河道渗水量计算根据河道水位的变化及当地土壤特性确定，渗水量可按式(11-4)计算：

$$W_{渗}=K\times\Delta H\times F/m \tag{11-4}$$

式中 K——河床渗透系数，cm/s；

ΔH——地表水与地下水头差，m；

F——渗漏面积，m^2；

m——渗径。

由上述内容，分析可以得到12条河道的年均渗水量，计算结果见表11.3-8。年渗水总量合计52.88万m^3。

表11.3-8 12条河道的年均渗水量

编号	河道	渗透系数/(cm/s)	渗漏面积/m^2	年渗水量/万m^3
1	环城河	6.04×10^{-6}	32 436	0.59
2	三八河	5.04×10^{-6}	17 390	0.27
3	三八沟	5.04×10^{-6}	25 373	0.39
4	火车站二塘	2.00×10^{-5}	6 597	0.40
5	汇源大沟	2.00×10^{-5}	11 430	0.69
6	环城引河	6.07×10^{-6}	3 654	0.07
7	沱河	6.00×10^{-5}	213 668	38.87
8	运粮河	6.06×10^{-6}	34 191	0.63
9	龙河	1.00×10^{-5}	31 080	0.94
10	宿蒙大沟	1.00×10^{-5}	23 868	0.72
11	铁路运河	2.00×10^{-5}	75 808	4.60
12	老沱河	9.20×10^{-5}	28 158	4.71
合计	—	—	503 653	52.88

注：渗水量不考虑汛期下渗。

11.3.2.4　河道换水量

水系换水时全部引用天然水。换水路线如图 11.3-3 所示。

图 11.3-3　水系换水路线

(1)从沱河经港口路引一根管道引入铁路运河上游。

(2)三八河、三八沟通过韩岭涵引用天然水源,水体由北至南自流至环城引河、环城河、运粮河、宿蒙大沟和龙河。

(3)汇源大沟与新汴河交口新建进水闸,将新汴河水引入汇源大沟。

(4)敷设管线,将立交桥泵站水引入铁路运河,向南流入老沱河,作为天然水无法及时补充的备用。

根据河道现状,每次换水所需的水量见表 11.3-9。由换水路线可知,水系换水分为 4 个区域。区域Ⅰ:三八沟、三八河、环城引河、环城河、运粮河、宿蒙大沟和龙河通过韩岭涵引用天然水进行置换,因此这 7 条河道的换水水源都通过韩岭涵引入,换水量为 133.50 万 m^3;区域Ⅱ:汇源大沟通过新建进水闸引用新汴河水进行换水,换水量为 28.20 万 m^3;区域Ⅲ:铁路运河和老沱河通过新建管道引沱河水进行换水,换水量为 32.16 万 m^3;区域Ⅳ:由于南塘和北塘没有和城区其他河道连通,方案中通过立交桥泵站抽排积水换水,换水量为 5.60 万 m^3。城区所有河道单次换水量总计 199.46 万 m^3。

规划换水方案中,对于利用中水进行活水循环的河道,每年需进行 3 次换水。通过引用新汴河的自然水以提高水体活力,保证水生态安全,总计换水每年需 598.38 万 m^3(见

表 11.3-9)。

表 11.3-9　水系换水水量　　单位:万 m^3

<table>
<tr><th>区域</th><th>河道</th><th>单次换水量</th><th>年换水量</th><th>换水路线</th></tr>
<tr><td rowspan="8">Ⅰ</td><td>三八河</td><td>9.50</td><td>28.50</td><td rowspan="8">三八沟和三八河通过韩岭涵引用沱河水,水体由北至南自流至环城引河、环城河、运粮河、宿蒙大沟和龙河</td></tr>
<tr><td>三八沟</td><td>13.10</td><td>39.30</td></tr>
<tr><td>环城引河</td><td>3.00</td><td>9.00</td></tr>
<tr><td>运粮河</td><td>35.00</td><td>105.00</td></tr>
<tr><td>宿蒙大沟</td><td>10.10</td><td>30.30</td></tr>
<tr><td>龙河</td><td>34.50</td><td>103.50</td></tr>
<tr><td>环城河</td><td>28.30</td><td>84.90</td></tr>
<tr><td>合计</td><td>133.50</td><td>400.50</td></tr>
<tr><td rowspan="2">Ⅱ</td><td>汇源大沟</td><td>28.20</td><td>84.60</td><td rowspan="2">汇源大沟与新汴河交汇处新建进水闸,将新汴河水引入汇源大沟</td></tr>
<tr><td>合计</td><td>28.20</td><td>84.60</td></tr>
<tr><td rowspan="3">Ⅲ</td><td>铁路运河</td><td>21.01</td><td>63.03</td><td rowspan="3">通过新建管道引沱河水进入铁路运河和沱河</td></tr>
<tr><td>老沱河</td><td>11.15</td><td>33.45</td></tr>
<tr><td>合计</td><td>32.16</td><td>96.48</td></tr>
<tr><td rowspan="3">Ⅳ</td><td>南塘</td><td>2.80</td><td>8.40</td><td rowspan="3">通过立交桥泵站抽排积水换水</td></tr>
<tr><td>北塘</td><td>2.80</td><td>8.40</td></tr>
<tr><td>合计</td><td>5.60</td><td>16.80</td></tr>
<tr><td colspan="2">总计</td><td>199.46</td><td>598.38</td><td></td></tr>
</table>

11.3.3　水量平衡分析

水源包括城南再生水厂中水 3 650 万 m^3、引新汴河水(总量 8 000 万 m^3,具体分配情况尚未规划)、抽排积水 109.50 万 m^3。在此基础上结合需水量,进行水量平衡分析。

11.3.3.1　中水水量平衡分析

该区域水系交错夹杂,区域地形西北高,东南低,各河道的走向亦均为西北—东南走向。三八沟和三八河汇流后进入环城河引河,同样进入环城河的还有环城河引河。环城河水进入运粮河,与之有水体交换的河流还有宿蒙大沟与龙河。铁路运河一部分水流流入老沱河,两者均由沱河补水。

结合区域特点,对生态需水量进行分析。根据各河流最低生态需水量的大小与河流之间的交换和此次规划的推荐活水循环方案可以得到,除沱河、火车站二塘、老沱河、铁路运河、汇源大沟外,其他河流均由中水补给。当三八沟、三八河、宿蒙大沟和环城河引河的最小生态流量满足时,其他各河流的生态流量均能满足,年内总计需要生态引水量 3 388.43万 m^3。三八沟、三八河、运粮河、龙河、宿蒙大沟、环城河引河和环城河的年蒸发量和渗水量分别为 50.74 万 m^3、3.61 万 m^3，结果见表 11.3-10。

表 11.3-10　年内中水补水量　　单位：万 m^3

编号	河道	年蒸发量	年渗水量	年生态需水量
1	环城河	9.80	0.59	892.47(不计入总量)
2	三八河	5.25	0.27	917.70(计入总量)
3	三八沟	7.66	0.39	895.62(计入总量)
4	环城引河	1.10	0.07	707.87(计入总量)
5	运粮河	10.33	0.63	990.20(不计入总量)
6	龙河	9.39	0.94	831.13(不计入总量)
7	宿蒙大沟	7.21	0.72	867.24(计入总量)
年总量		50.74	3.61	3 388.43
合计		3 442.78		

综合上述水量分析，年内生态需水量、蒸发量和渗水量合计 3 442.78 万 m^3，合计每日平均需水量约为 9.40 万 m^3/d，可为其提供中水水源的为城南再生水厂。

城南污水厂总设计规模为 16 万 m^3/d，现状二期尚未满负荷运行，根据目前掌握的污水厂进水量实测数据，一、二期平均流量共计 12.80 万 m^3/d，最高日进水水量为 14.90 万 m^3/d。其中 6.00 万 m^3/d 经中水厂深度处理后，用于工业生产用水、河道景观水、道路洒水及绿植灌溉等。

11.3.3.2　引新汴河水水量平衡计算

按照规划方案，通过沱河调用天然水补给老沱河和铁路运河，计算该部分的年需水量。当铁路运河和老沱河的生态需水量得到满足时，汇源大沟的生态流量也能得到保证，由表 11.3-11 可知，需引新汴河水 1 537.41 万 m^3 来补给生态需水。年蒸发、下渗、换水和生态需水量分别为 99.41 万 m^3、48.87 万 m^3、598.38 万 m^3 和 1 537.41 万 m^3，合计年需水量为 2 284.07 万 m^3。为满足需水要求，需引用新汴河水 2 284.07 万 m^3。

表 11.3-11　天然水循环年需水量　　单位：万 m^3

编号	河道	年蒸发量	年渗水量	年换水量	年生态需水量
1	汇源大沟	3.45	0.69		880.99(不计入总量)
2	铁路运河	22.90	4.60		801.20(计入总量)
3	老沱河	8.51	4.71		736.21(计入总量)
4	沱河	64.55	38.87		—
年总量		99.41	48.87	598.38	1 537.41
合计		2 284.07			

11.3.3.3 抽排积水水量平衡分析

采用相同的方法对两塘需水量进行分析,两塘年蒸发量、渗水量和换水量分别为1.99万m^3、0.40万m^3和16.80万m^3,则年需抽排积水19.19万m^3。地区抽排积水可提供109.50万m^3,可以满足两塘的用水需求。

根据前文分析,将各水源水量平衡计算结果列于表11.3-12。年内需水总量5 746.04万m^3,包括蒸发量152.14万m^3、渗水量52.88万m^3、生态需水量4 925.84万m^3和换水量615.18万m^3。根据规划的活水循环和换水方案,这些需水量由3 442.78万m^3中水、2 284.07万m^3新汴河水和19.19万m^3抽排积水进行补给。比较水源的规划水量,每年可提供中水3 650万m^3、抽排积水109.50万m^3,显然中水和抽排积水可以满足相应的需水要求;同时工程需引新汴河水2 284.07万m^3。

表11.3-12 各水源水量平衡分析 单位:万m^3

项目		中水	引新汴河水	地下水	水量合计
需水量	蒸发量	50.74	99.41	1.99	152.14
	渗水量	3.61	48.87	0.40	52.88
	生态需水量	3 388.43	1 537.41	—	4 925.84
	换水量	—	598.38	16.80	615.18
	合计	3 442.78	2 284.07	19.19	5 746.04
水源	水源补给量	3 442.78	2 284.07	19.19	5 746.04

11.3.4 小结

对治理工程范围内的水源水量与年需水量进行了研究。按照规划水源每年有中水3 650万m^3、抽排积水109.50万m^3和引新汴河水(数量待定)。年需水总量5 746.04万m^3,包括生态需水量4 925.84万m^3、换水量615.18万m^3、蒸发量152.14万m^3和渗水量52.88万m^3。考虑活水循环方案与换水方案的用水要求,全年需水总量5 746.04万m^3中需要3 442.78万m^3中水、2 284.07万m^3引新汴河水和19.19万m^3抽排积水。规划水源有中水3 650万m^3、抽排积水109.50万m^3,满足中水和抽排积水用水需求;对于引新汴河水,每年需调用2 284.07万m^3,方能满足本工程的需求。

11.4 补水工程设计方案

活水循环是黑臭水体治理的有效手段之一,通过对现有河湖的水系连通,增加水体流动性,增强水动力,解决不具流动性的水体水质极易恶化的问题。根据宿州市现状河道的布局形态,通过河道连接、闸口控制、泵站调蓄实现水系的连通,形成蓄水、引水、排水的活水循环系统,使之具有自集、自流、自净的水系功能,形成"活水、清水"的水系格局。

活水循环的补给水来源有两种:天然水和中水。根据宿州市的实际情况,天然水为位于城区北部的新汴河,它具有径流量大、水质良好的特点,同时也是淮水北调和南水北调工程的主要过水通道,但它的水量由安徽省统一调配,不能完全满足宿州市河道的用水需求;而中水不失为良好的补水水源,随着再生水厂排放标准的日益提高,经升级改造后的城南再生水厂的出水可作为一种优质的水资源为城市河道补水所用,但单纯依靠中水补给整个城区水系的应用实例较少,存在着一定的水质风险,因此为了保证充足的水量和优质的水质,该工程活水循环的补给水采用自然水和中水联合补给的方式。同时,考虑到汴河路下穿铁路桥常年积存的地下水泵站抽排水也不失为良好的水资源,且无处排放,也可作为该工程补水。

本节利用活水循环数学模型对活水循环方案进行模拟,分析活水循环时城区河道的流量、流速和水位,并根据计算结果对活水循环方案提出相应的改善措施。

11.4.1　活水循环需水量计算

城区水系需水量主要由两部分组成:水系补水量(活水循环水量)和水系换水量。

(1)水系补水量:主要包括水系生态需水量、蒸发量和渗漏量等,此部分水量是维持生态环境所必需的。

(2)水系换水量:天然水 1 年换水 3 次,中水换水 4 次,每次全部换掉。其中 6—9 月为汛期,主要以降水为主,不换水;冬季 12 月、1 月、2 月气温较低,水中微生物活性低,不换水;剩余的 5 个月,天然水 50 d 换 1 次水,中水 40 d 换 1 次水。换水时,将下游闸门打开,放空河道,再关闸并利用换水水源补充,使河道水位蓄到景观水位。此部分水量可视河道具体水质情况选择利用。通过计算可知,年最小生态需水量和定期换水量如表 11.4-1 所示。

表 11.4-1　活水循环需水量

编号	河道	最小生态流量/(m^3/s)	年最小生态需水量/万 m^3	定期换水量/万 m^3
1	汇源大沟	0.279	880.992	
2	老沱河	0.233	736.212	
3	铁路运河	0.254	801.203	
4	环城河引河	0.224	707.868	9.00
5	环城河	0.283	892.469	84.90
6	运粮河	0.314	990.201	105.00
7	龙河	0.264	831.129	103.50
8	三八沟	0.284	895.622	39.30
9	三八河	0.291	917.698	28.50
10	宿蒙大沟	0.275	867.240	30.30

注:沱河为跨境河流,项目仅限通过沱河调用新汴河水,故在此不考虑其生态流量。

11.4.2 活水循环水源条件分析

宿州城水系循环构建坚持“沟通水系，改善水质，先活后净”的总体原则，依托现有水利设施，新建部分水利设施，使水系循环实现“先活、后清、再美”，使其符合城市景观水质要求。可满足水系补水和换水需求的水源可以是天然水，也可以是经过深度处理后的污水处理厂中水，根据宿州市的实际情况，可利用的天然水源为上游新汴河水，中水水源为经深度处理后的城南再生水厂出水。

11.4.2.1 新汴河水源

新汴河宿州市境内集水面积2 493.3 km^2，占全市总面积的25.5%，主要河流有新汴河干流及其支流，支流主要有七岭子以上的沱河、符离集以上的萧濉新河及其支流王引河、闸河、岱河、大沙河、洪碱河等共26条。新汴河为人工开挖的泄洪河道，为皖北、苏北新辟大型综合利用河道，西起安徽省宿州市西北沱河的七岭子，东穿京沪铁路，经灵璧，穿越皖、苏交界处的岗岭—徐岗，下经江苏省泗洪县入洪泽湖的溧河洼，长127 km，于1970年建成并投入使用。新汴河流域面积6 562 km^2，长约110 km，其上建有团结闸、宿县闸和灵西闸，总蓄水量达3 216万 m^3。目前，新汴河作为淮水北调引调水，其水质可达到《地表水环境质量标准》(GB 3838—2002)的Ⅲ类水体标准，是良好的河道补给水水源。

11.4.2.2 城南再生水厂中水水源

城南污水厂位于宿州市城南，运粮河以东，南外环路以南，现状规模16万 m^3/d，分两期建设，每期规模为8万 m^3/d，除有6万 m^3/d 用于城市回用外，其余均可用于城市绿化和河道景观用水，经过提标改造后，水质目标主要污染物指标达到《地表水环境质量标准》(GB 3838—2002)的Ⅳ类水体标准，是一个良好的河道补给水水源。

11.4.2.3 地下水泵站抽排水

由于目前汴河路下穿铁路桥积存的地下水常年需要抽排，且地下水水质良好，可作为本工程的补水水源，其每年补水量为2 000 m^3/d。

11.4.3 活水循环及补退水方案的确定

根据宿州市当地的实际情况，可研阶段选择了3个活水循环及补水退水的方案进行比较，分别是：①循环水以中水为主的方案(过桃园湿地)；②循环水以天然水为主的方案；③天然水和中水联合使用的方案。经过经济技术比较，最终选择了方案3，即天然水和中水联合使用的方案，该方案的主要内容如下。

11.4.3.1 活水循环方案

活水循环方案即水系补水方案，水资源分配流程见图11.4-1。

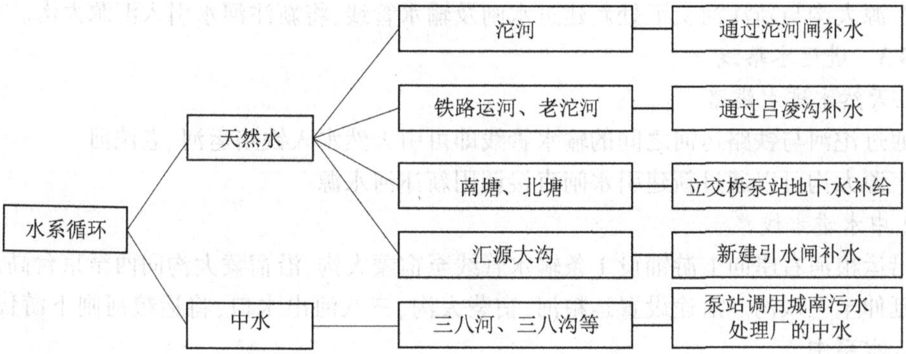

图 11.4-1　活水循环水资源分配流程

(1)新汴河水循环路线：

在铁路运河与沱河之间新建一条输水管线，引沱河水至铁路运河、老沱河，同时在铁路运河上游新建一条引水管线，引汴河路立交桥泵站地下水入铁路运河。

汇源大沟上游与新汴河交汇处新建引水闸及输水管线，引新汴河水进入汇源大沟。

(2)中水循环路线：

城南污水厂中水经中水管线进入宿蒙大沟，延伸至三八河、三八沟，沿途运粮河闸下游优质水源引入水系。

新建中水管线，连通三八沟和环城河引河上游，利用水位差将水引入环城河引河。

11.4.3.2　定期换水方案

水系定期换水水资源分配见图 11.4-2。

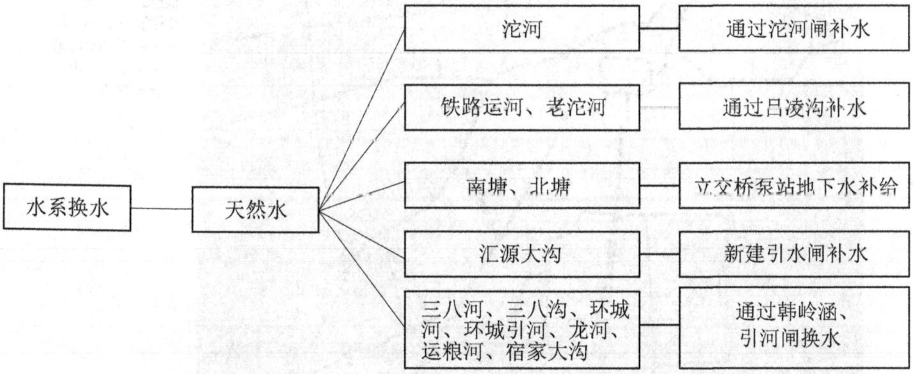

图 11.4-2　水系定期换水水资源分配

天然水换水路线：通过沱河与铁路运河之间的输水管线引水至铁路运河、老沱河，实现铁路运河与老沱河的换水。

三八沟通过韩岭涵引用天然水源，并在三八沟与三八河之间新建一条换水管线用于三八河换水；同时水体由三八沟、三八河自流至环城河引河、环城河、运粮河、宿蒙大沟和龙河,实现下游河道的换水。

汇源大沟与新汴河交汇处新建进水闸及输水管线,将新汴河水引入汇源大沟。

11.4.3.3 进退水路线

1.天然水进水线路

通过沱河与铁路运河之间的输水管线即可引天然水入铁路运河、老沱河。

汇源大沟可以通过新建引水闸直接调用新汴河水源。

2.中水进水线路

沿运粮河右岸向上游铺设1条输水管线至宿蒙大沟,沿宿蒙大沟向西至京台高速,再向北延伸至三八沟。沿途设置运粮河、宿蒙大沟、三八河出水口,将运粮河闸下游优质水源引入水系中。

沿银河一路铺设1条中水管线,连通三八沟和环城河引河上游,利用水位差将水引入环城河引河。

通过运粮河与龙河交汇处节制闸可引运粮河水至龙河。

3.退水线路

三八沟、三八河、宿蒙大沟、环城河引河、环城河通过水体自流汇入运粮河,再通过运粮河流入龙河形成退水。

南北塘中水可通过临时潜水泵将水排至附近市政雨水管网。

汇源大沟可通过节制闸向沱河退水。

最终的活水循环及进退水路线见图11.4-3。

图11.4-3 活水循环及进退水路线

11.4.4 活水循环数学模型

宿州市主城区11条河道构成纵横交错的水系,利用水系水动力模型可以计算活水循环方案下城区河道的水动力特征。

模型上游流量边界条件为：三八沟 0.396 m^3/s，三八河 0.403 m^3/s，宿蒙大沟 0.275 m^3/s，环城河引河 0.400 m^3/s，汇源大沟 0.487 m^3/s，铁路运河 0.487 m^3/s。

模型下游水位边界条件为：运粮河 24.00 m，龙河 24.00 m，铁路运河 22.26 m，老沱河 22.26 m。

为保证城区河道景观水位，利用运粮河与环城河引河交汇处的闸门，控制上游水位为 25.11 m；利用三八沟与三八河交汇处的闸门，控制上游水位为 25.34 m。

为详细分析城区水系在水系循环时的水动力特征，利用活水循环数学模型模拟上述活水循环方案下每条河道的流量、流速和水位。

11.4.4.1　流量

按照活水循环方案，每条河道的流量见表 11.4-2。模拟结果表明：在当前活水循环方案下，每条河道的流量均能满足最小生态流量的要求，城区河道流量在 0.233～0.800 m^3/s。

表 11.4-2　水系活水循环方案下河道流量

水源	河流	生态流量/(m^3/s)	模拟流量/(m^3/s)	平均流速/(m/s)	平均水深/m
中水	环城河引河	0.224	0.400	0.010	3.07
	环城河东支	0.283	0.290	0.009	3.11
	环城河西支	0.283	0.310	0.006	2.35
	运粮河上游	0.314	0.800	0.029	2.77
	运粮河下游	0.314	0.650	0.012	2.55
	龙河	0.264	0.427	0.012	2.80
	三八沟	0.284	0.396	0.013	2.85
	三八河	0.291	0.403	0.010	2.48
	宿蒙大沟	0.275	0.275	0.010	3.11
天然水	汇源大沟	0.279	0.487	0.010	1.21
	铁路运河上游	0.254	0.254	0.042	2.13
	铁路运河下游	0.254	0.233	0.012	1.74
	老沱河	0.233	0.400	0.010	3.07

11.4.4.2　流速

按照活水循环方案，每条河道的流速见表 11.4-2。模拟结果表明：在当前活水循环方案中，环城河东支和西支流速较小，分别为 0.009 m/s 和 0.006 m/s。铁路运河上游和运粮河上游流速较大，分别为 0.042 m/s 和 0.029 m/s。

11.4.4.3　水深

按照活水循环方案，每条河道的水位见表 11.4-3。模拟结果表明：下游水位越低，河道的平均水深越小。活水循环河道纵断面水位见图 11.4-4。

表 11.4-3　活水循环城区河道水位

河道	桩号	水位/m	河道	桩号	水位/m
环城河	K0+000	25.11	龙河	K0+000	24.00
	K0+500	25.11		K0+500	24.00
	K1+000	25.11		K1+100	24.00
	K1+500	25.11		K1+500	24.00
	K2+000	25.11		K2+000	24.00
	K2+500	25.11		K2+500	24.00
	K3+000	25.11		K3+000	24.00
	K3+500	25.11		K3+500	24.00
	K4+100	25.11	汇源大沟	K0+000	25.24
环城河引河	K0+000	25.11		K0+500	25.24
	K0+300	25.11		K1+000	25.24
	K0+500	25.11		K1+500	25.24
	K0+760	25.11		K1+800	25.24
三八沟	K0+000	25.34	铁路运河	K0+000	22.26
	K0+500	25.34		K0+500	22.26
	K1+000	25.34		K1+000	22.26
	K1+500	25.34		K1+500	22.26
	K2+000	25.34		K2+000	22.26
	K2+500	25.34		K2+500	22.26
	K3+000	25.34		K3+000	22.26
	K3+500	25.34		K3+500	22.26
	K4+000	25.34		K4+000	22.26
	K4+500	25.34		K4+500	22.26
三八河	K0+000	25.34		K5+000	22.26
	K0+500	25.34		K5+500	22.26
	K1+000	25.34		K6+000	22.26
	K1+500	25.34		K6+500	22.26
	K2+000	25.34		K7+000	22.26
	K2+500	25.34		K7+500	22.26
运粮河	K0+000	25.11		K8+000	22.26
	K0+500	24.00		K8+500	22.26
	K1+000	24.00		K9+000	22.26
	K1+500	24.00	老沱河	K0+000	22.26
	K2+000	24.00		K0+500	22.26
	K2+500	24.00		K1+000	22.26
	K3+000	25.08		K1+500	22.26
	K3+500	24.88		K2+000	22.26
	K4+000	24.70		K2+500	22.26
	K4+500	24.47		K3+000	22.26
宿蒙大沟	K0+000	24.00		K3+500	22.26
	K0+500	24.00		K4+000	22.26
	K1+000	24.00		K4+500	22.26
	K1+600	24.00			

注:高程为 1956 年黄海高程系统。

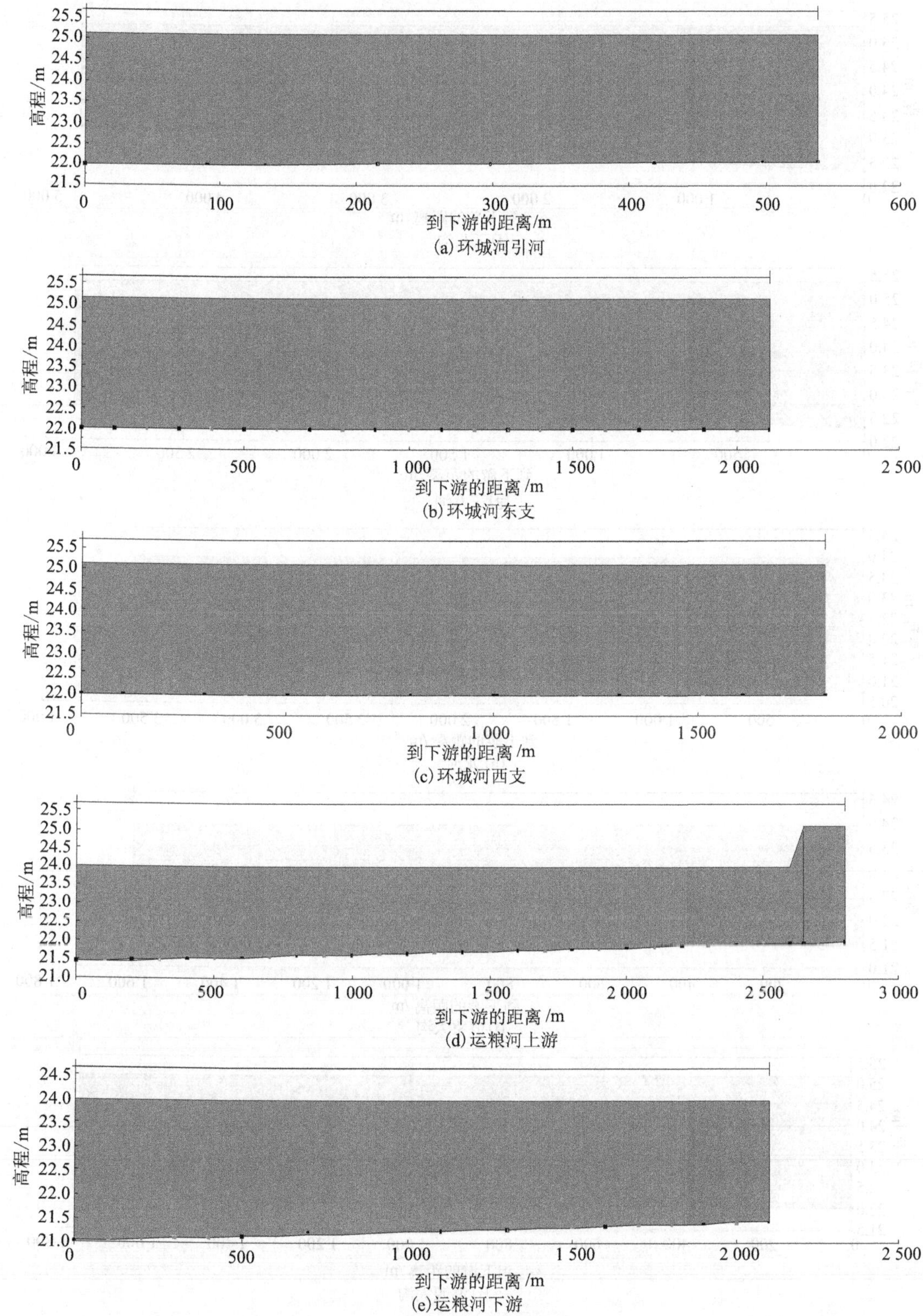

(a) 环城河引河
(b) 环城河东支
(c) 环城河西支
(d) 运粮河上游
(e) 运粮河下游

图 11.4-4　活水循环河道纵断面水位

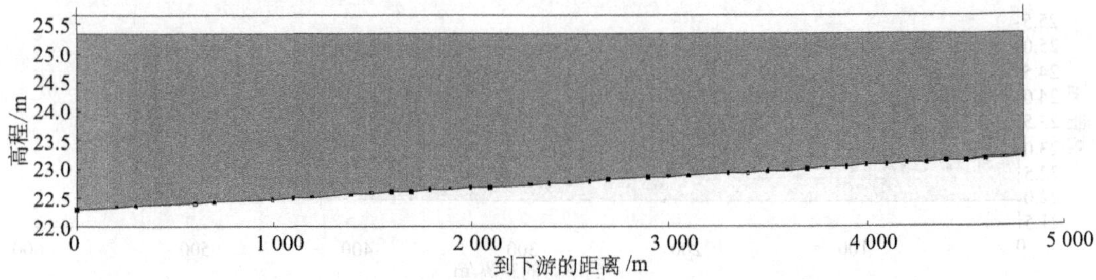

(f)三八沟

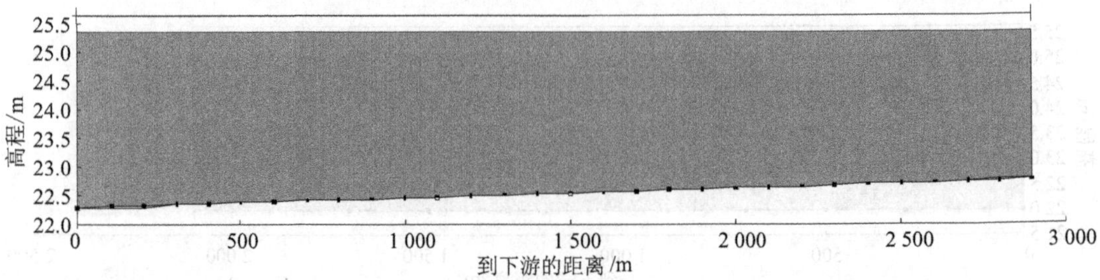

(g)三八河

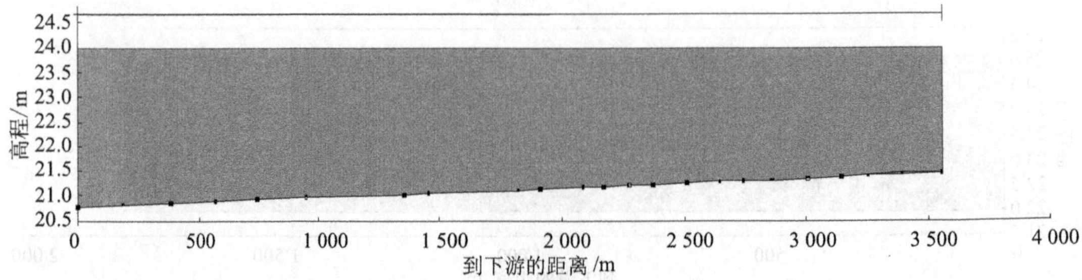

(h)龙河

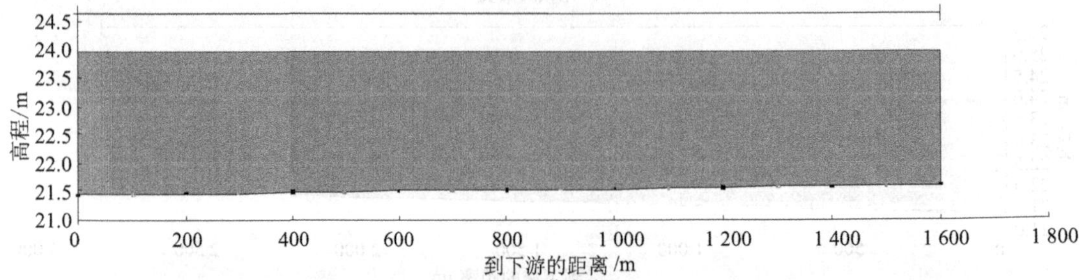

(i)宿蒙大沟

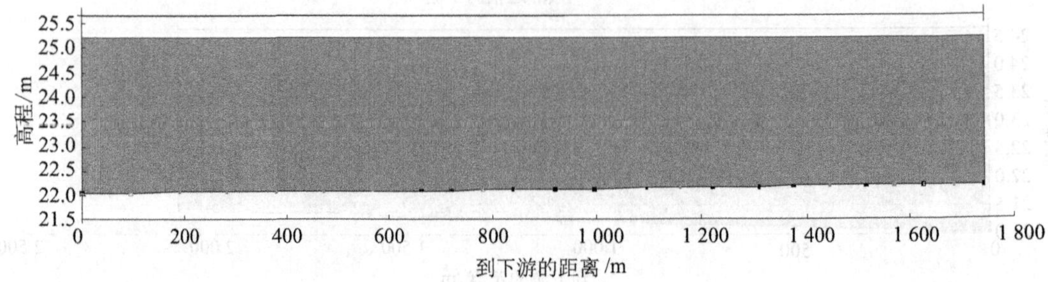

(j)汇源大沟

续图 11.4-4

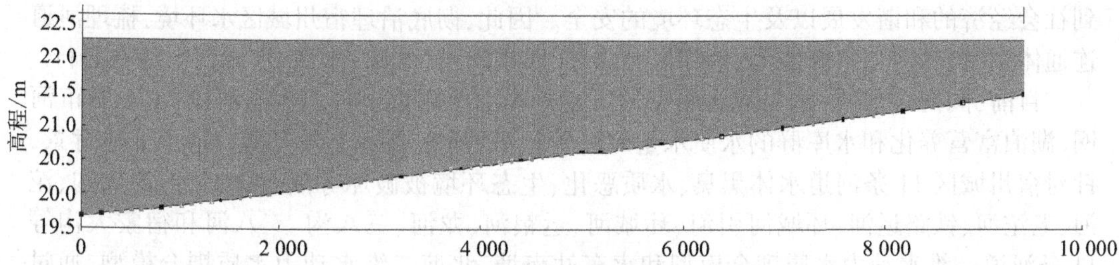

(k)铁路运河

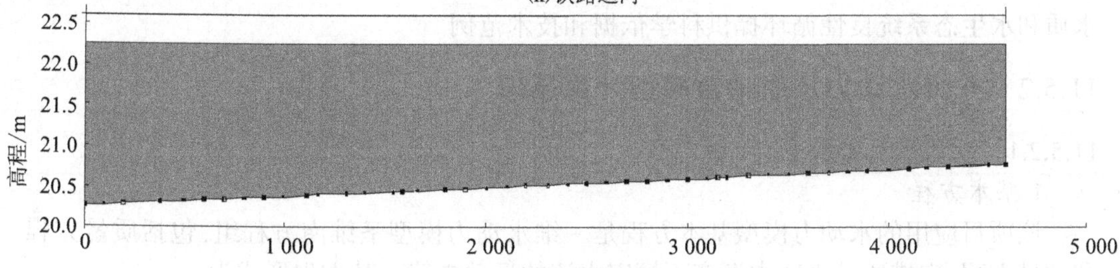

(l)老沱河

续图 11.4-4

11.4.5 小结

根据河道最小生态流量,提出城区河道活水循环方案,建立了城区河道活水循环数学模型,利用数学模型对提出的活水循环方案进行模拟,并对河道的流量、流速和水深进行分析。结果表明:各河道流量均满足最小生态流量的要求,城区河道流速在 0.006~0.042 m/s,水深在 1.21~3.11 m。

11.5 补水工程效果数值模拟

11.5.1 水动力水质耦合模型在水环境治理中的应用

随着国家对水环境治理的日益重视和大力投入,研究城区河网水流运动和水环境变化规律越来越重要。利用数值模拟分析水动力及水质变化是水环境治理中的重要组成部分。水质水量耦合技术是基于水动力模型和水质模型的一种综合模拟技术,它反映了水资源"质"与"量"双重属性之间的相互影响,被广泛应用于流域及城区河网的水质水量模拟中。通过对活水循环、闸泵调控、生态修复等不同水质改善措施的模拟,计算分析河道水位、流速、水深和各项水质指标的变化规律,从而为发挥水利工程的综合作用、提升河道水环境、促进区域水生态提供科学依据。

宿州市作为典型的平原地区,是安徽省重要的政治、经济、文化中心,具有重要的战略地位。但受城市化影响,宿州城区部分河床硬化,河流形态单一,人工干扰较多,水量较少,水体静止,污水大量排放,面源污染物直接入河,河流生态径流量小,生物多样性低,复氧能力差,污染物去除能力低,存在严重的水环境问题。持续恶化的水环境已经严重威胁到社会经济的和谐发展以及生态环境的安全。因此,彻底治理宿州城区水环境,梳理河道连通体系,提高河流自净能力,消除黑臭水体,实现河道“水清、水满、水流动”,势在必行。

目前,国内对水质-水量耦合模型的研究工作主要侧重于自然生态河流、人工城市河网、湖泊富营养化和水库群的水质水量调度等领域,研究成果十分丰富。基于上述背景,针对宿州城区 11 条河道水体黑臭、水质恶化、生态环境被破坏等问题,构建汇源大沟、沱河、老沱河、铁路运河、环城河引河、环城河、运粮河、龙河、三八沟、三八河和宿蒙大沟等 11 条河道一维水动力水质耦合模型和火车站南塘、北塘二维水动力水质耦合模型,通过数值模拟计算,预测活水循环及生态修复等改善水质措施的效果,为保障工程治理的水体水质和水生态系统良性循环提供科学依据和技术范例。

11.5.2 一维水动力水质耦合模型计算原理

11.5.2.1 一维水动力模型

1.基本方程

该项目应用的水动力模型基本方程是一维水动力模型圣维南方程组,包括质量方程和动量方程,它描述了水体中渐变不恒定水流的运动规律。其方程形式为

$$b_s \frac{\partial h}{\partial t} + \frac{\partial Q}{\partial x} = q \tag{11-5}$$

$$\frac{\partial Q}{\partial t} + \frac{\partial}{\partial x}\left(\alpha \frac{Q^2}{A}\right) + gA\frac{\partial h}{\partial x} + g\frac{Q|Q|}{C^2AR} = 0 \tag{11-6}$$

式中 t——时间,s;

x——距水道某固定断面沿流程的距离,m;

Q——相应于 x 处过水断面的水量,m^3/s;

h——水位,m;

b_s——过水宽度,m;

A——过水断面面积,m^2;

C——谢才系数;

g——重力加速度,m/s^2;

R——水力半径,m;

q——单位河长旁侧入流流量,m^3/s。

式(11-5)为连续性方程,式(11-6)为动量方程。

圣维南方程组的基本假定是:①过水断面上的水压呈静水压强分布,因此其流速可用断面平均流速来表示;②由于水流为渐变流,因此水面曲线近似水平;③河床倾角较小,正弦值与正切值近似相等。

2.基本方程的离散

基本方程采用 Abbott 六点中心格式,如图 11.5-1 所示,对水流连续方程和水流动量方程式进行离散。应用 Abbott 六点中心格式时,河道上的断面(或称节点)按照水位(h-points)-流量(Q-point)-水位(h-points)的顺序交替布置(h-points 和 Q-point 不在同一断面上,如图 11.5-2 所示,Q-point 布置在相邻的 h-point 之间,距离可以不相同)。然后,在每个时间步长内,利用隐格式的有限差分交替计算 Q-points 和 h-points。

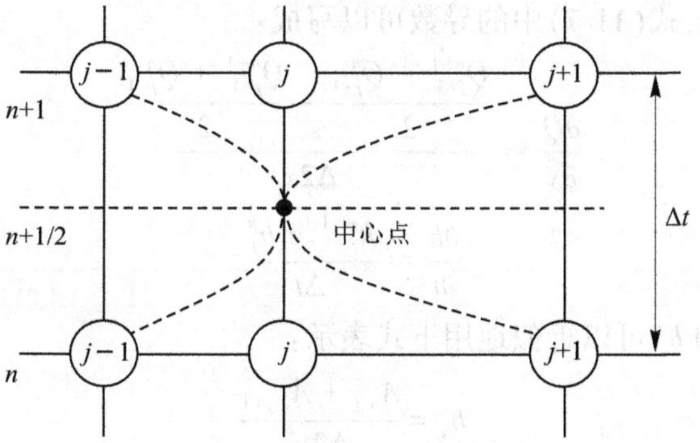

图 11.5-1　Abbott 六点中心格式

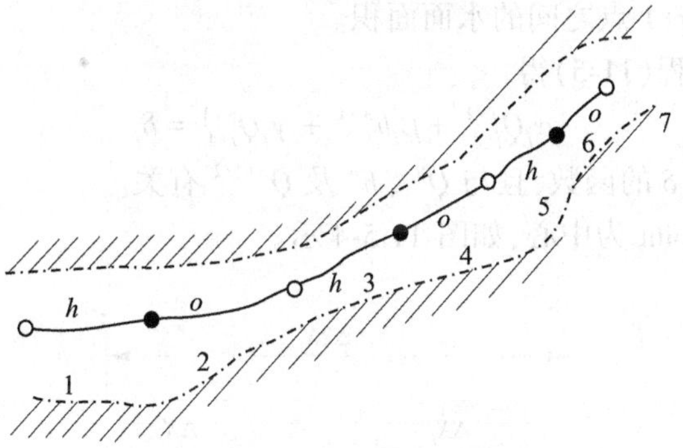

图 11.5-2　河道计算节点示意图

在连续方程中，Q 仅对 x 求偏导，所以方程容易写成以 h-point 为中心的形式，如图 11.5-3所示。

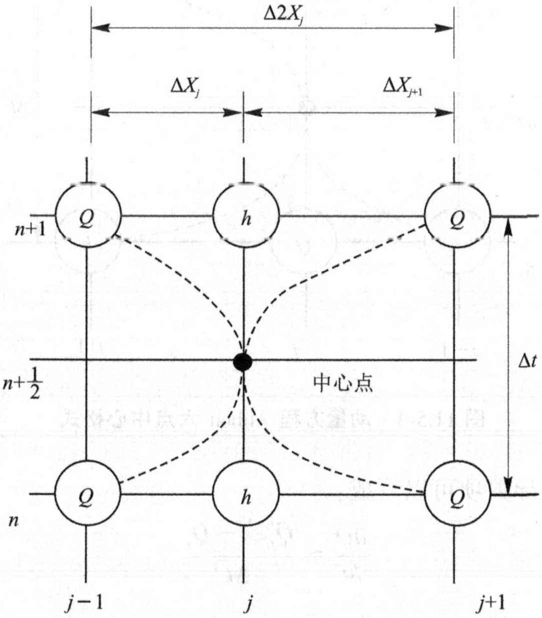

图 11.5-3　连续方程 Abbott 六点中心格式

在 $n+1/2$ 时刻,式(11-7)中的导数可以写成:

$$\frac{\partial Q}{\partial x} \approx \frac{\dfrac{Q_{j+1}^{n+1}+Q_{j+1}^{n}}{2}-\dfrac{Q_{j-1}^{n+1}+Q_{j-1}^{n}}{2}}{\Delta 2x_j} \tag{11-7}$$

$$\frac{\partial h}{\partial t} \approx \frac{h_j^{n+1}-h_j^{n}}{\Delta t} \tag{11-8}$$

方程(11-5)中的 b_s 可以近似地用下式表示:

$$b_s = \frac{A_{o,j}+A_{o,j+1}}{\Delta 2x_j} \tag{11-9}$$

式中 $A_{o,j}$ ——j-1 和 j 点之间的水面面积;

$A_{o,j+1}$ ——j 和 j+1 点之间的水面面积。

把导数项代入方程(11-5)得:

$$\alpha_j Q_{j-1}^{n+1}+\beta_j h_j^{n+1}+\gamma_j Q_{j+1}^{n+1}=\delta_j \tag{11-10}$$

式中:$\alpha\beta$ 及 γ 是 b 和 δ 的函数,且与 Q^n 、h^n 及 $Q^{n+1/2}$ 有关。

动量方程以 Q-point 为中心,如图 11.5-4 示。

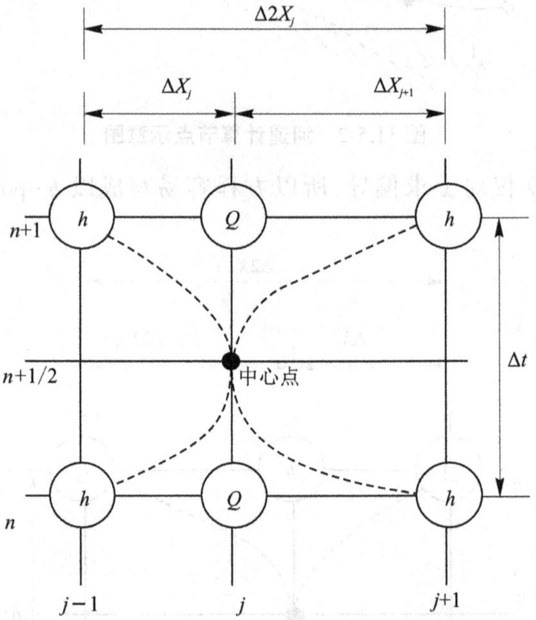

图 11.5-4 动量方程 Abbott 六点中心格式

方程(11-6)中的导数项可以写成:

$$\frac{\partial Q}{\partial t} \approx \frac{Q_j^{n+1}-Q_j}{\Delta t} \tag{11-11}$$

$$\frac{\partial(\alpha\frac{Q^2}{A})}{\partial X}\approx\frac{\left[\alpha\frac{Q^2}{A}\right]_{j+1}^{n+1/2}-\left[\alpha\frac{Q^2}{A}\right]_{j-1}^{n+1/2}}{\Delta 2x_j}\tag{11-12}$$

$$\frac{\partial h}{\partial x}\approx\frac{\frac{h_{j+1}^{n+1}+h_{j+1}^{n}}{2}-\frac{h_{j-1}^{n+1}+h_{j-1}^{n}}{2}}{\Delta 2x_j}\tag{11-13}$$

式(11-12)中的平方项为

$$Q^2\approx\theta Q_j^{n+1}Q_j^n-(\theta-1)Q_j^nQ_j^n\tag{11-14}$$

式中：θ 可以自定义，$0\leqslant\theta\leqslant 1$。

代入所有导数项后，式(11-6)可写为

$$\alpha_j h_{j-1}^{n+1}+\beta_j Q_j^{n+1}+\gamma_j h_{j+1}^{n+1}=\delta_j\tag{11-15}$$

式中：$\alpha_j=f(A)$；$\beta_j=f(Q_j^n,\Delta t,\Delta x,C,A,R)$；$\gamma_j=f(A)$；$\gamma_j=f(A,\Delta t,\Delta x,\alpha,q,v,\theta,h_{j-1}^n,Q_{j-1}^{n+1/2},Q_j^n,Q_{j+1}^{n+1/2},h_{j+1}^n)$。

由上述理论可知，在一个时间步长上，方程默认计算两次，每次迭代均以其上一次迭代的结果作为依据，这种计算方法可以得到完全以 A_{j+1} 为中心的描述。

11.5.2.2　一维水质模型

1.对流扩散基本方程

物质在水中的一维对流-扩散方程如下：

$$\frac{\partial AC}{\partial t}+\frac{\partial QC}{\partial x}-\frac{\partial}{\partial x}\left(AD\frac{\partial C}{\partial x}\right)=-AKC+C_2q\tag{11-16}$$

式中　C——水流输送的水质变量浓度，mg/L；

D——扩散系数；

A——节点断面面积，m^2；

K——衰减系数；

C_2——源、汇项浓度，mg/L；

q——旁侧入流，m^3/s；

x——空间坐标。

上述对流扩散方程能够反映污染物传输的两种机制：由浓度梯度不同造成的对流扩散过程和由污染物自净作用产生的衰减过程。

对流-扩散方程的基本假设：①水质指标在一横断面内能够完全混合；②水质指标是线性衰减的；③菲克定律成立，即扩散能量与浓度梯度成正比。

2.离散方法

对方程(11-16)采用隐式差分格式来进行时间和空间的离散，以最大限度地减少任何数值分散。此外，它还确保了离散过程中的质量守恒。这种有限差分考虑物质在节点 j 处的控制水量中的扩散过程。控制水量的边界就是河床、水面和两个节点断面组成的在 j−1/2 和 j+1/2 间的水体，如图 11.5-5 所示。

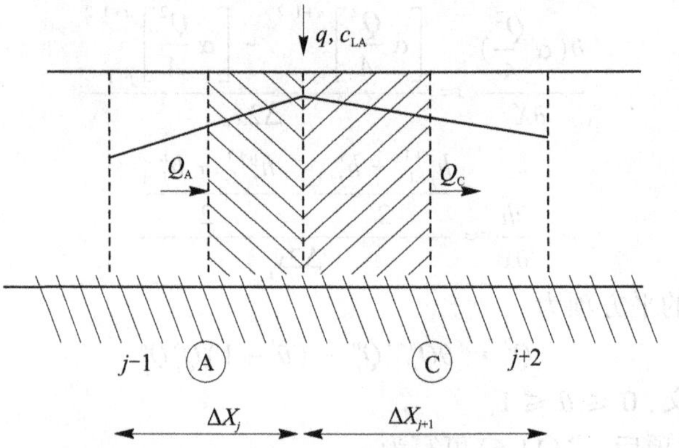

图 11.5-5 控制水量的定义

对流-扩散方程可以理解为物质运输的连续性方程和对流-扩散方程两个方程，现分别对两个方程进行离散。

对连续性方程进行离散：

$$\frac{V_j^{n+1/2}C_j^{n+1}}{\Delta t}-\frac{V_j^{n+1/2}C_j^1}{\Delta t}+T_{j-1/2}^{n+1/2}-T_{j+1/2}^{n+1/2}=q^{n+1/2}C_q^{n+1/2}-V_j^{n+1/2}KC_j^n \tag{11-17}$$

式中 C——浓度，mg/L；

V——控制水体体积，m^3；

T——通过控制水体的物质；

q——旁侧入流，m^3/s；

Δt——时间步长，s；

C_q——旁侧入流中的物质浓度，mg/L；

K——线性衰减系数。

将对流-扩散方程进行离散：

$$T_{j+1/2}^{n+1/2}=Q_{j+1/2}^{n+1/2}C_{j+1/2}^{*}-A_{j+1/2}^{n+1/2}D\frac{C_{j+1}^{n+1/2}-C_j^{n+1/2}}{\Delta x} \tag{11-18}$$

式中 $Q_{j+1/2}^{n+1/2}$——$j+1/2$ 节点的控制流量，m^3/s；

$A_{j+1/2}^{n+1/2}$——$j+1/2$ 节点的截面面积，m^2；

D——分散系数；

$C_{j+1/2}^{*}$——上游插入浓度。

可以用下式表示：

$$C_{j+1/2}^{*}=\frac{1}{4}(C_{j+1}^{n+1}+C_j^{n+1}+C_{j+1}^{n}+C_j^{n})-\min\left[\frac{1}{6}(1+\frac{\sigma^2}{2}),\frac{1}{4\sigma}\right](C_{j+1}^{n}-2C_j^{n}+C_{j-1}^{n}) \tag{11-19}$$

式中：σ 是克朗数（$u\Delta t/\Delta x$）。

式(11-19)是一个确定的三阶修正项。把差分方程代入式(11-16)，整理得：

$$\alpha_j C_{j-1}^{n+1}+\beta_j C_j^{n+1}+\gamma_j C_{j+1}^{n+1}=\delta_j \tag{11-20}$$

水质方程中的浓度是定义在每个计算节点上的。

3.物质输运平衡方程

通过水质指标在每个计算结点控制体内的浓度变化,可以在每个时间步长建立质量守恒方程。

对流-扩散方程计算的准确性需要依赖以下 3 个条件:

(1)水动力模型中的物质处处守恒。

(2)在每个计算节点处的断面数据都有效。

(3)对流-扩散计算与水动力模型完全吻合。

确定合理的时间步长,是确保水动力模拟和对流-扩散模拟一致性的重要条件,物质运输和守恒方程的建立关系图如图 11.5-6 所示。

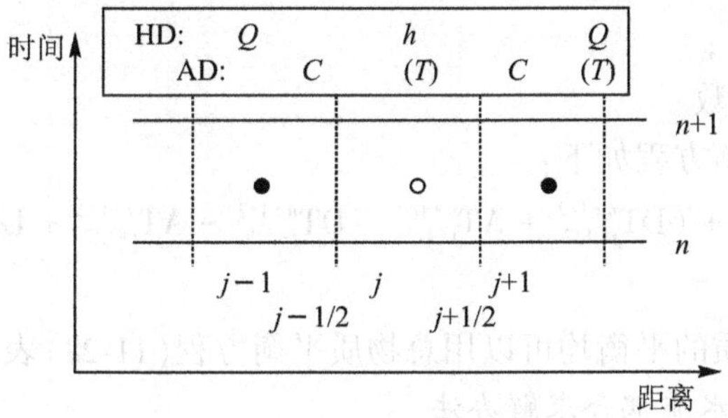

图 11.5-6　物质运输和守恒计算关系

被运输的物质在 j 点处可表示为

$$M_j^{n+1} = stv_j^{n+1} C_j^{n+1} \tag{11-21}$$

式中　stv——水的体积,m^3;

C——浓度,mg/L。

一阶衰减, D 的计算公式为

$$D_j^{n+1} = K_j [\Phi C_j^{n+1} + (1 - \Phi) C_j^n] stv_j^{n+1} \tag{11-22}$$

式中　K——衰减系数, h^{-1};

Φ——时间围绕系数。

Φ 的表示如下:

$$\Phi = \begin{cases} 0.5 + 0.083 K_j \Delta t & K_j \Delta t \leqslant 0.1 \\ -\dfrac{1}{K_j \Delta t} + \dfrac{1}{1 - e^{-K_j \Delta t}} & K_j \Delta t > 0.1 \end{cases} \tag{11-23}$$

物质的运输是对流-扩散总过程流入或流出控制水体的总量。对流运输的物质可以表示为

$$AT_{j+1/2}^{n+1/2} = \frac{1}{2}(q_j^{n+1/2} - q_{j+1}^{n+1/2})\left[\frac{1}{4}(C_j^{n+1} + C_{j+1}^{n+1} + C_j^n + C_{j+1}^n) + \text{Corr}\right] \tag{11-24}$$

修正项:

$$\text{Corr} = (C_{j-1}^{n+1/2} - C_j^{n+1/2} + C_{j+1}^{n+1/2})\text{Corfac} \tag{11-25}$$

式中　q——流量,m^3/s。

$$\text{Corfac} = \begin{cases} \frac{1}{6}(1 + \frac{1}{2}\sigma^2) & \sigma \leq 1 \\ \frac{1}{4\sigma} & \sigma > 1 \end{cases} \tag{11-26}$$

式中 σ——克朗数，$\sigma = \frac{u\Delta t}{\Delta x}$。

扩散运输的物质可以表示为

$$\text{DT}_{j+1/2}^{n+1/2} = \frac{1}{4}(A_j^{n+1} + A_{j+1}^{n+1})(\text{Diff}_j + \text{Diff}_{j+1}) + \frac{1}{2}[(C_j^n + C_{j+1}^{n+1}) - (C_j^n + C_j^{n+1})] \tag{11-27}$$

式中 A——面积，m^2；

Diff——扩散系数。

综上可得物质平衡方程如下：

$$\text{MB}_j^{n+1} = M_j^n - M_j^{n+1} + (\text{DT}_{j+1/2}^{n+1/2} + \text{AT}_{j-1/2}^{n+1/2} - \text{DT}_{j-1/2}^{n+1/2} - \text{AT}_{j+1/2}^{n+1/2} + \text{LAT}_j^{n+1/2} - D_j^{n+1/2})\Delta t \tag{11-28}$$

河道中的所有物质的平衡均可以用总物质平衡方程(11-28)表示。

11.5.2.3 一维水动力水质耦合求解办法

考虑到水质数学模型计算的关键是流量，而流量的计算可以通过水动力数学模型来完成。因此，可以根据水动力模型、水质模型的特点建立水动力数学模型，计算出第一时刻各断面的水位和流量，向水质数学模型相应结点传递，最终实现河网水质的数值模拟。具体步骤如下：

(1)根据水动力模型计算得到的水动力状态变量(水深、流速分量等)，计算 t_{n+1} 时的对流-扩散传导过程的水质组分的浓度 $C_{n+1,\text{AD}}$，并假设在 $n+1$ 时间步为常量。

(2)计算由对流-扩散引起的各个水质组分浓度梯度 $L_{C_{n+1,\text{AD}}}$，为简便起见，采用数值微分的方法计算。

(3)由水质模块计算第 n+1 时间步的该水质组分的浓度($C_{n+1,\text{WQ}}$)。

(4)计算由水质过程引起的浓度梯度($L_{C_{n+1,\text{WQ}}} = C_{n+1,\text{WQ}} - C_{n,\text{WQ}}/L_t$)。

(5)计算总的浓度梯度($L_{C_{n+1,\text{WQ}}} = LC_{n+1,\text{WQ}} + LC_{n+1,\text{AD}}$)。

对步骤(5)的计算结果采用5阶龙格-库塔方法进行积分求解，即可得该时间步的物质浓度。然后再回步骤(1)继续计算。

采用此方法进行计算不仅能大大简化计算过程且计算能够满足精度要求。

11.5.3 一维水动力水质耦合模型计算条件及结果

为了模拟活水循环方案以及生态修复措施对宿州城区11条河道水质的改善效果，建立了宿州城区河网水系一维水动力水质耦合模型。

11.5.3.1 计算区域

模型的计算区域如图11.5-7所示，包括汇源大沟，里程为0~1 800；沱河，里程为0~9 100；老沱河，里程为0~5 900；铁路运河，里程为0~9 200；环城河引河，里程为0~620；

环城河,里程为 0~4 100;运粮河,里程为 0~5 000;龙河,里程为 0~3 500;三八沟,里程为 0~3 600;三八河,里程为 0~2 400;宿蒙大沟,里程为 0~3 400。模型模拟时间为一个换水周期 50 d,计算步长为 30 s。

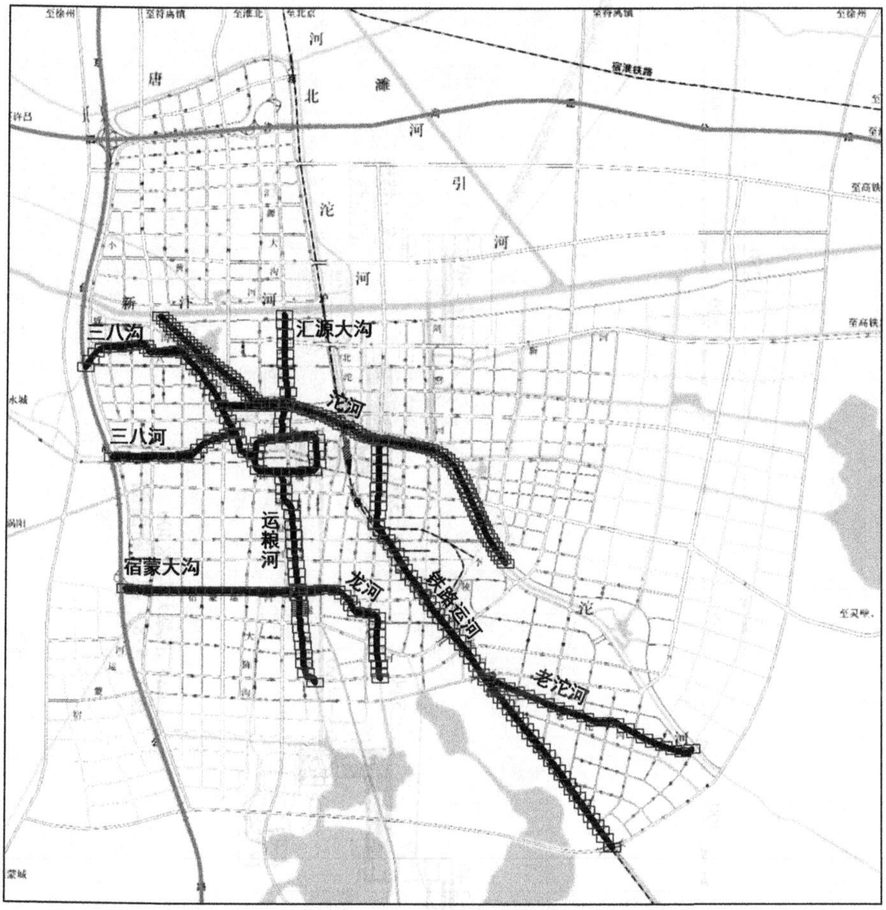

图 11.5-7　模型的计算区域

11.5.3.2　地形条件

模型中采用的地形资料以各个河道的设计断面为标准,除沱河断面间距为 100 m 外,其余河道断面间距约为 200 m。沱河加载断面个数为 92 个;环城河加载断面个数为 24 个;环城河引河加载断面个数为 5 个;运粮河加载断面个数为 27 个;三八河加载断面个数为 16 个;汇源大沟加载断面个数为 37 个;三八沟加载断面个数为 29 个;宿蒙大沟加载断面个数为 21 个;铁路运河加载断面个数为 49 个;龙河加载断面个数为 21 个;老沱河加载断面个数为 22 个。共计加载断面个数为 343 个,能够较详细地在模型中反映出宿州城区 11 条河道的横断面情况,保障了模型计算的准确性。如图 11.5-8 所示,列举了汇源大沟、三八沟、三八河、宿蒙大沟、运粮河和老沱河典型断面图。

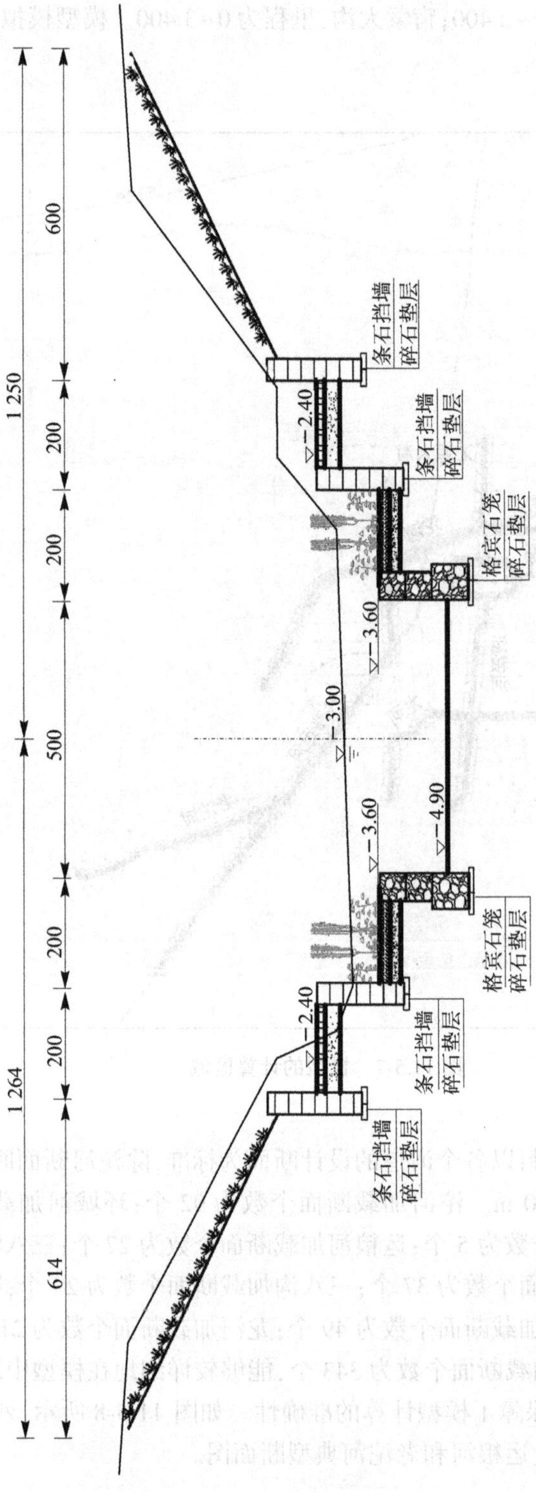

（a）汇源大沟DK400

图11.5-8　典型断面图

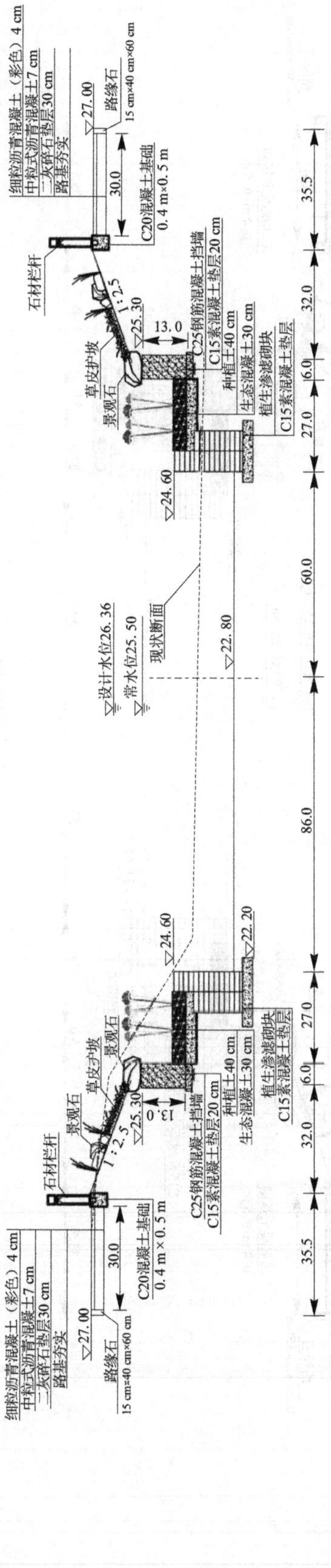

（b）三八沟DK2000
续图11.5-8

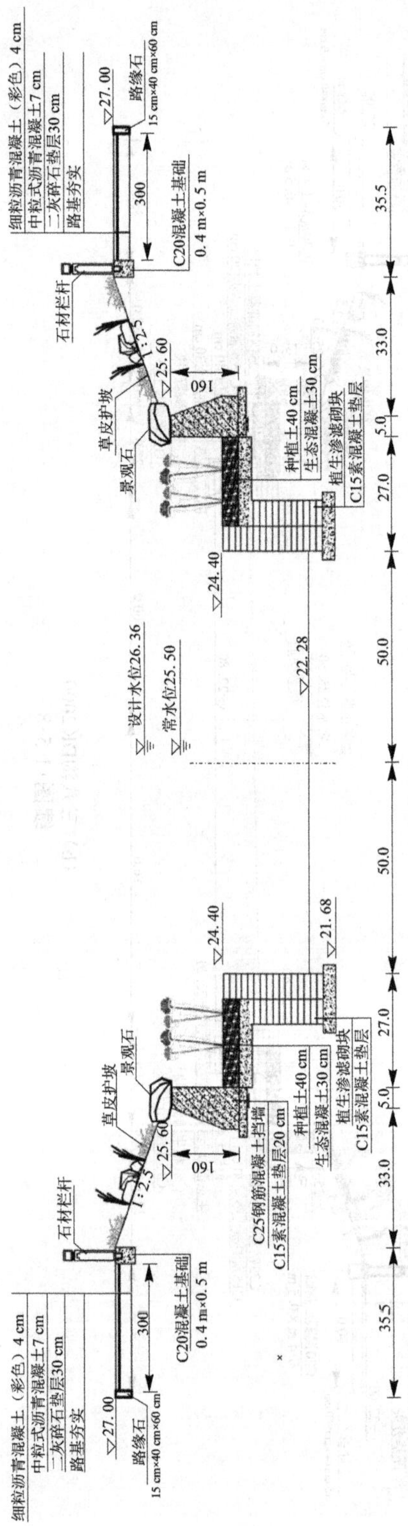

（c）三八河DK800
续图11.5-8

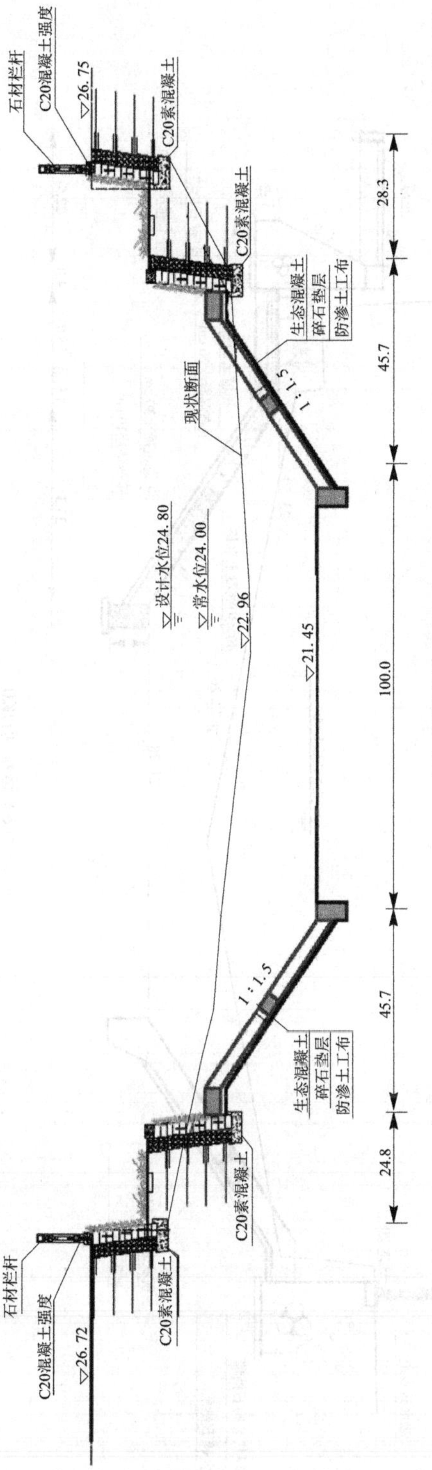

(d) 宿蒙大沟DK1 800

续图11.5-8

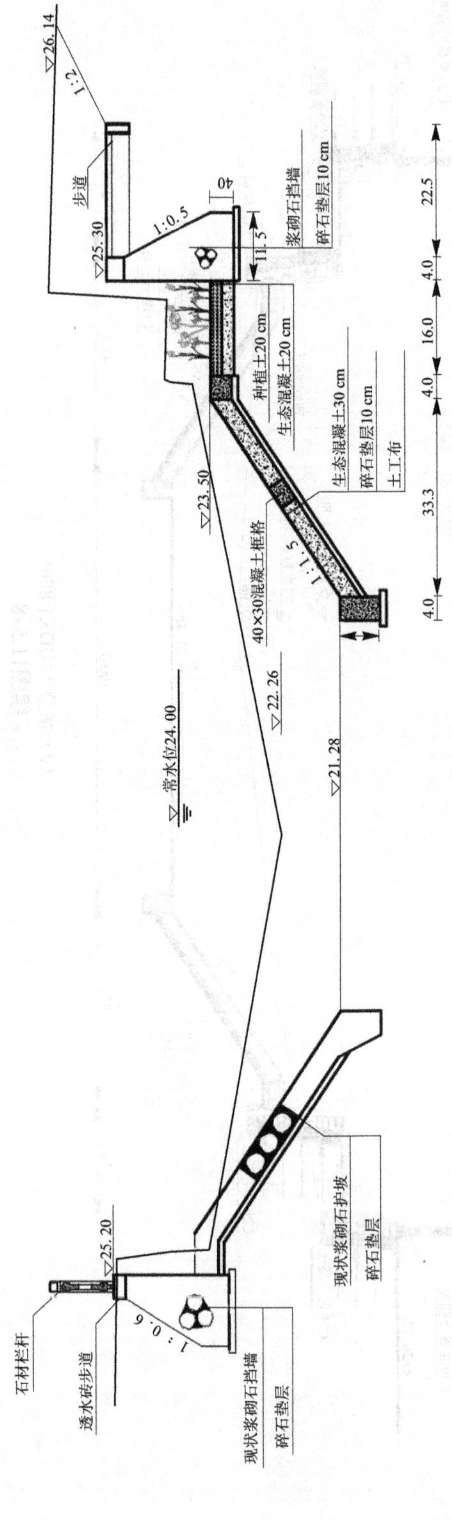

（e）运粮河DK0
续图11.5-8

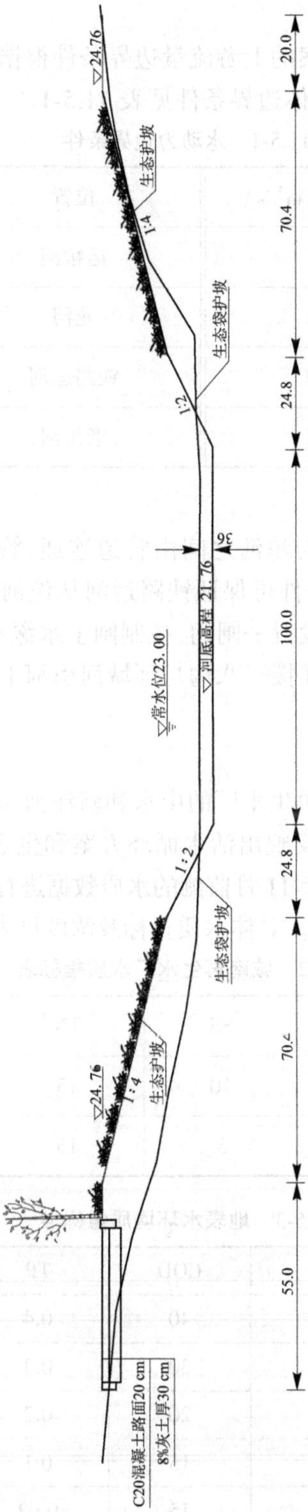

（f）老沱河DK800

续图11.5-8

11.5.3.3 边界条件

1.水动力边界条件

由前述计算可得,活水循环方案的上游流量边界条件根据最小生态流量设定,水位边界根据计算结果设定下游水位。具体边界条件见表 11.5-1。

表 11.5-1 水动力边界条件

位置	上游流量/(m^3/s)	位置	下游水位/m
三八沟	0.291	运粮河	-5.08
三八河	0.312	龙河	-5.08
宿蒙大沟	0.289	铁路运河	-5.41
汇源大沟	0.265	老沱河	-5.41

注:标高 0 点为人民路桥护栏柱底岩石上。

在活水循环方案中,铁路运河与沱河之间由管道连通,管道末端的水闸可控制出流量,因此在模型中,应用内部边界条件可保证铁路运河从沱河取水不小于 0.446 m^3/s;在三八沟、三八河与环城河的连接段设置一闸门,控制闸上水深不低于 2.3 m,以保证三八沟与三八河的景观水位,同时用管道连接三八沟与环城河引河上游,在模型中保证管道可过流量不小于 0.603 m^3/s。

2.水质边界条件

活水循环方案的水源包括城南再生水厂的中水和新汴河水,其中新汴河水质按照地表Ⅴ类水标准进行设置。为了更好地反映出活水循环方案和生态修复措施对水质的改善效果,初始水质根据环境监察局 2015 年 11 月监测的水质数据进行设置,本模型以氨氮为主要水质指标,模拟分析其浓度变化情况。具体水质指标及浓度见表 11.5-2~表 11.5-4。

表 11.5-2 城南再生水厂水质指标表 单位:mg/L

项目内容	COD_{Cr}	BOD_5	SS	TN	NH_3-N	TP
进水水质	50	10	10	15	5	0.5
出水水质	30	6	5	15	1.5	0.3

表 11.5-3 地表水环境质量标准 单位:mg/L

地面水环境质量标准	COD	TP	TN	NH_3-N
Ⅴ类	40	0.4	2	2
Ⅳ类	30	0.3	1.5	1.5
Ⅲ类	20	0.2	1	1
Ⅱ类	15	0.1	0.5	0.5
Ⅰ类	15	0.02	0.2	0.2

表 11.5-4　初始水质指标　　单位:mg/L

采样点名称	氨氮浓度	采样点名称	氨氮浓度
沱河 1	3.63	汇源大沟 1	18.60
沱河 2	3.18	汇源大沟 2	15.90
沱河 3	2.82	汇源大沟 3	18.50
沱河 4	2.47	汇源大沟 4	13.80
沱河 5	2.59	汇源大沟 5	13.70
沱河 6	1.8	环城河引河 1	1.61
沱河 7	1.62	环城河引河 2	1.56
沱河 8	1.38	环城河引河 3	1.75
沱河 9	1.43	环城河 1	8.38
沱河 10	0.98	环城河 2	7.36
沱河 11	0.89	环城河 3	7.18
沱河 12	0.92	环城河 4	6.31
沱河 13	1.01	环城河 5	11.34
沱河 14	6.40	环城河 6	12.13
沱河 15	1.80	环城河 7	12.29
沱河 16	1.71	环城河 8	12.81
沱河 17	0.57	环城河 9	12.93
沱河 18	0.53	环城河 10	24.80
沱河 19	0.56	三八河 1	29.21
沱河 20	0.51	三八河 2	19.07
沱河 21	0.53	三八河 3	35.76
沱河 22	0.49	三八河 4	33.50
沱河 23	0.56	三八河 5	32.89
沱河 24	0.71	三八河 6	33.49
沱河 25	0.71	三八沟 1	25.62

续表 11.5-4

采样点名称	氨氮浓度	采样点名称	氨氮浓度
运粮河 1	13.66	三八沟 2	28.12
运粮河 2	13.25	三八沟 3	16.94
运粮河 3	13.51	三八沟 4	26.07
运粮河 4	16.44	三八沟 5	26.11
运粮河 5	10.38	三八沟 6	28.76
运粮河 6	10.98	三八沟 7	28.22
运粮河 7	14.58	三八沟 8	27.52
运粮河 8	14.90	铁路运河 1	25.12
运粮河 9	17.07	铁路运河 2	24.52
运粮河 10	17.23	铁路运河 3	26.13
龙河 1	18.15	铁路运河 4	24.86
龙河 2	18.73	铁路运河 5	20.99
龙河 3	18.12	铁路运河 6	20.37
龙河 4	19.39	铁路运河 7	20.5
龙河 5	20.00	铁路运河 8	19.93
龙河 6	19.44	铁路运河 9	21.04
宿蒙大沟 1	19.30	铁路运河 10	22.95
宿蒙大沟 2	17.60	铁路运河 11	21.89
宿蒙大沟 3	17.70	铁路运河 12	21.15
宿蒙大沟 4	18.80	铁路运河 13	17.01
宿蒙大沟 5	23.10	铁路运河 14	16.13
宿蒙大沟 6	17.30	铁路运河 15	15.71
宿蒙大沟 7	20.60	铁路运河 16	15.83
老沱河	9.46		

与地表水环境质量标准相比，宿州城区 11 条黑臭河道除沱河和环城河引河氨氮浓度达到地表 V 类水标准外，其余河道的氨氮浓度均较高，污染比较严重，亟须治理。

11.5.3.4　参数设置

1.水动力模型参数

水动力模型的主要参数为河床糙率,河床糙率系数是表征河道底部和岸壁影响水流阻力的各种因素的综合系数,是影响水动力模型的主要参数。参数见表 11.5-5。

表 11.5-5　模型糙率设置

河道	范围	糙率	
		主漕	滩地
汇源大沟	新汴河—沱河	0.02	0.03
沱河	沱河引河口—宿东新闸	0.025	0.035
老沱河	宿固路—金泰 8 路	0.02	0.03
环城河引河	沱河—环城河	0.02	0.03
环城河	淮海中路环城南路桥为起点一周	0.02	0.03
运粮河	环城河—南环二路	0.02	0.03
龙河	运粮河东—南环二路	0.02	0.03
三八沟	京台高速—三八河口	0.02	0.03
三八河	京台高速—三八沟口	0.02	0.03
宿蒙大沟	运粮河—京台高速	0.02	0.03

2.水质模型参数

污染物质进入环境中的水体以后,会进行 3 个方面的运动:①随水体的流动迁移运动;②污染物本身的分散运动;③污染物自身或在环境中其他物质作用下引起的衰减运动。其中流动迁移是指污染物随水的运动而产生的空间位置的改变,但并不会使其浓度产生任何变化;分散运动是由于污染物在水体中分布的不均匀,高浓度区要向低浓度区扩散,以使浓度均匀变化,从而使体系的熵值趋大的一种固有本性;衰减运动是指污染物在水体中发生的各种物理的(如沉淀、吸附、衰变)、化学的和生物的作用,而使溶解在水中的污染物总量发生改变的现象。污染物就是通过这 3 个运动实现了浓度的变化。

若不考虑各水质组分之间复杂的相互转化关系,在水动力条件的基础上,采用对流-扩散方程可以求解河道中各类污染物浓度随时间和空间的变化规律,从而研究污染物迁移扩散规律。根据一维河网水动力水质耦合模型的对流-扩散方程可知,综合衰减系数 K 和扩散系数 D 可以反映出影响河道水质变化的两个重要作用:基于水动力的对流扩散作用和污染物的自身衰减作用。因此,影响水质模型的主要参数为扩散系数和污染物综合衰减系数。

扩散系数是模型中的一个综合参数,主要描述污染物在河道中稀释作用的大小,河流水质模型的扩散系数经验值为 5~20 m^2/s,根据该项目中使用的模型的试算结果可知,扩散系数的大小对模型结果影响较小,当扩散系数取不同的值时,计算结果相差不大。这是由于宿州属于平原地区,整体区域地势平坦,河流流速较低,因此该项目中扩散系数取经验值 20 m^2/s。

污染物综合衰减系数表征污染物在水中衰减变化的速率,主要描述污染物在河道中的自净作用,其单位为 d^{-1},物理意义是每天污染物在水体中衰减掉的百分率。衰减系数不仅与污染物可降解性有关,还会受到流速、流量、pH、水温以及浓度梯度等的影响,因此衰减系数具有不确定性和动态性。

由于宿州城区河道的污染源较多,城区生活污水、工业废水排放量大,河道长期淤积,底泥释放的污染物总量也不可低估,支流河道污染情况更为严重,这些都使得现状河道的自净能力十分有限,在某些极端情况下,如蓝藻暴发,河道内污染物并不会衰减,反而会随着时间的流逝不断增长。因此,采取控源截污、河道清淤、生态修复等工程措施会大大提高河道的自净能力,保障城区的水环境。据此,参考相关工程措施、文献资料和模型试算结果,可将氨氮的综合衰减系数设置为 0.05 d^{-1}。

11.5.3.5 模型计算结果及分析

1.典型断面浓度结果及分析

参考初始水质指标与地表水环境质量标准,可知除沱河和环城河引河外,其余河道的 NH_3-N 浓度均较高。因此,在环城河、运粮河、三八河、汇源大沟、三八沟、宿蒙大沟、铁路运河、龙河和老沱河这 9 条河中,分别选择河段中一个典型断面,对比其模型计算得到的浓度结果,各个典型断面在各河道中的里程分别为:环城河 1 200、运粮河 2 300、三八河 1 300、汇源大沟 900、三八沟 2 450、宿蒙大沟 1 900、铁路运河 4 600、龙河 1 850、老沱河 2 100。

图 11.5-9 所示为中水补水河道上的典型断面在活水循环 24 h 时间段内,氨氮浓度的变化过程。从图 11.5-9 中可以看出,三八沟和宿蒙大沟作为中水进入河道的第一位置,其水体置换速度较快,典型断面的浓度在 5 h 内便接近于中水出水标准浓度 1.5 mg/L,而三八河同样作为直接接纳中水水体的河道,其典型断面的浓度整体高于三八沟和宿蒙大沟,浓度降低速度也较慢,这是由三八河的初始浓度较高,河道整体的污染物总量较大造成的。另外,环城河、运粮河和龙河的氨氮浓度在活水循环 1 d 时间内,变化不大,环城河氨氮浓度甚至有上升的趋势。这是由于环城河、运粮河和龙河是引用中水进行活水循环的下游河道,水体置换到下游,需要一定时间;而活水循环的同时,也会有一定流量从上游传递到下游,因此上游的污水会渐渐置换到下游,所以在下游的断面,会在模拟前期出现一个水质指标浓度增高的过程。

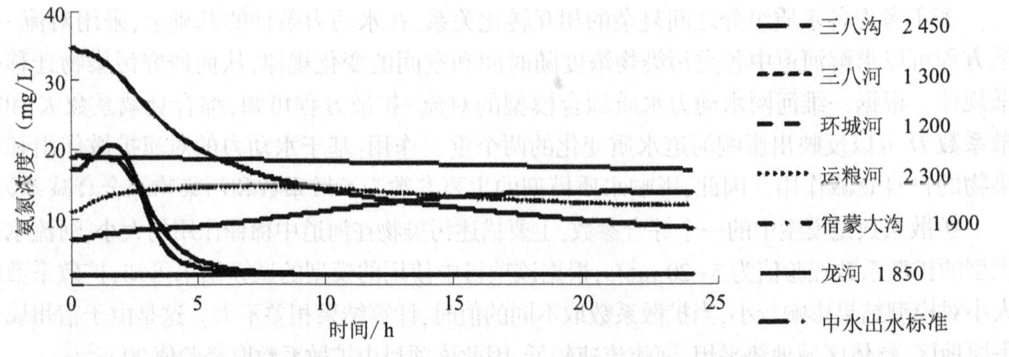

图 11.5-9 模拟计算 24 h 中水补水河道典型断面

图 11.5-10 所示为天然水补水河道上的典型断面在活水循环 24 h 时间段内，氨氮浓度的变化过程。与中水补水情况类似，汇源大沟作为直接接纳天然水的河道，其浓度很快降至地表Ⅴ类水标准 2 mg/L；而铁路运河和老沱河作为天然水活水循环的下游河道，其氨氮浓度在模拟开始 24 h 期间并未有明显下降。

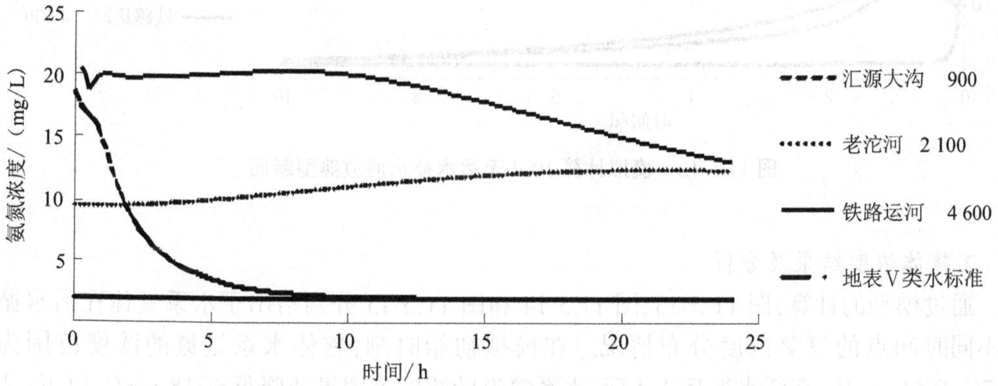

图 11.5-10　模拟计算 24 h 天然水补水河道典型断面

图 11.5-11 所示为中水补水河道上的典型断面在活水循环 10 d 时间段内，氨氮浓度的变化过程。从图 11.5-11 中可以明显看出，水质改善效果很好，除龙河外，其余几条河道在一周内典型断面浓度均达到中水出水标准 1.5 mg/L，龙河典型断面的浓度也在逐渐下降，由于其位于运粮河下游，因此水体置换时间较长。

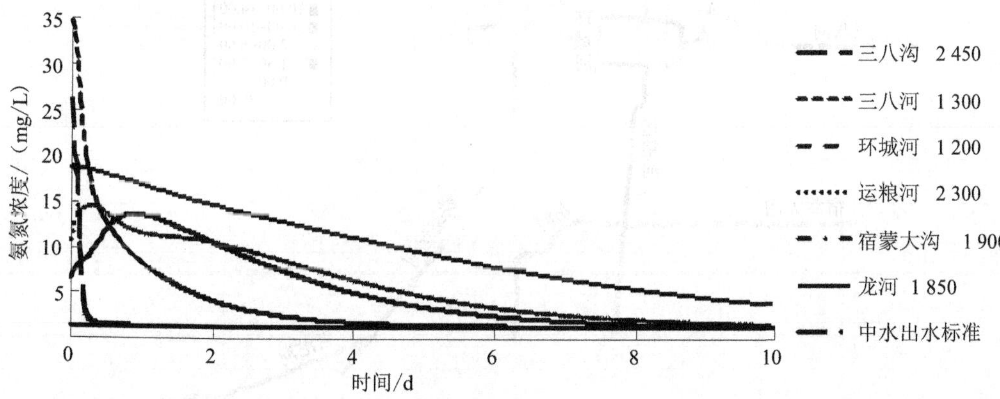

图 11.5-11　模拟计算 10 d 中水补水河道典型断面

图 11.5-12 所示为天然水补水河道上的典型断面在活水循环 10 d 时间段内氨氮浓度的变化过程。由图 11.5-12 可知，在活水循环 10 d 后，汇源大沟、老沱河、铁路运河的典型断面氨氮浓度均十分接近天然水氨氮浓度 2 mg/L，水质改善效果明显。

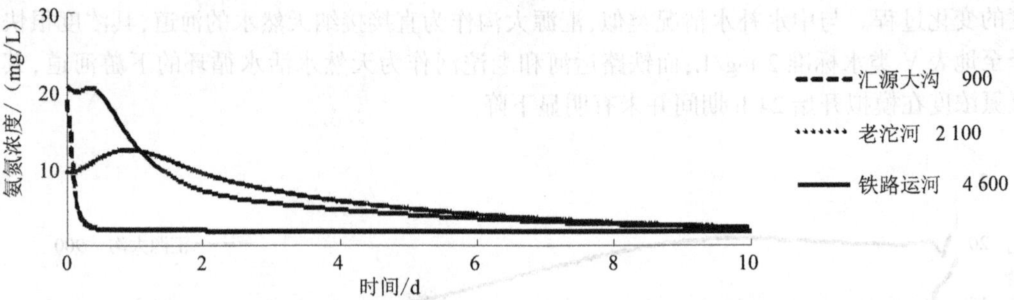

图 11.5-12 模拟计算 10 d 天然水补水河道典型断面

2.整体浓度结果及分析

通过模型的计算,图 11.5-13、图 11.5-14 和图 11.5-15 分别给出了水系整体在活水循环不同时间点的氨氮浓度分布情况。在模拟初始时刻,整体水系氨氮的浓度范围为 35.76~0.51 mg/L;在活水循环 1 d 后,水系氨氮的浓度范围迅速降低至 18 mg/L 以下;活水循环 2 周后,氨氮的浓度分布均低于 6 mg/L,大部分河段已达到了中水水质和天然水水质标准。

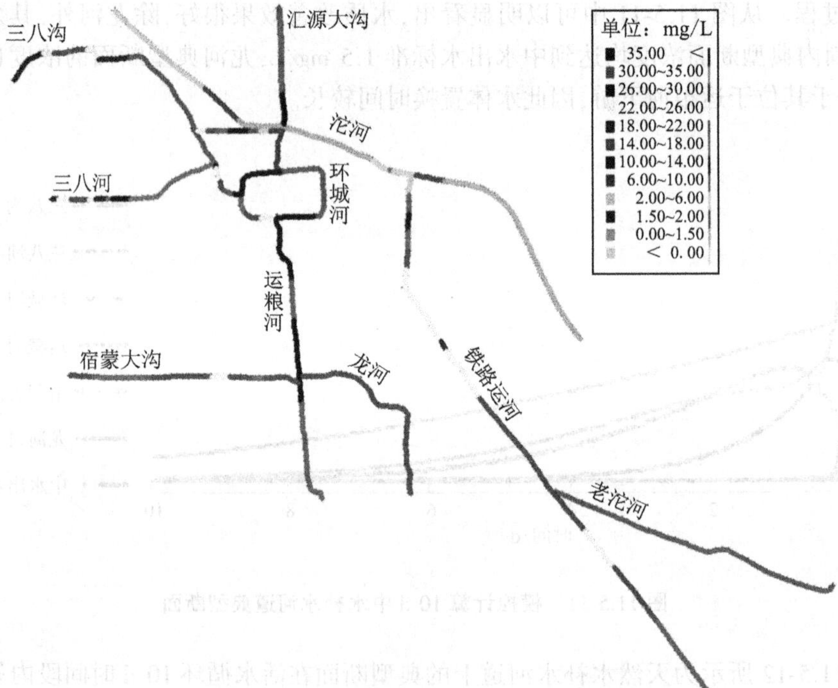

图 11.5-13 水系初始氨氮浓度分布

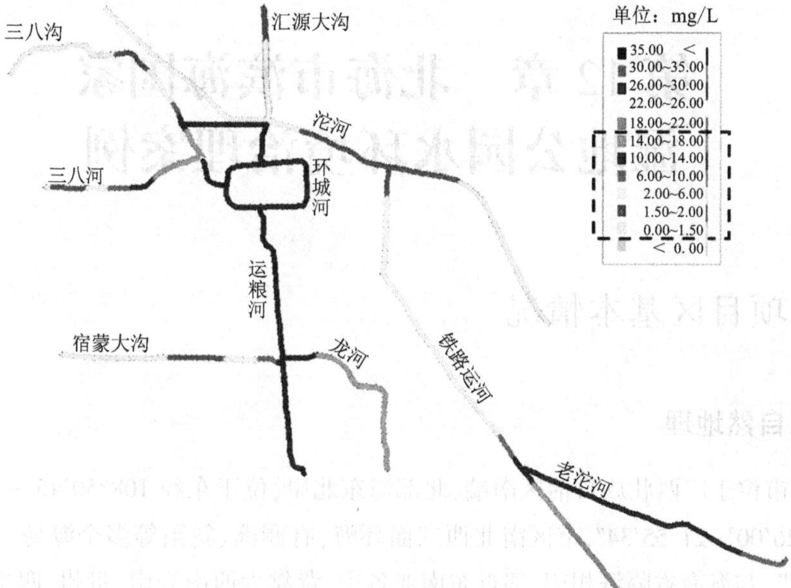

图 11.5-14　模拟计算 1 d 后水系氨氮浓度分布

图 11.5-15　模拟计算 2 周后水系氨氮浓度分布

第12章　北海市滨海国家湿地公园水环境治理案例

12.1　项目区基本情况

12.1.1　自然地理

北海市位于广西壮族自治区南端，北部湾东北岸，位于东经108°50′45″~109°47′28″、北纬20°26′00″~21°55′34″，市区南北西三面环海，有涠洲、斜阳等多个海岛。北海市“一城系三南”，与海南省隔海相望，邻近东南亚各国，背靠大西南云南、贵州、四川等省，处于大西南、海南及东南亚的中枢位置，西北距南宁206 km，东距湛江198 km，东南距海口市147海里❶，地理位置优越。北海市属广西壮族自治区管辖的地级市，行政区划为“三区一县”，分别包括海城区、银海区、铁山港区和合浦县，土地面积为3 337 km^2，其中市辖三区面积为957 km^2（含涠洲岛、斜阳岛等6座岛），合浦县面积为2 380 km^2。

12.1.2　流域概况

北海市陆域部分地势南北狭，东西长，总体北高南低，东北、西北为丘陵，南部为台地和平原，沿海多港湾，呈北部丘陵区向南部沿海过渡的格局，东北部为六万山余脉，从浦北、博白境内伸入北海市中部，最高峰五点梅海拔554 m，西北丘陵高程30~50 m。六万山余脉，将北海市地形分为北西、南东两部分，其中北西为合浦盆地，由南流江河间平原和南流江出海口三角洲组成，地表水系发育；南东部分称南康盆地，地下水含量丰富，地表水系不发育，溪流短小，属合浦水库灌区范围，灌渠较多。两侧盆地高程基本均在30 m以下。北海市中心城区位于南康盆地的西南。北海市境内水系属珠江流域桂南沿海诸河水系，辖区流域分为南流江流域和其他独流入海诸河流域。市域水系主要包括自然河流、水库和以湖海运河为首的人工引水渠道。

12.1.2.1　自然河流

北海市境内共有大小河流290多条，其中流域面积大于10 km^2的河流有87条，流域总面积13 471 km^2，河流干支流总长度1 813 km，河网平均密度为0.37 km/km^2。市域主要河流有南流江及其支流洪潮江、张黄江、武利江等和丹竹江、白沙河、南康江、福成河、三

❶　1海里=1 852 m。

合口江等独流入海河流。南流江是北海市境内最大河流，发源于北流市大容山，在北海境内主要流经北部合浦县，流域总面积 9 168 km^2，干流河长 283 km，其中北海市境内河长 100.4 km，境内流域面积 1 305.2 km^2，占北海市总面积的 41.4%，多年（1954—2007 年）平均流量 233 m^3/s，多年平均径流量为 73.48 亿 m^3。其他独流入海河流主要分布在北海市东南部，大部分流域面积较小，河流较短，流量较小。

12.1.2.2　水库

北海市已建成各类水库 39 座，其中大型水库 3 座，即小江水库、旺盛江—六湖水库和洪潮江水库，其中小江水库、旺盛江—六湖水库为大型联合应用水库（合称合浦水库）；中型水库 4 座，即清水江水库、石康水库、闸口水库和牛尾岭水库；小（1）、小（2）型水库 32 座，水库总库容 20.68 亿 m^3，总有效库容 9.20 亿 m^3，现状供水能力 14.08 亿 m^3。

12.1.2.3　引水渠道

北海市域内主要人工引水渠道为合浦灌区和洪潮江灌区两大主要灌区内的灌溉干支渠道，其中以合浦灌区的湖海运河最为重要，且与规划区的供水及水资源利用关系紧密。湖海运河是以合浦水库群旺盛江—六湖水库枢纽为起点，沿六万山分水岭由东北向西南流灌，流经十字路、斗鸡、高德至七星江排泄入海的人工渠道，将合浦灌区内的小江水库、旺盛江—六湖水库和闸口、石康、清水江、牛尾岭等 4 座中型水库、36 座小型水库及大量塘坝串联成庞大的长藤结瓜灌溉工程，以小江水库为龙头，相互补充余缺水量，成为广西沿海地区重要的农业、工业及城市供水水源。湖海运河是小江水库、旺盛江—六湖水库补充北海市主城区供水水源牛尾岭水库的主要输水渠道，沿途还有铁山港工业区东岭取水口和石康水厂十字取水口。

12.1.3　气象

北海市地处南亚低纬度，属南亚热带海洋性季风气候，冬无严寒，夏无酷暑，气候宜人，气温较高、光照充足、雨量充沛，是一座空气新鲜、阳光海水沐浴的滨海城市。

根据北海气象站资料统计，北海市多年平均气温 22.6 ℃，极端低温出现在 1 月、12 月，最低气温 2.0 ℃（1977 年 1 月 31 日；1975 年 12 月 14 日），极端高温出现在 8 月、9 月，最高气温 37.1 ℃（1936 年 9 月 6 日；1990 年 8 月 23 日），年平均降水量 1 716.2 mm，年平均相对湿度 81%，年平均日照时数 2 009 h，年平均太阳总辐射 111 千卡/cm^2，多年平均年蒸发量 1 777.8 mm，年平均无霜期 365 d。

由于北海市地处北部湾，受南太平洋气候影响较大，台风频繁，暴雨集中，大暴雨均由台风雨形成。多年平均风速为 3.1 m/s，多年平均最大风速为 18.97 m/s（阵风），最大阵风风速为 50 m/s（1954 年）。风向随季节变化，冬季多为北风，夏季多偏南风。主导风向为北风，频率为 27%，东南东～东南次之，为 19%。因市区无较大河流通过，市区三面环海，故每次台风经过伴随狂风、暴雨、暴潮、巨浪并发，成为北海市的最大自然灾害。北海站各气象特征值见表 12.1-1。

表 12.1-1　北海站气象特征值

项目		1月	2月	3月	4月	5月	6月	7月	8月	9月	10月	11月	12月	全年
降水量/mm		37.5	42.5	56.7	99.7	146.1	267.3	356.7	377.1	189.8	85.0	39.6	18.3	1 716.2
蒸发量/mm		102.8	85.8	105.0	134.3	191.9	178.7	190.5	169.4	176.7	175.6	144.1	123.2	1 777.8
气压/mb		1 017.8	1 015.9	1 012.9	1 009.5	1 005.8	1 002.7	1 002.2	1 002.4	1 006.7	1 011.9	1 016.0	1 018.0	1 010.2
湿度/%		79	84	86	85	82	83	83	85	81	78	75	74	81
气温/℃	平均	14.3	15.0	18.7	23.1	26.9	28.2	28.8	28.2	27.2	24.4	20.2	16.4	22.6
	极端最高	28.5	28.9	31.1	34.3	35.8	35.6	36.6	37.1	37.1	33.6	32.3	31.0	37.1
	极端最低	2.0	2.0	3.5	9.2	15.0	19.2	20.2	21.4	16.2	12.0	6.4	2.0	2.0
风向风速	最多风向	N	N	N	ESE	SE	S	S SSW	S C	N	N	N	N	N
	频率/%	40	41	27	17	16	13	14	9.16	18	28	38	37	22
	年平均风速/(m/s)	3.6	3.7	3.3	3.0	2.8	2.8	2.9	2.5	2.7	3.2	3.3	3.3	3.1
	10 min 最大风速/(m/s)	16.7	20.7	14.7	18.0	17.4	23.5	25.3	25.4	28.0	15.0	18.4	13.3	28.0

12.1.4　水文

12.1.4.1　水文

北海市属亚热带海洋性季风气候，降水充沛，降水量自北向南减少，合浦县降水量最多，多年平均降水量为 1 710 mm，涠洲岛最少，多年平均降水量为 1 383 mm，大陆降水量明显多于海岛。根据北海市气象局 1970—2000 年资料统计，北海市最大年降水量

2 700.6 mm，多年平均降水量为 1 703.0 mm，最大日降水量为 509.2 mm，最大小时降水量 117.8 mm，降水多集中于 4—9 月。大雨及暴雨四季均可发生，但一般多在 6—8 月，日降水量 50 mm 以上的大雨平均每年有 8.1 d，日降水量 100 mm 以上的暴雨，平均每年有 2.4 d，150 mm 以上的特大暴雨，平均每年发生有 1 天。

12.1.4.2　海水、潮位及波浪

1.表层海水温度

年平均水温 23.7 ℃，多年最高海水温度为 35.7 ℃，最低海水温度为 6.5 ℃。月平均最高气温出现在 7 月，平均温度为 30.2 ℃，月平均最低气温出现在 1 月，平均温度为15.5 ℃。

2.表层海水盐度

年平均盐度 28.02，累年日盐度最高可达 35.4。5—10 月为汛期，降水量和径流量都很大，盐度降低，各月平均盐度在 24.69~29.65，特别是 8 月为全年降水量和径流量最大的月份，因此盐度降至最低，平均为 24.89。

3.潮汐

北海港附近海域的潮波振动主要受北部湾传入的潮波所控制。根据潮汐性质，北海港附近海域的潮汐类型为正规全日潮，日分潮占主导地位。在半日潮期间，潮汐日不等现象显著，相邻两个高潮或低潮的潮高不等，其差值一般为 0.5~1.0 m；其涨潮历时与落潮历时也不等，差值一般为 1~2 h。根据相关资料，北海市北海站（深水港处）附近潮位值（黄海高程基准）：100 年一遇高潮位为 4.04 m，50 年一遇高潮位为 3.7 m，20 年一遇高潮位为 3.51 m。

4.波浪

根据多年统计资料，项目区海域风浪主要是西南、西南偏西和东北向，出现频率为 7.5%~10.9%，主要涌浪向为西南偏南，频率最高为 5.7%。项目区海域平均波高 0.3 m，最大波高 2 m。

12.1.4.3　地下水

项目区内地下水资源丰富，地下水类型大部分为松散岩类孔隙水。项目区所属的龙潭村水源地地下水天然补给量达到 15.35 万 m^3/d，可开采量达到 11.42 万 m^3/d。该区地下水为透明、无色、无味、无溴的低矿化度淡水，pH 小于 6.5，基本上符合饮用水卫生标准。灌溉系数大于 18，适宜灌溉。

12.1.4.4　泥沙

工程项目区主要位于冯家江、三江明渠和铁路北侧明渠东段。三江明渠和铁路北侧明渠东段位于北海市中心城区，为城市排水主河道，总长分别约 2.6 km 和 4.5 km，其中铁路北侧明渠东段河道两侧已经进行护砌。二者泥沙含量较少。另外，北海珠城河湖水系恢复连通工程连通引水水源来自合浦水库灌区总干渠，是通过小江水库、旺盛江—六湖水库沉淀后下放的清水，绝大部分泥沙已沉积在水库或者随着汛期洪水通过溢洪道排走，此次引水基本都是清水，泥沙较少。因此，鲤鱼地水库所有入流泥沙含量均较低，而通过鲤鱼地水库沉淀后，进入水库下游冯家江的水基本都是清水。

12.2　存在的问题

场地景观用水主要集中于绿地灌溉及场地清洗。绿地灌溉需水量大，但淡水资源缺乏,且运输成本较高,景观水源不足。

绿地灌溉需求大:北海市滨海国家湿地公园(冯家江流域)红线面积约 445.90 hm^2,其中绿地面积约 212 hm^2,约占总面积的 47.5%,根据用水定额,绿地年需水量较大,约 154.76 万 m^3。

降水量难以满足灌溉需水:北海市年均降水量 1 649.8 mm,时间分配不均,降水主要集中在 4—9 月,绿地上空雨水量远不能满足绿地灌溉需求。

淡水资源不足:冯家江为入海河流,南部河口与北部湾相连,河水受海水潮汐影响,大部分为咸淡水,无法用于地被及乔木的浇灌。绿地沿滨河而建,形状狭长,场地内淡水资源集中于北端鲤鱼地水库,距冯家江河口长约 8 km,水资源运输成本高。

12.3 生态需水量计算

12.3.1 生态需水量计算方法

河道生态需水量是维持河道健康的重要指标,是湿地公园、滨河公园景观建设的重要依据。根据《河湖生态环境需水计算规范》(SL/T 712—2021)、《河湖生态需水评估导则(试行)》(SL/Z 479—2010),河流控制断面的目标生态环境需水量,应按照保护目标对应的生态环境功能维持在正常水平的需水量要求,综合考虑河道内生产用水需求。此次研究按上述规范中提出的 Tennant 法与湿周法进行需水量计算。

12.3.1.1 Tennant 法

Tennant 法选取多年平均流量的百分数作为判别栖息地环境优劣和推荐生态基流量的标准,是一种综合体现方法。当河道流量占平均流量的 10%以下时,生态系统严重受损,不适合水生生物的生存,河槽宽度、水深及流速将显著减小,水生栖息地已经退化;河流底质或湿周将有近一半暴露,是支撑短期生存栖息地的最小瞬时流量;当河道流量增大到平均流量的 30%~60%时,湿润底质明显增加,水生生物数量增多,生态结构的稳定性也明显增强,河宽、水深和流速能基本满足水生生物生长繁育的需要;当流量大于平均流量的 60%时,认为是极为适合的生态径流量。表 12.3-1 是 Tennant 法生态径流量标准。

表 12.3-1 Tennant 法生态径流量标准

河流流量状况	平均流量百分比/%
最大	200
最佳范围	60~100
极好	40
非常好	30
好	20
中	10
差	<10

12.3.1.2 湿周法

湿周法是以湿周作为衡量栖息地质量的指标来估算河道内流量的最小值的。该法的基本假设是湿周和水生生物栖息地的有效性有直接的联系,保证好一定水生生物栖息地的湿周,就能满足水生生物正常生存的要求。

湿周法是常用的一种水力学方法。由水力学可知,通常湿周随着河流流量的增大而增加,然而当湿周超过某临界值后,即使河流流量的巨幅增加也只能导致湿周的微小变化,这种状态,在水位-流量关系上是一个突变点。就是说,在突变点以下每减少一个单位的流量,水面宽的损失将显著增加,河床特征将严重损失。因此,可将突变点处对应的流量作为最小生态流量。所以,从一定意义上说,为了保证河流的正常生态功能的实现,需要河流至少维持该临界点对应的流量值。

根据曼宁公式和谢才公式(假设河流为明渠恒定均匀流),可得湿周-流量关系为

$$Q=\frac{\sqrt{S}}{n}\frac{A^{\frac{5}{3}}}{P^{\frac{2}{3}}} \tag{12-1}$$

式中 Q——流量;

A——过水面积;

S——水力坡度;

P——湿周;

n——河道糙率。

因为式(12-1)过水断面面积 A 和湿周 P 存在函数关系,对于常见的矩形、梯形、三角形和抛物线形规则断面,河流断面的湿周-流量关系见表 12.3-2。

表 12.3-2 不同河流断面的湿周-流量关系

断面形状	湿周-流量关系	说明
矩形	$Q=\frac{\sqrt{S}}{3.17n}[(P-B)B]^{\frac{5}{3}}P^{-\frac{2}{3}}$	Q 为流量;S 为水面比降;n 为糙率;B 为宽度;P 为湿周
梯形	$Q=\frac{\sqrt{S}}{n}\left[\frac{b}{2}(P-b)\cos\theta+\frac{1}{8}(P-b)\sin2\theta\right]^{\frac{5}{3}}P^{-\frac{2}{3}}$	b 为河底宽度;其余同上
三角形	$Q=\frac{\sqrt{S}}{32n}(\sin\theta)^{\frac{5}{3}}P^{\frac{8}{3}}$	θ 为断面夹角;其余同上
抛物线形	$Q=\frac{\sqrt{S}}{n}(\frac{2}{3}B\sqrt{\frac{2B(P-B)}{8}})^{\frac{5}{3}}P^{-\frac{2}{3}}$	B 为河宽;其余同上

传统湿周法都采用目估法确定变化点,存在较大的主观性。根据目前国内外对湿周法的研究应用,可采用幂函数对湿周-流量关系进行拟合。幂函数的拟合形式如下:

$$P=cQ^{d} \tag{12-2}$$

式中 c、d——常数。

湿周-流量关系曲线变化点的确定可采用斜率为 1 法和曲率最大值法来确定,该项目采用曲率最大值法确定最小生态需水量 $Q_{\min,pc}$ 可表示为

$$Q_{\min,pc}=(\frac{1}{cd})^{\frac{1}{d-1}}(\frac{d-2}{2d-1})^{\frac{1}{2(d-1)}} \tag{12-3}$$

式中　c、d——常数。

12.3.2　三江明渠与铁路北明渠河道内生态需水量估算

三江明渠、铁路北明渠均在水库上游，为了排除水库回水对流量-湿周关系的影响，仅用 Tennant 法对三江明渠及铁路北侧明渠生态流量作分析。

根据北海市 1981—2010 年的实测降水统计资料，可得不同月份的平均降水量（见表 12.3-3）。北海市各月降水分布颇不均匀。降水主要集中在 5—9 月，占全年降水总量的 80%。

表 12.3-3　1981—2010 年月平均降水量　　单位：mm

月份	月均降水量	月份	月均降水量
1	33.9	7	394.8
2	41.5	8	395.3
3	59.0	9	215.5
4	77.8	10	79.6
5	131.9	11	38.3
6	285.4	12	22.2

参考《北海市排涝规划》，三江明渠与铁路北明渠排水分区如图 12.3-1 所示，按《室外排水设计标准》（GB 50014—2021），城区降水综合径流系数可选 0.65，点面折减系数取 1，进而可以得到三江明渠与铁路北明渠多年平均径流量（见表 12.3-4）。

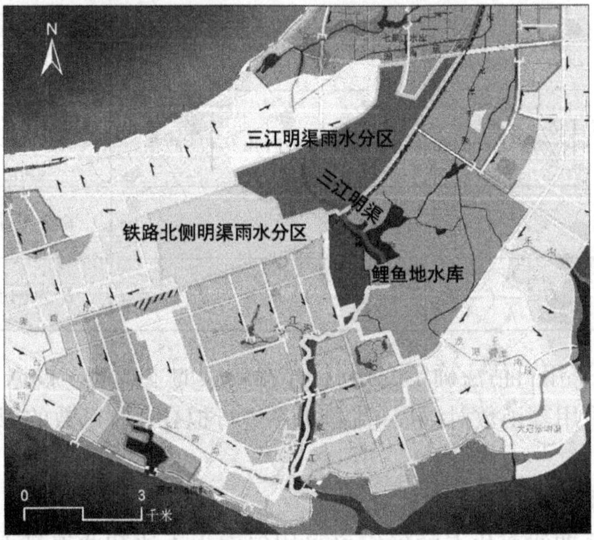

图 12.3-1　排水分区示意图

表 12.3-4　各排水分区年径流总量

排水分区名称	汇水面积/km^2	径流系数	年径流量/万 m^3
三江明渠	6.66	0.65	768.48
铁道北侧明渠	7.47	0.65	861.95
总计	14.13		1 630.43

根据《北海市珠城河湖水系恢复连通工程》规划内容，将以三江明渠为依托将湖海运河与冯家江连通。根据城市蓝线及水系专项规划，该区域有景观用水需求，且考虑到三江明渠及铁路北侧明渠的生态径流可作为鲤鱼地水库及下游冯家江的生态补水，宜取较大生态流量，以 Tennant 法中“最佳范围”对应 100%流量确定三江明渠和铁路北侧明渠生态流量为 0.24 m^3/s 与 0.27 m^3/s，对应年生态需水量为 768.48 万 m^3与 861.95 万 m^3。

按研究区月降水量最小的不利情况考虑补水需求，则三江明渠与铁路北侧明渠年需补水量分别为 379.61 万 m^3和 427.25 万 m^3，共计 806.86 万 m^3，需补水量成果见表 12.3-5、表 12.3-6。

表 12.3-5　三江明渠需补水量成果　　单位：m^3/s

项目	1 月	2 月	3 月	4 月	5 月	6 月	7 月	8 月	9 月	10 月	11 月	12 月
生态需水	0.24	0.24	0.24	0.24	0.24	0.24	0.24	0.24	0.24	0.24	0.24	0.24
月最枯流量	0	0	0.10	0.12	0.66	2.29	4.19	3.73	1.54	0.01	0	0
补水量	0.24	0.24	0.14	0.12	0	0	0	0	0	0.23	0.24	0.24

表 12.3-6　铁路北侧明渠需补水量成果　　单位：m^3/s

项目	1 月	2 月	3 月	4 月	5 月	6 月	7 月	8 月	9 月	10 月	11 月	12 月
生态需水	0.27	0.27	0.27	0.27	0.27	0.27	0.27	0.27	0.27	0.27	0.27	0.27
月最枯流量	0	0	0.11	0.13	0.74	2.57	4.70	4.19	1.73	0.01	0	0
补水量	0.27	0.27	0.16	0.14	0	0	0	0	0	0.26	0.27	0.27

12.3.3　冯家江河道内生态需水量估算

12.3.3.1　Tennant 法

冯家江河口集雨面积 68.5 km^2，多年平均天然来水量 5 284 万 m^3，折合流量 1.67 m^3/s；其中汛期 5—9 月多年平均来水量 739 m^3，折合流量 2.80 m^3/s，枯水期 10 月至次年 4 月多年平均来水量 227 m^3，折合流量 0.85 m^3/s。

冯家江以河口断面以上湿地生态保护为目标，河道内生态环境状况按 Tennant 法生态径流量“极好”标准对应流量百分比来考虑，即河道内生态需水量按多年平均径流量的 40%计，为 0.67 m^3/s。

12.3.3.2　湿周法

湿周法对断面的要求比较严格，在冯家江上选择断面时，遵循以下原则：①断面冲淤变化不大,且断面尽量为单一断面。②断面具有代表性。流域水文控制断面的选取能够代表所在河道的平均特征,较好地反映冯家江河床底质组成、断面过水特征、河道断面类型、河道弯曲、河流水沙特征等诸多要素。

考虑到冯家江河口区域岸线形态受海水上溯影响较大,根据断面实测资料,选取上游断面处(鲤鱼地水库下游 400 m 处),该断面处为宽浅形河槽,断面区段河势稳定,代表性较好,符合湿周法计算要求。断面示意图见图 12.3-2。

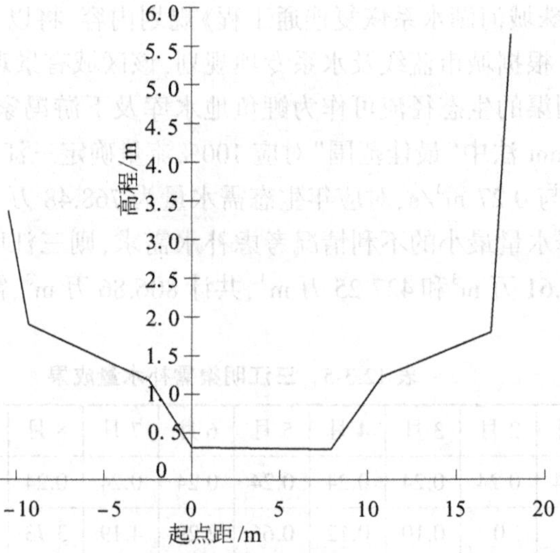

图 12.3-2　断面示意图

所选取的冯家江天然河床断面为近似梯形的不规则断面形式,无法直接确定流量与湿周的直接关系。借助曼宁公式进行试算,并点绘出冯家江断面湿周-流量关系,并用最小二乘法确定幂函数 $y=9.977\ 6x^{0.109\ 1}$,然后对湿周-流量关系进行拟合,如图 12.3-3 所示。计算得鲤鱼地水库下游冯家江最小生态需水量为 0.75 m^3/s。

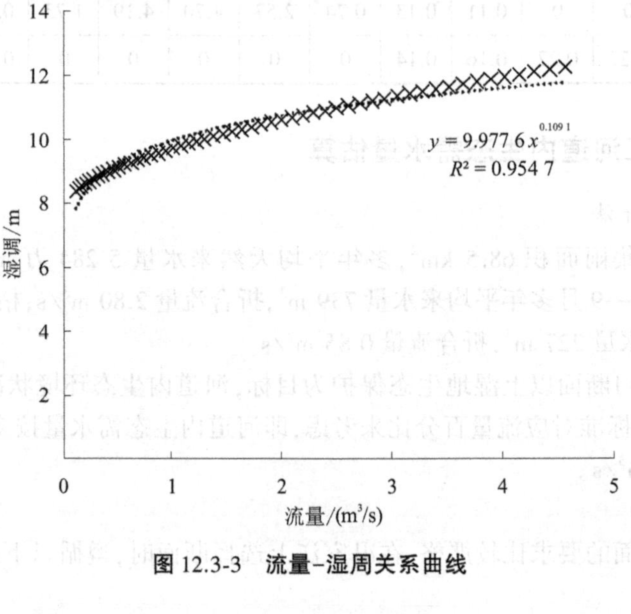

图 12.3-3　流量-湿周关系曲线

12.3.3.3　小结

湿周法幂函数拟合计算的冯家江最小生态需水量(0.75 m^3/s)占多年平均流量(1.65 m^3/s)的 45%,参照 Tennant 法生态径流量标准,结果满足保护水生栖息地的“极好”标准。综合考虑,冯家江生态流量取 0.75 m^3/s,年生态需水量 2 365.2 万 m^3。根据《鲤鱼地水库溢洪道泄流曲线表》(见表 12.3-7),当水库坝前水位高于 6.08 m 时,泄流量即可满足冯家江生态流量。

表 12.3-7　鲤鱼地水库溢洪道泄流曲线(85 高程)

库水位/m	6.06	6.56	7.06	7.56	8.06	8.56	9.06	9.56	10.06	10.56	11.06
下泄流量/(m^3/s)	0	13.4	38	69	105.3	146.3	191	239	290	344	399

按冯家江最枯月来水的不利情况考虑补水需求,则冯家江年需补水量为 1 467.0 万 m^3,需补水量成果见表 12.3-8。

表 12.3-8　冯家江需补水量成果　　单位:m^3/s

项目	1月	2月	3月	4月	5月	6月	7月	8月	9月	10月	11月	12月
生态需水量	0.75	0.75	0.75	0.75	0.75	0.75	0.75	0.75	0.75	0.75	0.75	0.75
月最枯流量	0.19	0.12	0.05	0.09	0.38	0.4	1.01	1.11	0.12	0.09	0.21	0.19
需引水流量	0.56	0.63	0.7	0.66	0.37	0.35	0	0	0.63	0.66	0.54	0.56

12.4　补水工程设计方案

12.4.1　区域水量平衡计算

根据现场调查分析及北海市水资源规划资料,结合生态需水量计算成果,对研究区的水量平衡进行分析。

12.4.2　需水量计算

12.4.2.1　蒸发量计算

根据北海市统计的 1952—2010 年月均蒸发量,结合三江明渠、铁路北侧明渠、鲤鱼地水库及冯家江河道的总面积(0.89 km^2),可以计算出相应的研究区月均蒸发量,结果见表 12.4-1。由表 12.4-1 可知,研究区内蒸发量年内变化较大,4—7 月蒸发量最大,12 月的蒸发量最小,年均蒸发量 1 062.9 mm,年均蒸发损失水量达 94.63 万 m^3。

表 12.4-1 月均蒸发量

月份	月均蒸发/mm	蒸发损失量/万 m^3	月份	月均蒸发/mm	蒸发损失量/万 m^3
1	54.6	4.86	7	110.7	9.85
2	67.2	5.98	8	99.4	8.85
3	98.5	8.77	9	92.4	8.22
4	121.1	10.78	10	76.2	6.78
5	123.2	10.96	11	60.3	5.37
6	112.7	10.03	12	47.0	4.18
			合计	1 062.9	94.63

12.4.2.2 河道内生态需水

三江明渠、铁路北侧明渠与冯家江生态需水量分别为 761.48 万 m^3，861.95 万 m^3 与2 365.2 万 m^3。

因三江明渠与铁路北侧明渠位于冯家江上游，其生态补水量可通过鲤鱼地水库泄入冯家江继续作为下游冯家江生态补水，故 3 条河道在生态需水量上有重叠的部分，在水量平衡计算时应对重叠部分水量进行扣除，即取冯家江生态需水量作为区域生态需水量(2 365.2 万 m^3)。

12.4.2.3 河道外灌溉需水

鲤鱼地水库是一座以灌溉为主，兼顾防洪、城市排涝、休闲旅游等综合利用的小(1)型水库。鲤鱼地水库是鲤鱼地水库灌片的主要水源，鲤鱼地水库原设计灌溉面积 2 000 亩。根据《北海市鲤鱼地水库调度规程》(2015 年)设计，确定鲤鱼地水库现状年(2015—2020 年)的有效灌溉面积为 945 亩。

根据鲤鱼地水库灌溉调度方式，结合《节水灌溉技术规范》(SL 207—1998)，查得农田灌溉水利用系数为 0.903，求得灌溉需水量为 57.80 万 m^3，并参考水库上游马栏河流域灌片月灌溉需水过程计算鲤鱼地水库各月需水量(见表 12.4-2)。

表 12.4-2 鲤鱼地水库灌溉需水量 单位：万 m^3

月份	灌溉净需水量	灌溉毛需水量	月份	灌溉净需水量	灌溉毛需水量
1	0	0	7	5.88	6.52
2	0	0	8	3.86	4.28
3	4.87	5.40	9	7.90	8.75
4	5.26	5.82	10	7.45	8.25
5	8.57	9.49	11	2.79	3.08
6	5.15	5.71	12	0.45	0.50
			合计	52.18	57.80

12.4.3　水量平衡分析

综上分析可知，研究区年内需水总量 2 517.67 万 m^3，其中包括蒸发量 94.63 万 m^3、生态需水量 2 365.2 万 m^3 和河道外灌溉水量 57.84 万 m^3。

12.4.3.1　天然汇水情形鲤鱼地水库径流分析

鲤鱼地水库坝址天然集雨面积 38.9 km^2。根据北海气象站 1956—2013 年历年降水资料，经频率分析得到频率 $P=95\%$ 干旱年降水量为 1 112.5 mm。结合《广西水文图集》综合分析成果，降水径流系数取 0.55，由降水径流系数法求得 $P=95\%$ 干旱年鲤鱼地水库坝址断面以上年径流量为 2 380.32 万 m^3。选取代表年，采用同倍比放大法得到 $P=95\%$ 设计年来水过程（见表 12.4-3）。

表 12.4-3　$P=95\%$ 干旱年鲤鱼地水库坝址来水过程

月份	径流量/万 m^3	流量/(m^3/s)	月份	径流量/万 m^3	流量/(m^3/s)
1	37.31	0.14	7	1 016.12	3.92
2	46.17	0.18	8	362.85	1.40
3	48.16	0.19	9	281.20	1.08
4	89.67	0.35	10	54.15	0.21
5	131.81	0.51	11	32.00	0.12
6	243.16	0.94	12	37.72	0.15
			合计	2 380.32	

12.4.3.2　设计规划排水情形鲤鱼地水库径流分析

鲤鱼地水库主要汇集铁路北侧明渠、三江明渠及马栏河来水，天然状态下 3 条河道的汇水面积分别为 7.47 km^2、6.66 km^2 及 24.77 km^2。根据《北海市城市排水(雨水)防涝综合规划(2013—2030)》中管网设置及排水分区规划，铁路北明渠与三江明渠（入鲤鱼地水库）排水分区面积分别为 6.63 km^2 与 10.08 km^2。马栏河受规划影响较小，可认为汇水面积不变。则设计规划排水情形下，鲤鱼地集雨面积为 41.48 km^2。按《室外排水设计标准》(GB 50014—2021)，城区（铁路北侧明渠及三江明渠排水分区）降水综合径流系数可选 0.65，并结合《广西水文图集》综合分析成果，马栏河流域降水径流系数取 0.55（见表 12.4-4）。

表 12.4-4　鲤鱼地水库上游汇水面积及降水径流系数选取

项目	汇水面积/km^2		降水径流系数	
	天然情形	设计规划情形	天然情形	设计规划情形
三江明渠	6.66	10.08	0.55	0.65
铁路北侧明渠	7.47	6.63	0.55	0.65
马栏河	24.77	24.77	0.55	0.55
总计	38.9	41.48	—	—

由降水径流系数法求得 $P=95\%$ 干旱年鲤鱼地水库坝址断面以上年径流量为 2 723.99 万 m^3,$P=95\%$设计年来水过程见表 12.4-5。

表 12.4-5　设计规划排水情形下 $P=95\%$ 干旱年鲤鱼地水库坝址来水过程

月份	径流量/万 m^3	流量/(m^3/s)	月份	径流量/万 m^3	流量/(m^3/s)
1	42.69	0.14	7	1 162.84	3.92
2	52.84	0.18	8	415.25	1.40
3	55.11	0.19	9	321.80	1.08
4	102.61	0.35	10	61.96	0.21
5	150.84	0.51	11	36.62	0.12
6	278.27	0.94	12	43.16	0.15
			合计	2 723.99	

12.4.3.3　项目区需补水量分析

根据北海市具体水文气象条件,汛期(5—9 月)冯家江水量充沛,不需要补水,仅对枯水期(10 月至翌年 4 月)进行水量平衡分析。项目区枯水期需水 1 449.47 万 m^3(其中包括蒸发 23.05 万 m^3、河道外灌溉 46.72 万 m^3及生态需水 1 379.7 万 m^3)。

天然汇水情形下,考虑 $P=95\%$干旱年的不利情况,枯水期鲤鱼地水库来水 345.16 万 m^3,项目区枯水期需补水 1 104.31 万 m^3,合计日需补水量 5.26 万 m^3/d。

设计规划排水情形下,考虑 $P=95\%$干旱年的不利情况,枯水期鲤鱼地水库来水 395.0 万 m^3,项目区枯水期需补水 1 054.46 万 m^3,合计日需补水量 5.02 万 m^3/d。

项目区冯家江来水与需水过程示意图如图 12.4-1 所示。

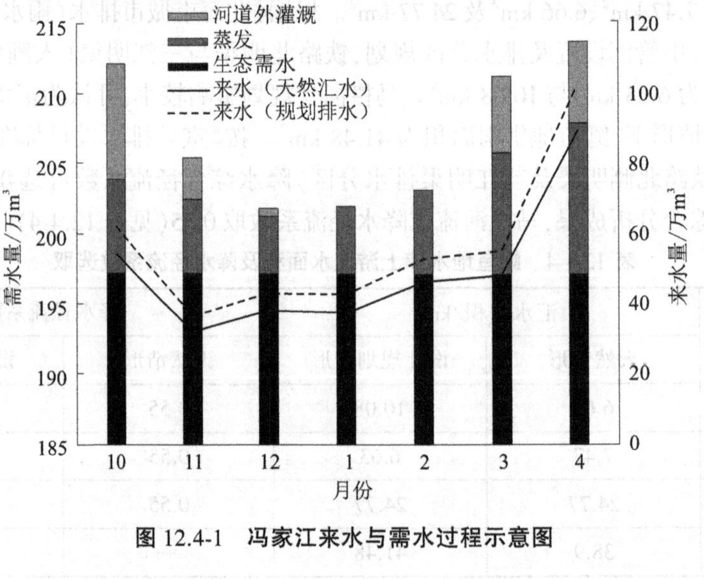

图 12.4-1　冯家江来水与需水过程示意图

12.4.4　水源分析

通过以上分析，为满足项目区生态需水量的要求，在天然汇水情形与设计规划排水情形下分别需要 1 104.31 万 m^3 与 1 054.46 万 m^3 的补水，因此本节对冯家江和鲤鱼地水库补水的水源进行分析。

12.4.4.1　再生水（大冠沙再生水厂）

经过深度处理后的再生水是优质的补水资源，在对水环境日益重视的今天更是如此，因此在广西北海市珠城河湖水系恢复连通工程完工前，生态补水首先应考虑再生水资源。目前根据《北海市城市总体规划》，大冠沙污水处理厂位于洛水大道和金海岸大道交汇处以北，规划至 2020 年设计规模为 5.5 万 m^3/d，远期汇集铁路以南，广东路以东区域污水，服务范围 33.3 km^2，近期汇集规划中的冯家江新城区和银滩东区两大区域污水，集中核心区域为银滩东区内的大学园区与行政区，面积约为 5.33 km^2。大冠沙再生水厂距离鲤鱼地水库较近，再生水可作为项目区枯水时期补水的主要水源。但目前汇水范围内发展情况与规划略有不同，实际汇水量不足，每天仅有几百吨进水，无法满足补水量要求，因此本项目可通过截污、调水等手段保证大冠沙污水厂及再生水厂的处理规模及生态补水量的要求。

依据前述计算结果，在流域天然汇水情形下，项目区枯水期日需补水量 5.26 万 m^3/d，在北海市设计规划排水情形下，项目区枯水期日需补水量为 5.02 万 m^3/d。

假设大冠沙污水处理厂能达到规划近期处理规模 5.5 万 m^3/d，则中水可以满足区域补水需求。因来水量年内变化较大，在个别枯水月份仍会遇到需水不能满足的情况，可依靠鲤鱼地水库前期蓄水或动用备用水源进行补水。

冯家江生态环境功能水量平衡计算成果见表 12.4-6。冯家江水量平衡示意图（中水补水）见图 12.4-2。

表 12.4-6　冯家江生态环境功能水量平衡计算成果　　单位：万 m^3

月份	来水	河道外灌溉	蒸发	生态需水	需补水量	中水
10	54.15	8.25	6.78	197.10	157.98	165.00
11	32.00	3.08	5.37	197.10	173.55*	165.00
12	37.72	0.50	4.18	197.10	164.06	165.00
1	37.31	0	4.86	197.10	164.65	165.00
2	46.17	0	5.98	197.10	156.91	165.00
3	48.16	5.40	8.77	197.10	163.11	165.00
4	89.67	5.82	10.78	197.10	124.03	165.00
总计	345.18	23.05	46.72	1 379.70	1 104.29	1 155.00

注：* 表示当月来水过少，需补水量不能仅靠中水满足。

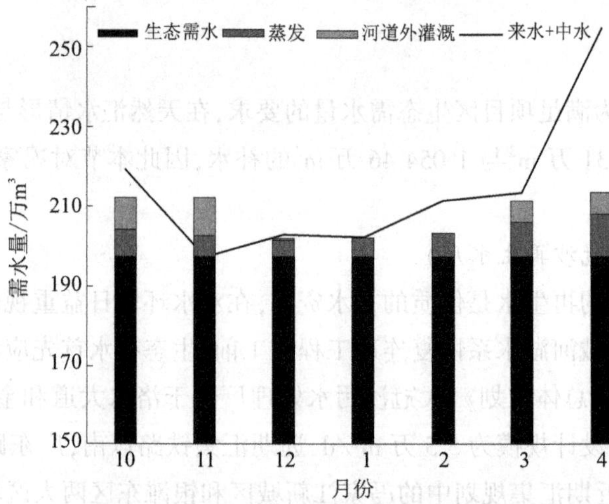

图 12.4-2　冯家江水量平衡示意图(中水补水)

依据水量平衡计算结果及区域水源现状条件,建议在广西北海市珠城河湖水系恢复连通工程完工前,采用大冠沙再生水厂出水作为项目区主要补水水源。

12.4.4.2　调配水

根据《广西北海市珠城河湖水系恢复连通工程》初步设计成果,拟以三江明渠、马栏河为依托,将湖海运河与冯家江连通,恢复、新建或改造部分现有河道、渠道,引湖海运河水入三江明渠、马栏河及冯家江鲤鱼地水库,形成北海市主城区环城水系,并建设一些必要的水生态修复与保护、水景观措施,改善水域水生态环境,提升城市水景观,兼顾解决有关城区的排涝问题。项目规划向马栏河和三江明渠多年平均调水 2 122 万 m^3,但这 2 122 万 m^3 的水量如何分配尚未明确规划,并且项目完工时间尚未确定。

12.4.4.3　小结

结合项目中再生水厂规划与《广西北海市珠城河湖水系恢复连通工程规划》,确定项目区可用补水水源为调配水及再生水。

近期考虑水量要求,考虑到湖海运河与冯家江地理位置相距较近,且同属雨源型河流,很大程度上存在丰枯同频,枯水季节并不利于调水,因此选择采用大冠沙再生水厂出水作为项目区主要补水水源,在水量上可满足补水要求。

远期考虑水质要求,根据河湖连通工程规划,调配水水源经综合治理可达Ⅲ类水标准,水质优于再生水,可以调配水为主要补水水源,大冠沙再生水作相应补充。

12.4.5　水源补给工程

首先,借助雨水坑塘(水产养殖塘生态化改造)优势,以冯家江两侧堤外坑塘作为雨水收集设施。以 500 m 为灌溉半径,就近设置取水点,为周边绿地及广场提供灌溉清洁水源,降低运输成本。其次,以再生水厂尾水作为补充水源。远期河湖连通工程完成且上游水质水量达标(达到或优于地表Ⅲ类水标准)及入库要求后,以上游来水为主要水源,完成水源稳定及水质提升的综合目标。

第 13 章　合肥市西南部城市活水案例

13.1　项目区基本情况

13.1.1　自然地理

合肥市是安徽省的省会城市，是全省政治、经济、文化、信息、金融和交通中心，也是全国重要的科研教育基地。合肥市位于安徽省中部，地理位置介于东经 116°40′~117°52′、北纬 31°30′~32°32′，东与滁州市、马鞍山市、芜湖市毗邻，南与安庆市、铜陵市相连，西与六安市交界，北与淮南市接壤。

合肥市地处江淮丘陵地带，境内具有丘陵岗地、低山残丘、河湖低洼平原 3 种地貌，以丘陵岗地为最大地貌单元。

合肥城市地形基本为岗冲起伏的丘陵，地势总体西北高、东南低。地形坡度 2%~3%，海拔多在 50 m 以下，城市建成区高程为 12~45 m，少数沿河洼地高程为 10~12 m。巢湖沿岸及南淝河、派河、丰乐河、杭埠河等河流下游两侧为冲积平原，地势平坦，地面高程 7~15 m，是洪水灾害易发地区。淮河流域瓦埠湖、高塘湖沿岸为近代沉积所形成的沿淮湖滩，滩地平原地面高程 20 m 左右，河湖低洼平原面积为 501.44 km^2，占全市陆地面积 7.8%。合肥市地形地貌图见图 13.1-1。

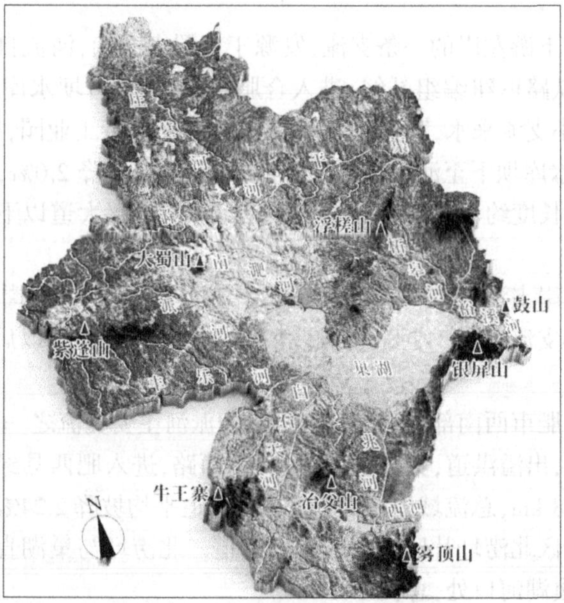

图 13.1-1　合肥市地形地貌图

13.1.2 流域概况

工程所在区域主要河湖为巢湖，以及其支流南淝河、派河、十五里河、塘西河等。

13.1.2.1 河流

南淝河是巢湖的一大支流，发源于大潜山余脉南部，有南、北两源，两源头均在肥西县境内，左岸支流有四里河、板桥河、二十埠河、店埠河、沙河等5条，右岸有关镇河1条；董铺、大房郢两座水库分别位于南淝河主源和其支流四里河上，水库坝址控制流域面积分别为207.5 km^2 和184 km^2。

派河发源于肥西县中部周公山下，西北东南走向，在三官庙下形成主河道，其左岸支流有孙老堰河、岳小河、斑鸠堰河、祁小河、王建沟，右岸支流有梳头河、五老堰河、卞小河、潭冲河、光明大堰河，以及派河左岸城市小流域、牛角大圩和派河下游右岸圩区。

十五里河源于合肥市大蜀山东南麓，自西北流向东南，上游建有人工湖泊天鹅湖，穿过蜀山区和包河区于上张圩农场处入巢湖，流域面积111.25 km^2。自天鹅湖以下干流河道全长22.54 km。十五里河原属南淝河右岸支流，河口在马家渡入南淝河，1957年修建兴集排灌站时，改道直下巢湖，成为巢湖的一级支流，是合肥市西南部的主要行洪通道之一。

许小河为十五里河的支流，是排涝河道，同时具有景观水系功能。许小河发源于合肥市市区南部望江东路，自西北流向东南，在黄河路以下入十五里河，主河道全长8.2 km，流域面积24.8 km^2。许小河上游段（繁华大道以上段）两侧用地已全部开发利用，现状明河已被城市暗涵代替，下游段仍为明渠。

徐河为巢湖的一级支流，位于合肥市滨湖新区南宁路两侧，西起金斗公园（上游为管涵），东至环湖北路。流域面积约17 km^2，河道全长约2.7 km。徐河原为人工开挖的农田排涝沟渠，随着滨湖新区的发展，转变为区域排水主通道，是滨湖新区集景观、排涝于一体的重要水体。

王建沟是派河中下游左岸的一条支流，发源于大蜀山东南，河流自北向南，经肥西县柏堰科技园，穿合肥西铁路枢纽编组站线，进入合肥经开区，入古埂水库（今翡翠湖），出流后穿金寨南路，左纳两小支流来水，穿方兴大道，再进入合肥新港工业园，在巢湖处入派河。王建沟主河道（翡翠湖水库坝下至河口）长6.5 km，河道平均坡降2.0‰，流域面积32.6 km^2。方兴大道以上段明渠长度约1.9 km，暗涵长度约2.4 km；方兴大道以下均为明渠，明渠长度约2.2 km。

岳小河为派河左岸支流，源于小蜀山东北，南流经侯店，至烧脉岗泗洲村入苦驴河（派河上游），中纳王嘴小支流，全长17 km，河底高程13~17.5 m，汇合以后流域面积76.6 km^2，底宽30~40 m。

斑鸠堰河位于合肥市西南部，属于巢湖流域，为派河主要支流之一，位于派河左岸，属于柏堰湾水库坝下河道，出溢洪道，穿过长江西路、宁西路，进入肥西县经开区，至三官庙最终流入派河，河道长6.48 km，总流域面积28.34 km^2，河道平均坡降2.24‰。

北涝圩是滨湖新区北涝圩片区主要的排水通道。北涝圩与巢湖直接相连，西起沪蓉高速雨水箱涵，东至入巢湖河口处，总长6.05 km。

塘西河为巢湖一级支流，由西北向东南流经合肥市经济技术开发区和滨湖新区，在义城镇附近汇入巢湖。塘西河流域面积约 50.0 km^2，河道全长 11.53 km。塘西河除具有行洪、蓄水、生态等功能外，还兼顾滨水景观建设。塘西河近些年通过下游建闸挡洪、中游疏浚河道、排泄洪水及上游疏通水系、生态补水等组合治理措施，通过控制节点水位，构建了全线平地束水、纵向低堰跌水、横向水岸相映的动态滨水空间和生态湿地廊道景观。

13.1.2.2　湿地

十五里河湿地位于十五里河紫云路-环湖北路河段，总长约 2.8 km，恢复湿地挺水植物面积 54 亩、沉水植物面积 197 亩、鸟类栖息地 10.7 亩。十五里河湿地的主要功能为十五里河入巢湖的生态屏障，削减河道入湖污染物。

塘西河湿地公园位于塘西河河内，于 2015 年建成，占地面积为 260 万 m^2，水生植物设计面积约为 28.7 万 m^2。

13.1.2.3　湖泊

1.巢湖

巢湖亦称焦湖，古称居巢湖，是中国五大淡水湖之一，由中生代三叠纪地层断裂褶皱成湖，距今约一万年。巢湖是长江中下游调蓄洪水的重要湖泊之一。目前巢湖东西长 54.5 km，南北宽 21 km；岸线总长 176 km，其中沿湖圩区堤防长 84 km，高坡岗地 91 km。1962 年，巢湖闸建成后，巢湖蓄水位一般控制在 7.5～8.0 m，近年有逐步抬高趋势，蓄水位常为 8.5～9.0 m。巢湖流域总面积 13 486 km^2，其中巢湖闸以上流域面积 9 153 km^2。巢湖湖面面积 780 km^2，正常蓄水位 8.0 m 左右；巢湖现状通过裕溪闸、凤凰颈站与长江连通。

2.天鹅湖

天鹅湖地处合肥蜀山区政务文化新区核心，北纬 31°48′56″、东经 117°13′13″。天鹅湖湖面呈天鹅形，周长约 3.5 km，总占地面积 136 hm^2，水面约 70 hm^2，水深 3.5 m，容积 231 万 m^3，流域面积 11.6 km^2。天鹅湖是合肥市区重要的湖泊水体，在净化水质、提供水生动植物及鸟类栖息地、维护生物多样性、改善区域环境等多方面发挥着重要的作用。

根据合肥市市政设计院 2003 年 1 月编制的《合肥市政务文化新区——天鹅湖流域水文报告》，天鹅湖设计标准为 20 年一遇，相应设计洪水位为 30.5 m，校核标准为 100 年一遇，相应设计洪水位为 31.46 m，总库容 231 万 m^3。挡水坝位于潜山路以东约 100 m 与祁门路以北约 100 m 交叉处，坝轴线为直线，坝身走向为东北向，坝型为埋石混凝土坝，全坝段溢流，堰顶高程 30.50 m，坝长为 60 m，坝顶宽 3 m，上游坝坡 1∶0.6，下游为 9 个台阶跌水。挡水坝以西约 100 m 处为潜山路。潜山路为政务新区南北方向的一条主干道，全长约 900 m，其中穿越天鹅湖段长约 30 m。为天鹅湖泄洪要求，在潜山路下做穿路箱涵，共 4 孔，每孔净宽 5.6 m，净高 1.2 m，进口涵底高程 28.00 m。

3.翡翠湖

翡翠湖原名古埂水库，位于派河支流王建沟上游，合肥经济技术开发区西南翡翠湖公园内，属于公园内部景观水体，同时湖体兼具流域内防洪调蓄功能。湖体东连合肥工业大学，西邻安徽大学，南依翡翠路，北靠磬苑，占地面积 1.35 km^2，其中湖面 0.66 km^2。根据《合肥经济技术开发区翡翠湖水库除险加固工程初步设计》（2016 年 10 月），翡翠湖正常蓄水位 26.0 m，溢洪道底宽 20 m，设计洪水位 27.20 m，校核洪水位 27.80 m。水库总库容为 261 万 m^3，兴利库容为 116 万 m^3。

4.南艳湖

南艳湖位于合肥经开区东部，属塘西河上游湖泊，长约4.5 km，宽约1.2 km，流域总面积5.42 km^2，北抵206国道，南至大坝，东以烟墩路为界，西以黄岗头分水。流域的地形呈北高南低走势，流域内大部分为合肥经开区用地，道路、工厂、社区等市政设施用地占流域总面积的65.5%。南艳湖周边都已是建成区，公园内部主要以绿化景观为主。

南艳湖死水位22.0 m，正常蓄水位26.4 m(兴利库容132.2万 m^3)，设计洪水标准为50年一遇，相应设计洪水位为27.1 m，校核洪水标准为500年一遇，相应校核洪水位为27.5 m，总库容215万 m^3。水库坝长870 m，最大坝高7.9 m，坝顶高程28.4 m，坝顶宽度35 m，上游坝坡1:3.5，下游坝坡为绿化带，宽105 m，坝脚为锦绣大道，宽60 m，大道路面高程为23.3 m，最大坝高处坝底宽度222.55 m。正常泄洪设施为3孔×5 m，堰顶高程26.4 m，高1.2 m封闭式溢洪道。非常溢洪道3孔×5 m，堰顶高程28.4 m。放水底涵涵底高程为20.5 m，直径1 500 mm。

5.蜀西湖

蜀西湖，又名王嘴水库，位于合肥市蜀山区南岗镇东南部，原属蜀山区，现已划入合肥市高新区境内，是淠史杭大蜀山分干渠灌区重要的反调节水库。水库属长江流域巢湖水系派河支流，水库集水面积6.71 km^2。蜀西湖位于合肥市国家科技创新新型试点示范区内，原设计功能包含防洪、灌溉、供水、养殖等。随着水库周边区域的开发建设，水库功能已逐步改变为城市防洪、生态景观。

水库正常蓄水位为37.7 m，湖泊面积为0.51 km^2，设计标准为50年一遇，设计洪水位38.85 m，校核标准为500年一遇，校核洪水位是39.49 m。水库总库容为277.0万 m^3，调洪库容137.0万 m^3，兴利库容124万 m^3，死库容15.4万 m^3。水库于2012年10月完成除险加固改造。

6.柏堰湾

柏堰湾水库位于安徽省合肥市西南部，肥西县桃花镇西北部柏堰村境内，属长江流域派河水系，是一座兼有防洪、景观、生态等多种功能的小(1)型水利枢纽工程。水库于1957年11月开始建设，1958年4月基本建成蓄水发挥效益，水库集水面积达到11.5 km^2，总库容480.0万 m^3，防洪库容222.0万 m^3，兴利库容210.0万 m^3，死库容48.0万 m^3。工程区域水系示意图见图13.1-2。

13.1.3 水资源

13.1.3.1 地表水

1.合肥市

2021年，合肥市水资源总量51.06亿 m^3。其中，地表水资源量48.86亿 m^3，折合年径流深426.9 mm，比2020年偏少44.1%；比多年平均值偏多34.1%。

与2020年相比，各行政分区地表水资源量均偏少，降幅在27.7%~60.2%。与多年平均值相比，各行政分区地表水资源量均偏多，增幅在6.5%~56.6%。

2021年行政分区年径流深与2020年及多年平均值比较见表13.1-1。

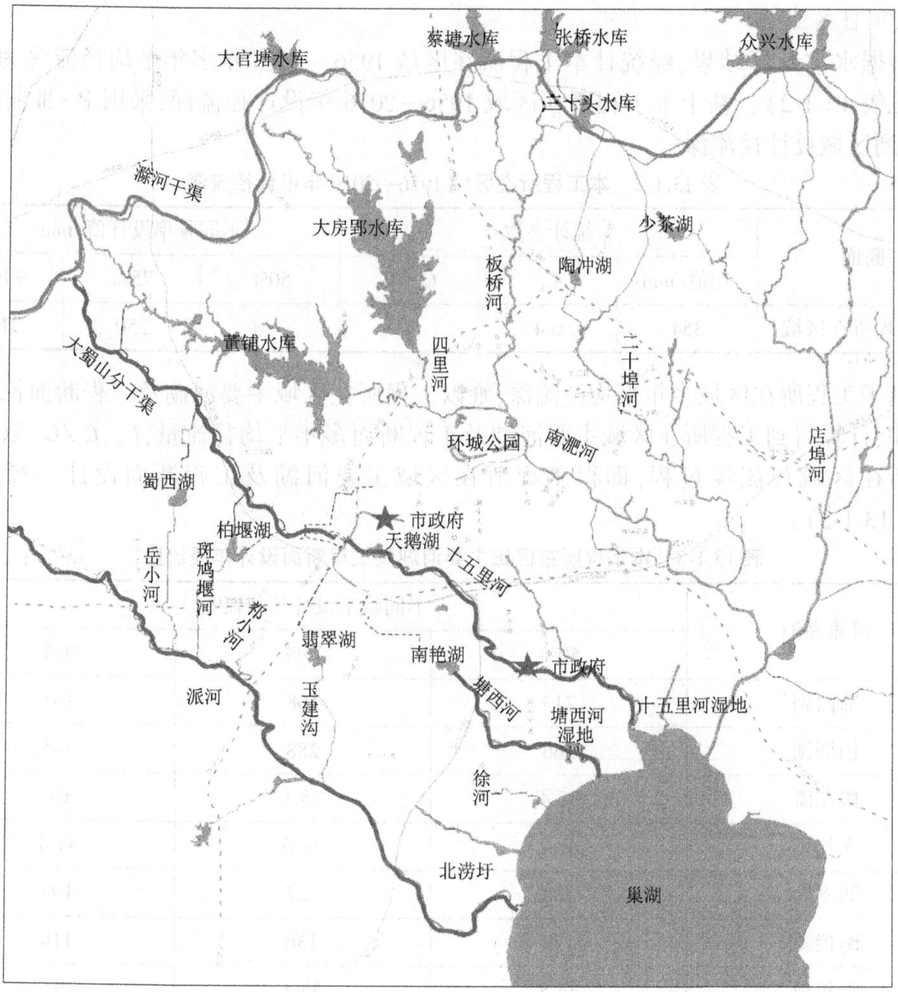

图 13.1-2　工程区域水系示意图

表 13.1-1　2021 年行政分区年径流深与 2020 年及多年平均值比较

行政分区	面积/km²	2021 年年径流量		与 2020 年比较/%	与多年平均值比较/%
		mm	亿 m³		
市辖区	1 312.5	412.3	5.41	−42.5	35.1
长丰县	1 841.4	279.1	5.14	−60.2	22.5
肥东县	2 205.9	330.4	7.29	−39.7	44.5
肥西县	1 695.4	421.1	7.14	−42.9	53.4
巢湖市	2 046.1	537.5	11.00	−51.5	6.5
庐江县	2 343.7	549.5	12.88	−27.7	56.6
全市	11 445.0	426.9	48.86	−44.1	34.1

注：合肥市的 2021 年径流深 426.9 mm 是根据其年径流量 48.86 亿 m³ 与面积 11 455.0 km² 计算得出的。

2.项目区域

根据水文计算结果,经统计本工程所在区域 1956—2016 年多年平均径流深为 354 mm(见表 13.1-2)。基于本工程所在区域 1956—2016 年设计径流深,采用 P-Ⅲ曲线适线,得到区域设计径流深。

表 13.1-2　本工程所在区域 1956—2016 年设计径流深

断面	统计参数			不同频率设计值/mm		
	均值/mm	C_v	C_s/C_v	50%	75%	90%
本工程所在区域	354	0.4	4	318	250	213

基于工程所在区域多年平均径流深,乘以工程所在区域主要河湖及工程断面控制流域面积,计算得到工程所在区域主要河湖及工程断面多年平均径流量,C_v、C_s/C_v 取值同工程所在区域径流深过程,即得工程所在区域主要河湖及工程断面设计年径流量(见表 13.1-3)。

表 13.1-3　本工程所在区域主要河湖及工程断面设计年径流量　　单位:万 m^3

河流湖泊	不同频率设计年径流量		
	50%	75%	90%
蜀西湖	213	168	143
柏堰湖	366	288	245
桃花潭	95.4	75.1	64
幸福坝	61.7	48.6	41.4
翡翠湖	288	227	193
南艳湖	172	136	116
青年坝	44.5	35.1	29.9
天鹅湖	368	290	247
十五里河	3 537	2 786	2 372
许小河	710	560	476
塘西河	1 590	1 252	1 066
岳小河	1 723	1 358	1 156
斑鸠堰河	901	710	604
王建沟	1 037	817	695
大蜀山分干渠沿线坑塘	186	146	125

13.1.3.2　地下水

1.合肥市

2021 年,合肥市地下水资源量 11.38 亿 m^3,其中地表水与地下水不重复计算量 2.20 亿 m^3。

2.项目区域

根据区域水文地质资料,该区位于合肥市波状平原区,是中生代形成的凹陷盆地,其裂隙和孔隙均不发育,储水空间极差,降水多形成地表径流排走,因而含水极微弱,是安徽省地下水严重贫水区。因此,此次不考虑地下水资源利用问题。

13.1.3.3　再生水情况

目前,合肥市再生水利用主要为 3 个方向,分别为生态补水、工业用水、城市杂用水。生态补水主要是利用再生水对河湖、景观水体进行补水;工业用水主要是利用再生水作为热电厂的循环冷却水、集中工业区以及工业用水大户的生产加工用水;城市杂用水则用于市政道路、绿化浇洒用水。合肥市目前已建设 17 处污水处理厂,其中南淝河流域 9 处,十五里河流域 2 处,派河流域 4 处,塘西河 1 处,合肥空港经济示范区 1 处,总规模 273.5 万 m^3/d(见表 13.1-4)。

表 13.1-4　合肥市污水处理厂　　单位:万 m^3/d

序号	流域	污水处理厂	已建规模
1	南淝河	蔡田铺污水处理厂	20
2		陶冲污水处理厂	15
3		于湾污水处理厂	5
4		望塘污水处理厂	20
5		清溪净水厂	20
6		王小郢污水处理厂	30
7		朱砖井污水处理厂	5.5
8		钟油坊污水处理厂	10
9		小仓房污水处理厂	40
10	十五里河	胡大郢污水处理厂	10
11		十五里河污水处理厂	30
12	派河	西部新城污水处理厂	5
13		西部组团污水处理厂	10
14		经开区污水处理厂	40
15		北涝圩污水处理厂	6
16	塘西河	塘西河再生水厂	3
17	空港经济示范区	长岗污水处理厂	4
合计			273.5

13.1.4 河湖概况

13.1.4.1 生态环境现状

1.大蜀山分干渠

大蜀山分干渠全长约 20.3 km,现状渠底宽度 4~7 m。

随着大蜀山分干渠灌区用地性质的改变,大蜀山分干渠主要功能由灌溉引水转变为城市生活引水及城区生态补水。大蜀山分干渠功能虽然改变,然而配套工程并未开展。

现状渠道输水连通性较差,存在多处断头、淤塞,部分河段杂草丛生,建筑物设施老旧破损,无法有效发挥生态输水作用(见图 13.1-3~图 13.1-5)。

渠道岸坡现状局部为护砌边坡,大部分为自然边坡。护砌边坡年代较久,存在部分破损。自然边坡受自然侵蚀与堆土等影响,部分岸坡坍塌,影响渠道正常输水。

部分渠段运行维护道路为土路,通行难度高,日常管护、巡视不便。

图 13.1-3 大蜀山分干渠现状淤积情况

图 13.1-4 大蜀山分干渠现状水草茂盛情况

图 13.1-5　大蜀山分干渠边坡损坏情况

2.南岗支渠

南岗支渠功能为输水。现状南岗支渠六合路以上明渠段长度约 3.2 km,河宽 4~7 m。

南岗支渠现状输水连通性较差,河床淤积、堵塞严重,河床杂乱裸露、杂草灌木丛生,无法发挥输水功能(见图 13.1-6~图 13.1-8)。

图 13.1-6　南岗支渠淤积情况

现状护岸为自然边坡,渠道生态环境状况与合肥蜀山区城市发展严重不匹配。

渠道现状水流不连续,部分渠道干涸断流,无法保障生态环境用水。

图 13.1-7　南岗支渠自然边坡情况

图 13.1-8　南岗支渠岸坡杂乱情况

3.大蜀山分干渠二水厂支渠—清二冲

大蜀山分干渠二水厂支渠—清二冲连接段现状为高压绿廊，有高压线和多处零星水体，使得大蜀山分干渠二水厂支渠与清二冲之间渠道断头，水体不流动(见图 13.1-9)。

图 13.1-9　大蜀山分干渠二水厂支渠—清二冲之间现状高压绿廊

4.天鹅湖

天鹅湖是合肥市区重要的湖泊水体，主要具有生态涵养、休闲游憩等功能。天鹅湖在净化水质、提供水生动植物及鸟类栖息地、维护生物多样性、改善区域环境等多方面发挥着重要的作用。

天鹅湖水源主要为湖面及流域内降水汇集。天鹅湖上游集水面积产生的径流通过城市雨水系统分散排入，经大蜀山分干渠，再注入天鹅湖；下游湖水流经十五里河，汇入巢湖。除此之外，天鹅湖主要水源来源于合肥西南部生态补水工程，补水来源及水量不稳定。补水控制性工程为匡河滚水坝、天鹅湖滚水坝和天鹅湖坝下控制闸。

天鹅湖为城市景观水体，补水水源主要为降水、径流，流动性差，自净能力弱。

现状水生动植物情况：根据目前调查，天鹅湖有大型底栖无脊椎动物2门13种，鱼类有4目6科17种，浮游植物密度为138.13万个/L。大型水生植物主要有苦草、泽泻、欧芹、双穗雀稗、浮萍、喜旱莲子草、梭鱼草、白睡莲、香睡莲、芦苇、黑藻、芦竹及宽叶香蒲等，种类较多，但分布范围较少，仅上游与匡河连接段及望湖台附近有生长。

天鹅湖现状情况见图13.1-10，匡河滚水坝见图13.1-11，天鹅湖滚水坝见图13.1-12，天鹅湖坝下控制闸见图13.1-13。

图13.1-10 天鹅湖现状情况

图13.1-11 匡河滚水坝

图13.1-12 天鹅湖滚水坝

图 13.1-13　天鹅湖坝下控制闸

5.蜀西湖

蜀西湖又名王嘴水库,现为城市景观水体,承担防洪功能。

蜀西湖上游河道为大蜀山分干渠放水支渠南岗支渠。该支渠行进至长江西路北侧后改为地下涵,并接纳市政管网雨水,分石境路箱涵和石莲南路箱涵汇入蜀西湖。蜀西湖下游河道称坝下河,坝下河自水库坝下至宁西路南侧与小西河汇入岳小河。近年来,坝下河已结合区域路网建设改道至铭传路南侧与改道后小西河汇合,汇合后仍称岳小河,目前坝下河穿望江西路辅涵已建成。

蜀西湖除大蜀山分干渠补水期间,其余时间基本无补给水源,水库湖面水体长时间不流动。

根据《蜀西湖健康评价报告(2021 年)》,蜀西湖未确定生态水位,由于蜀西湖前身为王嘴水库,将水库死水位 34.4 m 确定为生态水位,根据湖区逐日水位线,蜀西湖水位均高于 34.4 m,满足最低生态水位要求。

蜀西湖为城市景观水体,流动性差,自净能力弱,湖区浮游植物密度较高,水体呈轻度富营养化状态。

蜀西湖水生动植物:鱼类主要有 15 种,有鲢鱼、鳙鱼、鲫鱼等;蜀西湖栖息鸟类有 13 种,主要有白额燕鸥、白鹭、白头翁、苍鹭、戴胜鸟、黑水鸡、黑尾腊嘴雀、黄尾鹎、灰掠鸟、灰喜鹊、喜鹊、夜鹭、池鹭等;水生的沉水植物有 4 种,浮水植物有 3 种,挺水植物有 14 种。

6.柏堰湾

柏堰湾水库主要功能为防洪、景观、灌溉。柏堰湾水库位于巢湖的上游,是合肥市"一山两湖"的组成部分,2013 年水库被设计改造为集涵养林与湿地一体的滨水生态公园,将柏堰湖建成符合高新区功能定位的生态湿地景观公园。水库现状基本已无灌溉需求,根据用地规划,未来柏堰湾水库下游基本无农林用地。

大蜀山分干渠于水库上游绕库而过,并通过两条连接渠分别由水库北侧、东侧连通。现状水库水源除由大蜀山分干渠连接沟汇入外,环库区同时还分布有 5 处雨水排口。水库入库河道西侧设有污水处理厂 1 座,污水经处理并通过二次净化后排入水库。水库下游为斑鸠堰河，斑鸠堰河主要承泄水库洪水，同时灌溉两岸农田，最终汇入派河流域。

柏堰湾水库除大蜀山分干渠补水期间，水库湖面水体长时间不流动。

上游入库河道两岸住宅、商业区密集，人口众多，汇水范围内污染源分析测算，年地表径流污染物入库总量较大。水库湖面水体流动性差，整体含氧量偏低，生物生长受到抑制，水库自净能力减弱，水环境容量降低。

7.翡翠湖

翡翠湖补充水源主要来自天然降水和周边少量的地表径流汇入。除此之外，翡翠湖入湖通道主要为匡河—翡翠湖连通管道，由于管道可能通过复杂而密集的雨水管道，存在污水接入等情况，一直未启用。因此，翡翠湖是一个封闭湖体，水体流动性较差，局部形成死水区。

根据《翡翠湖健康评价报告(2021年)》，翡翠湖采用生物空间最小需求法确定最低生态水位，结合翡翠湖现有鱼类确定最低生态水深为1.0 m，最低生态水位为26.70 m。根据翡翠湖逐日水位观测数据，湖区水位均高于26.70 m，满足最低生态水位要求。

翡翠湖湖区来水主要依靠汛期降水补给，水体不流动，污染物降解慢，水体浮游植物密度较高，呈现富营养化状态。

翡翠湖鱼类主要有鲢鱼、鳙鱼、汪丫鱼、鲫鱼、草鱼、鲤鱼、甲鱼等。翡翠湖生态良好，有天鹅、海鸥栖息，成为湖上的一道景观。翡翠湖周边分布近万株乔木，以及千余株花灌木、万余株水生植物(见图13.1-14)。

图13.1-14　翡翠湖现状情况

8.南艳湖

南艳湖具有各类园区、景观、会所、湿地公园、娱乐休闲设施，具有集休闲、度假、社交、健身、娱乐于一体的景观湖泊。

南艳湖补充水源主要来自天然降水和周边少量的地表径流汇水。南艳湖控制性工程由大坝、溢洪道、放水涵及泄洪闸组成，湖水通过放水涵流入塘西河。

匡河—南艳湖已建有连通管道，由于管道利用已建成市政雨水管道，错综复杂，存在污水接入，目前一直未启用，没有形成有效补水通道。枯水年份流域地表径流不能完全满足湖体的生态用水需求。

根据《南艳湖健康评价报告(2021 年)》,南艳湖最低生态水位为 25.4 m,结合逐日水位统计数据,2021 年存在 45 d 湖区水位低于最低生态水位。南艳湖补充水源主要来自天然降水和周边少量地表径流汇水,枯水期不能完全满足生态需水要求。

南艳湖湖区基本为封闭状态,流动性差,局部形成死水区,污染物降解慢,导致水质变差,湖区富营养化。

南艳湖水生动植物:鱼类主要有鲢鱼、鳙鱼、汪丫鱼、鲫鱼、草鱼、鲤鱼、甲鱼等。调查统计发现,南艳湖流域水生植物共发现 10 余种,其中荷花、芦苇、蒲草等水生植物居多。南艳湖生态良好,偶有珍稀鸟类栖息。近年来,南艳湖水位常处于降低水平,导致岸坡裸露,对沿岸水生生物的生长造成一定影响。南艳湖现状情况见图 13.1-15。

图 13.1-15 南艳湖现状情况

9.水质现状

1) 十五里河

根据 2023 年 9 月至 2024 年 8 月水质监测数据,十五里河目前共设 7 个监测断面,其中希望桥断面为国控断面,水质管理目标Ⅲ类。根据近一年的水质监测,十五里河希望桥断面基本可以达到Ⅲ类要求,个别月份存在超标现象(见表 13.1-5)。根据水质监测断面,十五里河上游断面基本处于无水断流状态,生态基流不足。支流许小河断面个别月份存在水质严重超标现象。

表 13.1-5 十五里河水质情况

月份	1	2	3	4	5	6	7	8	9	10	11	12
希望桥	Ⅲ	Ⅲ	Ⅲ	Ⅲ	Ⅲ	Ⅱ	Ⅳ	Ⅲ	Ⅱ	Ⅱ	Ⅲ	Ⅲ
许小河	Ⅲ	Ⅲ	Ⅱ	Ⅲ	劣Ⅴ	Ⅲ	Ⅴ	Ⅱ	Ⅱ	Ⅲ	Ⅳ	Ⅴ

2）塘西河水质情况

根据 2023 年 9 月至 2024 年 8 月水质监测数据，塘西河共设 2 个水质监测断面，分别为塘西河入巢湖口和巢桥断面，水质目标Ⅳ类。上游巢桥断面枯水期存在断流情况，河道生态水量不足，水质较差；下游入巢湖口断面水质较好，但存在一定水质波动。塘西河水质情况见表 13.1-6。

表 13.1-6　塘西河水质情况

月份	1	2	3	4	5	6	7	8	9	10	11	12
巢桥	断流	Ⅲ	Ⅲ	断流	断流	劣Ⅴ	Ⅳ	Ⅲ	断流	断流	Ⅲ	断流
入湖口	Ⅴ	Ⅲ	Ⅲ	Ⅴ	Ⅳ	Ⅲ	Ⅲ	Ⅲ	Ⅱ	Ⅲ	Ⅲ	Ⅲ

3）派河水质情况

目前，派河在支流岳小河、王建沟、斑鸠堰河交汇处均设置了水质监测断面，可在一定程度上反映支流水质情况。根据 2023 年 9 月至 2024 年 8 月水质监测数据，岳小河、斑鸠堰河水质情况较好，基本可以满足Ⅲ类水质要求，王建沟入派河断面存在轻度污染情况，枯水期、初雨季节无法满足Ⅲ类水质要求（见表 13.1-7）。

表 13.1-7　塘西河水质情况

月份	1	2	3	4	5	6	7	8	9	10	11	12
岳小河	Ⅲ	Ⅲ	Ⅱ	Ⅲ	Ⅱ	Ⅲ	Ⅱ	Ⅲ	Ⅱ	Ⅱ	Ⅲ	Ⅱ
斑鸠堰河	Ⅱ	Ⅱ	Ⅲ	Ⅱ	Ⅲ	Ⅱ	Ⅲ	Ⅲ	Ⅱ	Ⅲ	Ⅱ	Ⅳ
王建沟	Ⅲ	Ⅳ	Ⅲ	Ⅲ	Ⅳ	Ⅳ	Ⅲ	Ⅲ	Ⅱ	Ⅳ	Ⅲ	Ⅲ

4）蜀西湖水质情况

蜀西湖现状水质管理目标为Ⅳ类，2030 年提升至Ⅲ类。目前，湖区水质优良，可达到Ⅳ类要求，个别月水质可达Ⅲ类。湖区浮游植物密度较高，水体呈轻度富营养化状态，且偶尔存在初雨月份 COD、总磷轻微超标现象。

5）柏堰湾水质情况

根据近期大坝东侧调蓄池入水水质监测结果，部分月份水体中总磷含量偏高，水质波动较大。

6）翡翠湖

翡翠湖现状水质管理目标为Ⅳ类，2030 年提升至Ⅲ类。目前，翡翠湖水质基本可达Ⅳ类要求，存在个别月氨氮、总磷超标现象，水体浮游植物密度较高，呈现富营养化状态。

7）南艳湖

南艳湖现状水质管理目标为Ⅳ类。目前，湖区水质基本可达到Ⅳ类标准，但枯水期、初雨季节存在较为严重的氨氮超标现象。

13.1.4.2　补水管道现状

合肥市于 2007 年时已建成两条西南部水系连通管道，将匡河与翡翠湖及南艳湖连通，具体布置情况如图 13.1-16 所示。

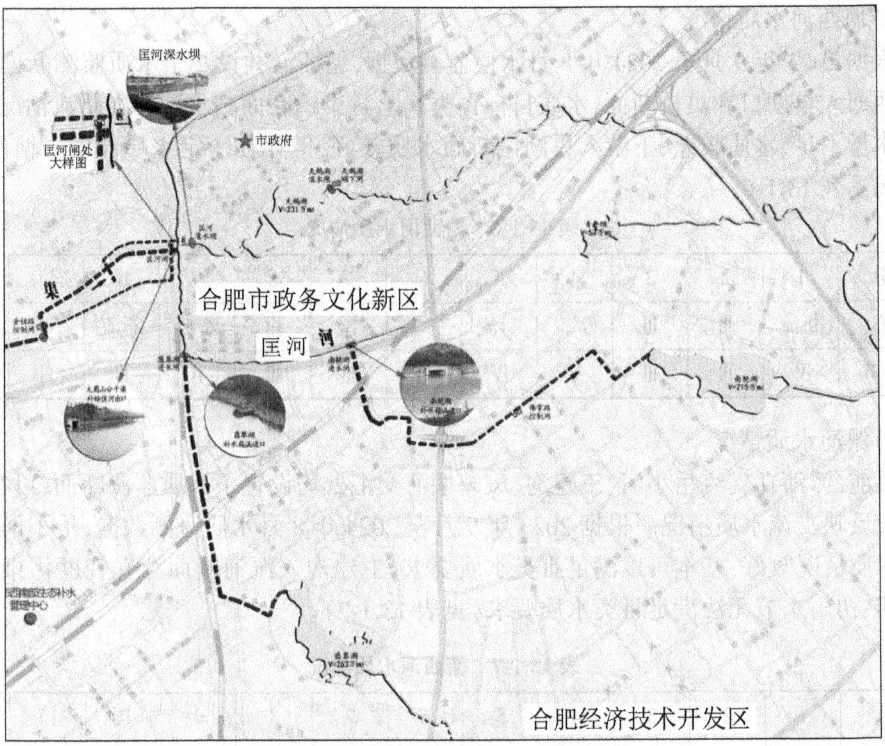

图 13.1-16　合肥市西南部水系连通管道现状

(1)匡河—翡翠湖连通管道:起点位于匡河西南端、合肥绕城高速与集贤路平面交点附近,终点位于翡翠湖北部。

(2)匡河—南艳湖连通管道:起点位于匡河与宝塔路交口处,终点位于南艳湖北侧。

两条管道分别在匡河河岸建设了取水口及部分管道(涵),并且利用了较长的城区已建雨水管道作为输水管道,分别实现了匡河与翡翠湖及南艳湖连通。但是,目前基本一直未启用,主要原因如下:

①由于主要利用已建成市政雨水管道输水,从匡河引水后可能通过复杂而密集的雨水管道流向其他地势较低处出口,无法有效给湖泊输水。

②由于区域雨污分流不彻底,雨水管道(涵)中存在污水接入情况,具体分布的点位较多且不详,如果输水至两个湖泊,由于水质较差,会污染湖泊水质,存在环境风险。

如果实施彻底的雨污分流或避免匡河输水至其他地势较低处,涉及对错综复杂的雨污管网溯源调查及大规模管网改造,结合以往工程经验,工程量浩大,可行性差。

所以,该项目设计需结合现状实际管道(涵)情况,尽量利用现状管道(涵)并新建必要的输水管道,实现匡河向两个湖泊有效、安全输水。

13.1.4.3　引江济淮工程

引江济淮工程是一项以城乡供水和发展以江淮航运为主,结合灌溉补水和改善巢湖及淮河水生态环境等功能的大型跨流域调水工程。其自南向北分为引江济巢、江淮沟通、江水北送 3 段,输水线路总长 723 km,其中新开河渠 88.7 km、利用现有河湖 311.6 km、疏浚扩挖 215.6 km、压力管道 107.1 km。

根据《安徽省引江济淮二期合肥水源工程可研报告》，合肥水源工程设计流量 60 m^3/s，其中滁河干渠输水流量 33 m^3/s、潜南干渠 27 m^3/s。向滁河干渠输水规模中，新民坝和众兴水厂供水工程设计规模为 8 m^3/s。引江济淮与淠河总干渠渡槽相交处建小庙提水泵站抽水入淠河总干渠，一路经新民坝至将军岭节制闸后，顺滁河干渠至南淝河泄洪闸，全长 25.1 km，再通过南淝河泄洪闸、南淝河上游支流入董铺水库；一路逆向至潜南干渠进水口，入潜南干渠，全长 8 km。

13.1.4.4　合肥市再生水一期工程

合肥市再生水一期工程分为蔡田铺再生水厂利用配置工程，望塘再生水厂利用配置工程及长岗再生水厂利用配置工程 3 个部分。

1.蔡田铺再生水厂利用配置工程

此次工程利用蔡田铺污水处理厂已建再生水泵站，并在已建再生水用于企业回用和河道补水的基础上，修复现状再生水管道，新建皖能电厂再生水第二供水管道，并积极扩展再生水利用领域，敷设再生水管道用于市政杂用用水。蔡田铺再生水厂利用配置工程总体布置见图 13.1-17。

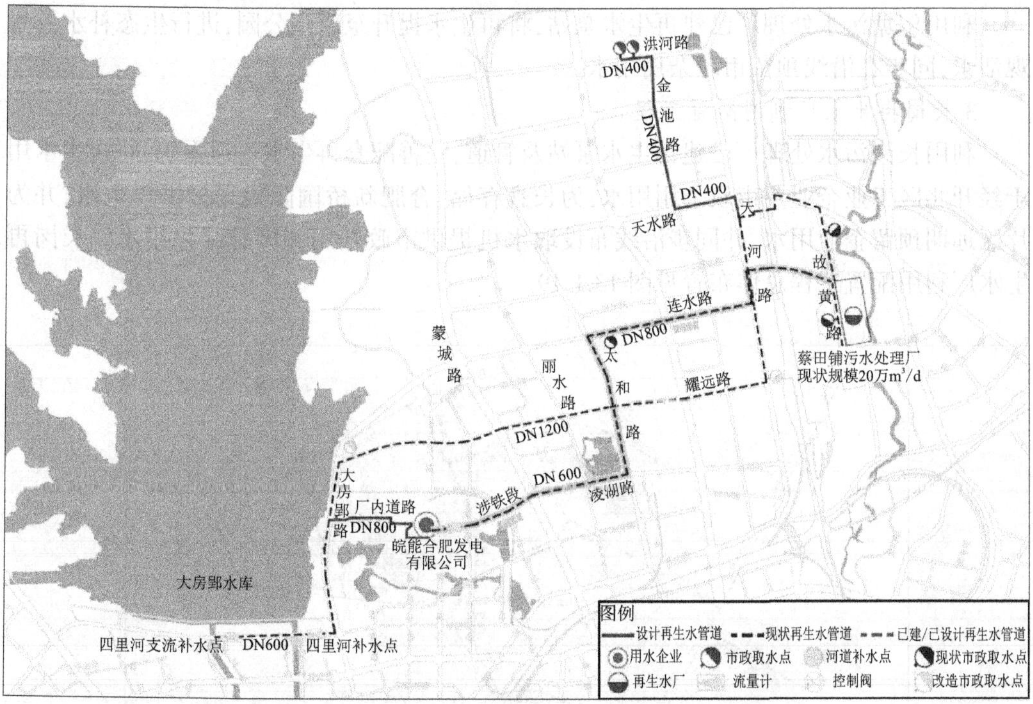

图 13.1-17　蔡田铺再生水厂利用配置工程总体布置

2.望塘再生水厂利用配置工程

望塘再生水厂利用配置工程总体布置见图 13.1-18。

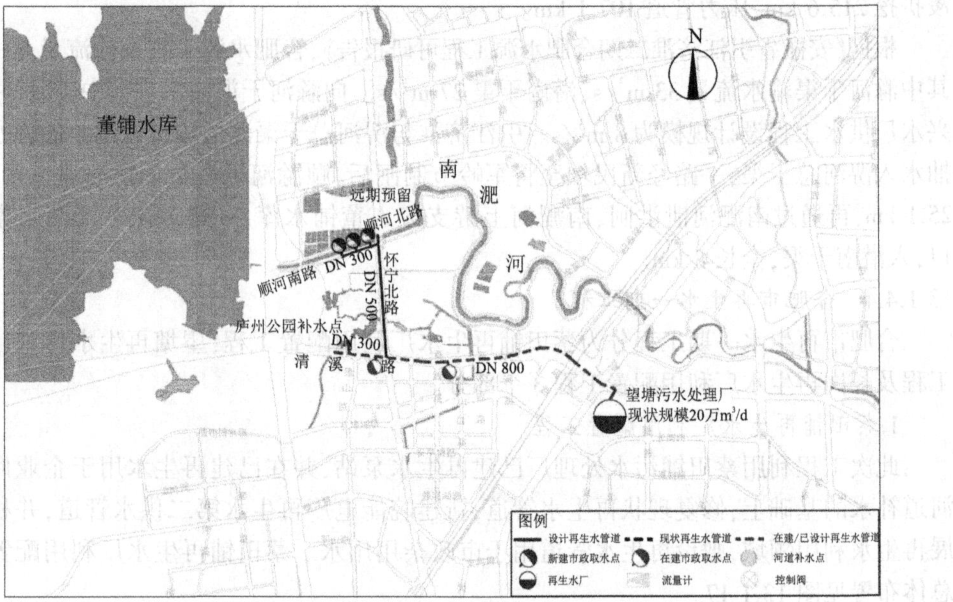

图 13.1-18　望塘再生水厂利用配置工程总体布置

利用望塘污水处理厂已建再生水泵站，将再生水提升至庐州公园，进行生态补水及景观活水，同步在沿线预留市政杂用用水。

3.长岗再生水厂利用配置工程

利用长岗污水处理厂已建再生水泵站及管道，完善配套再生水管道系统，将再生水用于经开北区工业企业及市政杂用用水，为长鑫存储、合肥新桥国际机场提供再生水，并为片区远期预留企业用水，并同步沿线布设取水机提供市政杂用和园林绿化用水。长岗再生水厂利用配置工程总体布置见图 13.1-19。

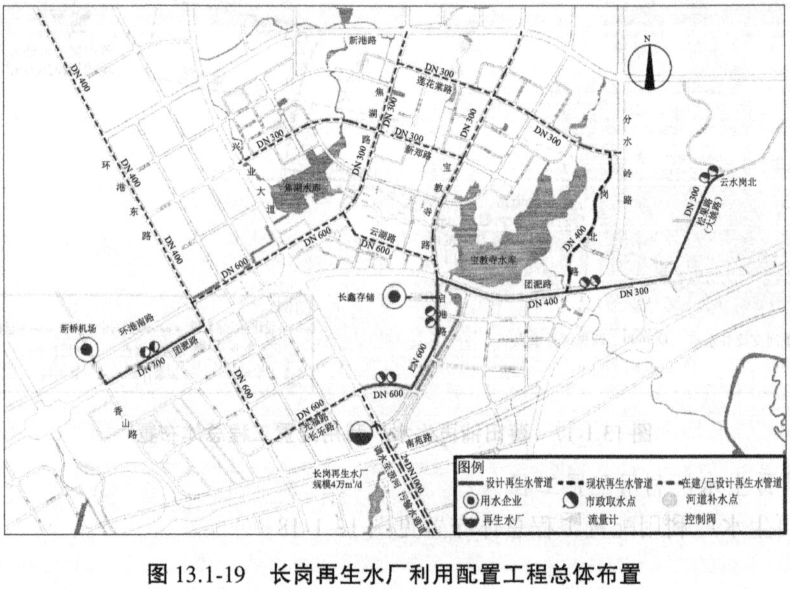

图 13.1-19　长岗再生水厂利用配置工程总体布置

合肥市再生水一期工程为城市河道补水、工业企业、市政杂用、景观公园提供再生水，节约优质水资源，为合肥市水资源优化配置提供基础保障。此工程也充分地发挥了再生水利用的环境效益与经济效益，充分验证了再生水用于河道补水的可行性。

13.2　存在的问题

(1)河湖连通性差，无法保障水体网络畅通。

项目区大蜀山分干渠河道淤积严重，且岸坡坍塌失稳；南岗支渠河道存在断头、输水卡口，使得生态水量在源头或途中就遭遇阻断，无法输送至下游，翡翠河、南艳湖缺乏与周围水体的连通，大蜀山分干渠二水厂支渠与清二冲之间断头，导致整个水循环体系破坏，无法保障下游河道及湖泊生态用水，无法构建循环畅通的水体网络。

(2)生态水源保障能力差，无法满足水资源灵活调控要求。

合肥市水资源短缺，再生水和雨洪资源没有得到有效利用，项目区内河湖生态用水现由小庙泵站及滁河干渠引水及输送，水源单一，导致生态用水占用合肥市输水“生命线”，随着经济社会的发展，用水量增多，生态用水缺乏现象会愈加严重。由于没有生态输水专用通道以及控制性工程，生态用水无法调蓄和灵活调控，造成水资源利用效率低，一方面造成水资源严重浪费，一方面造成工程缺水，难以满足枯水时期生态需水要求。

(3)配套建设不完善，无法形成健康的河湖生态面貌。

随着大蜀山分干渠、柏堰湾等工程设计功能的改变，配套设施尚未匹配建设，原有建筑物难以满足生态引水、调蓄要求，使得大蜀山分干渠输水功能、柏堰湾蓄水功能得不到充分发挥。大蜀山分干渠、南岗支渠大部分为自然边坡，岸坡杂乱、部分河段坍塌，护砌段边坡破损严重，缺乏健康的河湖生态面貌，与河湖所在城市区位风貌要求不符。

(4)管理措施薄弱无法满足现代化智慧水利要求。

大蜀山分干渠部分渠段运行维护道路为土路，通行难度高，日常管护、巡视不便。西南部水系网络现状缺乏统一调度、管理，综合管理水平较低。管理基础设施薄弱，信息化水平不高，不能满足合肥市西南部水利高质量发展需要。

13.3　生态需水量计算

13.3.1　设计保证率

随着社会经济的日益繁荣和发展，水环境景观(水面和水质两个方面)愈来愈受到人们的重视，并逐渐发展成为社会经济的支柱产业和社会文明的标志。但是，对维持水环境景观的库湖河生态环境补水的设计保证率，目前还没有规范作出明确规定。

根据《城市给水工程规划规范》(GB 50282—2016)中的第 5.2.2 条款：以地表水为城市给水水源时，取水量应符合流域水资源开发利用规划的规定，供水保障率宜达到 90%～97%。

根据《河湖生态环境需水计算规范》(SL/T 712—2021)，河湖生态流量设计保证率应根据河湖水文情势和水资源条件、生态保护目标重要性、工程调控能力以及河湖设计生态流量保障的可能性等因素合理确定。生态基流设计保证率应不小于90%；敏感期生态流量保证率应根据敏感对象的功能要求，结合区域水文变化规律和生态特点确定；基本生态流量的年内不同时段值和全年值保证率原则上应不低于75%；目标生态流量设计保证率原则上不应低于50%。又根据《灌溉与排水工程设计标准》(GB 50288—2018)，合肥地区的灌溉设计保证率可选为75%~85%(以种植水稻为主)。《安徽省淠史杭灌区续建配套与节水改造规划报告》(安徽省水利水电勘测设计院，2000年3月)中，提出淠河灌区的设计灌溉保证率为80%。为此，考虑到生态环境补水与城市供水、农业灌溉用水等的相互协调问题，设计保证率拟定为90%。

13.3.2　生态服务功能分析

合肥市西南部片区所涉及的河流、湖泊主要为城市河湖，受到人类活动干预，其生态服务功能主要包括维持水质目标功能、维持水生生物生境功能、维持良好景观娱乐功能和维持防洪排涝需要的功能。

13.3.2.1　维持水质目标功能

水体具有一定稀释净化污染物的能力，由于该区域河湖水体流动性受人工调控，水质易受初期雨水径流、排污口污染，常表现为氮磷超标、水品质下降的现象，成为藻类大量繁殖暴发水华的场所，河流自净能力下降。由于该区域河湖最终流入派河、巢湖等重要水体，水质要求严格，河流需要保持一定的流速抑制藻类的繁殖，避免水华现象的发生，维持河道自净、纳污能力，同时保证达到水质目标以维持自身及下游水体的生态功能。

该项目范围内河湖水质管理目标见表13.3-1。

表13.3-1　河湖水质管理目标

序号	水体名称	近期水质目标	远期水质目标(2030年)
十五里河流域			
1	十五里河	Ⅲ类	Ⅲ类
2	天鹅湖	Ⅲ类	Ⅲ类
3	许小河	Ⅳ类	Ⅳ类
塘西河流域			
4	塘西河	Ⅳ类	Ⅳ类
5	南艳湖	Ⅳ类	Ⅲ类
派河流域			
6	岳小河	Ⅲ类	Ⅲ类
7	斑鸠堰河	Ⅲ类	Ⅲ类
8	王建沟	Ⅲ类	Ⅲ类
9	柏堰湖	Ⅳ类	Ⅲ类
10	蜀西湖	Ⅳ类	Ⅲ类
11	翡翠湖	Ⅳ类	Ⅲ类

13.3.2.2　维持水生生物生境功能

河湖生境是形成于河湖演化背景下河湖生物生长、生活、繁殖的区域，构成了河湖生物的基础支撑系统，是河湖生态系统的重要组成部分。河湖应保持适宜的水量、水位，以维持多种水生动植物正常生长发育，为水生生物提供多样化生境，保证河湖生态系统完整。

13.3.2.3　维持良好景观娱乐功能

该项目所涵盖的河湖作为合肥市中心城区、经开区、高新区等核心区域的重要水体，承担着市民娱乐、休闲等生态功能，是城市形象与居民生活品质提升的关键要素，为城市的可持续发展提供坚实的生态基础。其中，十五里河、派河、塘西河作为巢湖流域重要支流，它们不仅是构建合肥市“一湖一岭一带”生态安全格局不可或缺的部分，更是打造“巢湖名片”、城市新“翡翠项链”、展现合肥生态魅力与宜居品质的重要窗口。

13.3.2.4　维持防洪排涝需要的功能

河道应当符合两岸防洪排涝安全的要求，同时保证市政排水系统的正常运行。随着对城市水安全重视程度的提高，防洪排涝安全尤为重要，河道在汛期前水位越低越有利于洪水调蓄和涝水排出，这也要求河湖在汛前不能超过一定水位，保证汛期河道安全。

13.3.3　生态需水量计算

城市河湖需要一定的生态水量调度来保证其生态系统的稳定及生态服务功能的正常运行，满足生态流速、生态水位以及水环境质量目标。针对合肥城市河湖的径流过程、生态特点以及生态服务功能，生态水量主要采用槽蓄法进行计算，并采用换水法计算湖泊维持自净能力需水量，换水次数、换水深度根据湖泊现状水质情况、水质目标、补水水源等多方面因素确定。根据湖泊、河流的上下游关系采用一维水质模型对河流水环境容量进行校核，确定补水量是否满足河流维持自净能力的要求。

13.3.3.1　槽蓄法

在水量平衡中，河道主要通过蒸发、渗漏等途径损失水量，维持其余生态功能所需的水量是在河道消耗用水损失的前提下综合得到的，在计算过程中需要考虑这部分消耗水量，保证出入水量平衡。

$$W_{损耗} = W_{蒸发} + W_{渗漏} \tag{13-1}$$

$$W_{渗漏} = KA \tag{13-2}$$

式中　$W_{蒸发}$——河道月蒸发损耗水量，数据来源于多年平均实测；

$W_{渗漏}$——河道月渗漏损耗水量；

K——渗漏经验系数，根据《合肥市西南部生态补水工程规划报告(2006 年)》，K 取值 1 mm/d；

A——水体水面面积。

13.3.3.2　维持河流水质目标需水量计算

该项目涉及的河湖现状水质基本为Ⅳ类及以上，水质目标基本为Ⅲ类。从提升城市品质、改善河湖水环境质量角度出发，补水水质条件应至少为Ⅲ类。根据范围内河流水质

监测数据对河流主要污染物进行分析可知,大部分情况下氨氮为主要污染物,应用一维水质模型进行估算,计算公式如下:

$$WC_1 + \int_{t_1}^{t_2} (Q_i C_i - Q_e C_e)\,dt = WC_2 \tag{13-3}$$

C_e 浓度变化满足一级反应方程式:

$$\frac{dC}{dt} = -KC \tag{13-4}$$

式中 W——河道自身水量,m^3;

Q_i——上游流入流量,m^3/s;

Q_e——下游出流流量,m^3/s;

C_1——河道内水体污染物浓度,mg/L;

C_i——生态补水污染物浓度,mg/L,该项目补水水质按Ⅲ类水考虑;

C_e——下游出流水体控制浓度,mg/L,根据受纳水体水质要求确定;

C_2——河道生态补水后水体污染物浓度,mg/L,根据水体水质目标确定。

13.3.3.3 维持水生生物生境需水

根据《河湖健康评价报告》对于鱼类的调查,合肥市西南片区河流中常见鱼类为鲤科,主要为鲤、鲫、青鱼等种类,不存在需要特殊保护的珍稀鱼类。野生鲤科鱼类平均体长0.3~0.4 m,河湖所需生态水深取1 m。

由于该项目内湖泊现状基本为城市公园水体,需要考虑周围植被绿化用水。

$$Q_{生境} = qW \tag{13-5}$$

式中 q——合肥地区绿地用水定额,$m^3/(m^2 \cdot a)$,取0.5;

W——湖泊湿地周围植被面积,m^2。

13.3.3.4 维持景观娱乐需水

维持城市适宜水面面积的需水量主要以保证河湖适宜水深、满足城市水体景观功能和人水相亲需求为目标,维持河湖景观功能要求的最小水深,可取河湖沿岸休闲平台下0.2~0.5 m,对于有防洪排涝和接纳市政排水功能的河湖,水深应满足防洪排涝与市政出水口对于水深的要求。

13.3.4 派河流域生态需水量计算

该项目范围内,蜀西湖—岳小河、柏堰湖—斑鸠堰河、翡翠湖—王建沟为派河流域水体,岳小河、斑鸠堰河、王建沟为派河支流,湖泊分别位于3条支流上游。由于岳小河、斑鸠堰河与王建沟仅承担防洪功能,生态需水量以上游湖泊换水思路进行计算,并采用一维水质模型进行复核。

派河为引江济淮重要河流,水质目标Ⅲ类,在一定程度上应保证支流水质满足要求。故考虑湖泊换水方案为每月换水1次,换水深度根据实测水质数据确定,并控制在1.0~1.5 m内。

13.3.4.1 蜀西湖—岳小河

根据《蜀西湖健康评价报告》,蜀西湖现状水质可达Ⅳ类标准,部分月份现状水质满足Ⅲ类要求,水质特征污染物主要为COD,枯水期、初雨季节偶尔存在COD、氨氮轻微超标现象，由于蜀西湖现状水质较好，换水深度取1.0 m，月换水量为51万m^3。经计算，蜀西湖植被需水量为5.16万m^3/a。

由表13.3-2可知，蜀西湖—岳小河年生态需水量计算值为708.37万m^3。

表13.3-2　蜀西湖—岳小河需水量计算值　　单位：万m^3

月份	1	2	3	4	5	6	7	8	9	10	11	12	合计
蜀西湖蒸渗量	2.65	2.81	3.89	4.72	5.87	5.62	6.52	6.35	5.28	4.50	3.48	3.04	54.73
岳小河蒸渗量	1.76	1.87	2.59	3.15	3.91	3.74	4.35	4.24	3.52	3.00	2.32	2.03	36.48
月换水量	51.00	51.00	51.00	51.00	51.00	51.00	51.00	51.00	51.00	51.00	51.00	51.00	612.00
蜀西湖植被需水量	0.43	0.43	0.43	0.43	0.43	0.43	0.43	0.43	0.43	0.43	0.43	0.43	5.16
生态需水总量	55.84	56.11	57.91	59.30	61.21	60.79	62.30	62.02	60.23	58.93	57.23	56.50	708.37

根据《岳小河河流健康评价报告》中2021—2022年1—11月水质监测数据，对河流污染物稀释需水量进行计算。根据计算结果，补水量可满足岳小河污染物稀释要求。岳小河污染物稀释需水量计算值见表13.3-3。

表13.3-3　岳小河污染物稀释需水量计算值

河流名称	月份	最差水质指标	污染物浓度/(mg/L)	补水水量/万m^3
岳小河(Ⅲ类)	1	氨氮	3.88	3.74
	2	氨氮	1.38	0.49
	3	氨氮	3.87	3.73
	4	COD	32.00	0.78
	5	氨氮	1.53	0.69
	6	氨氮	1.48	0.62
	7	氨氮	1.08	0.10
	8	氨氮	1.61	0.79
	9	氨氮	1.73	0.94
	10	氨氮	1.48	0.62
	11	氨氮	1.77	1.00
总计				13.53

13.3.4.2　柏堰湖—斑鸠堰河

根据《柏堰湖健康评价报告》，柏堰湖现状水质可达Ⅳ类标准，部分月份满足Ⅲ类要求，水质特征污染物主要为氨氮，枯水期、初雨季节偶尔存在氨氮超标现象。由于柏堰湖现状水质较好，确定换水深度为1.0 m，月换水量为63万m^3。经计算，柏堰湖植被需水量为6.3万m^3/a。

根据表 13.3-4，柏堰湖—斑鸠堰河年生态需水量为 842.51 万 m^3。

表 13.3-4 柏堰湖—斑鸠堰河需水量计算值

单位：万 m^3

月份	1	2	3	4	5	6	7	8	9	10	11	12	合计
柏堰湖蒸渗量	3.27	3.47	4.80	5.83	7.25	6.94	8.06	7.85	6.53	5.56	4.30	3.76	67.62
斑鸠堰河蒸渗量	0.61	0.64	0.89	1.08	1.35	1.29	1.50	1.46	1.21	1.03	0.80	0.70	12.56
月换水量	63.00	63.00	63.00	63.00	63.00	63.00	63.00	63.00	63.00	63.00	63.00	63.00	756.00
柏堰湖植被需水量	0.53	0.53	0.53	0.53	0.53	0.52	0.52	0.53	0.53	0.53	0.52	0.53	6.33
生态需水总量	67.41	67.64	69.22	70.44	72.13	71.75	73.08	72.84	71.27	70.12	68.62	67.99	842.51

根据《斑鸠堰河河流健康评价报告》中 2021—2022 年水质监测数据，对河流污染物稀释需水量进行计算。根据计算结果，补水量可满足斑鸠堰河污染物稀释要求。斑鸠堰河污染物稀释需水量计算值见表 13.3-5。

表 13.3-5 斑鸠堰河污染物稀释需水量计算值

河流名称	月份	最差水质指标	污染物浓度/(mg/L)	补水水量/万 m^3
斑鸠堰河(Ⅲ类)	4	总磷	0.28	4.67
	6	氨氮	1.93	10.85
	7	氨氮	1.47	5.48
	10	氨氮	1.94	10.96
	总计			31.96

13.3.4.3 翡翠湖—王建沟

根据《翡翠湖健康评价报告》，柏堰湖现状水质基本可达Ⅳ类标准，枯水期氨氮、总磷等指标超标较为严重，故将 11 月至次年 2 月换水深度确定为 1.5 m，月换水量为 99 万 m^3，其余月份换水深度为 1.0 m，月换水量为 66 万 m^3。经计算，翡翠湖植被需水量为 6.6 万 m^3/a。

根据表 13.3-6，翡翠湖—王建沟年需水量为 1 015.37 万 m^3。

表 13.3-6　翡翠湖—王建沟需水量计算值

单位:万 m^3

月份	1	2	3	4	5	6	7	8	9	10	11	12	合计
翡翠湖蒸渗量	3.43	3.63	5.03	6.11	7.60	7.27	8.44	8.22	6.84	5.82	4.50	3.94	70.83
王建沟蒸渗量	0.67	0.72	0.99	1.20	1.50	1.43	1.66	1.62	1.35	1.15	0.89	0.78	13.96
月换水量	99.00	66.00	66.00	66.00	66.00	66.00	66.00	66.00	66.00	99.00	99.00	99.00	924.00
翡翠湖植被需水量	0.55	0.55	0.55	0.55	0.54	0.55	0.55	0.55	0.54	0.55	0.55	0.55	6.58
生态需水总量	103.65	70.90	72.57	73.86	75.64	75.25	76.65	76.39	74.73	106.52	104.94	104.27	1 015.37

根据《王建沟河流健康评价报告》中 2021—2022 年水质监测数据,对河流污染物稀释需水量进行计算。根据计算结果,补水量可满足王建沟污染物稀释要求。王建沟污染物稀释需水量计算值见表 13.3-7。

表 13.3-7　王建沟污染物稀释需水量计算值

河流名称	月份	最差水质指标	污染物浓度/(mg/L)	补水水量/万 m^3
王建沟(Ⅲ类)	5	氨氮	1.37	4.81
	6	氨氮	1.31	4.03
	7	氨氮	1.67	8.71
	12	氨氮	1.49	6.37
	总计			23.92

13.3.5　十五里河流域生态需水量计算

十五里河流域水体包括天鹅湖、青年坝、十五里河、许小河、十五里河湿地以及骆岗公园。其中,天鹅湖、青年坝为十五里河上游湖泊,许小河为十五里河支流,十五里河经十五里河湿地汇入巢湖。

天鹅湖水质目标为Ⅲ类,现状基本可以满足Ⅲ类要求,偶尔存在氨氮、总磷超标现象,由于天鹅湖所在区域为城市中心区域,为了保证湖泊水环境质量,将换水深度确定为 1.5 m,月换水量为 100.5 万 m^3。青年坝为城市景观水体,目前无水质目标,为了满足居民景观娱乐需求,需保证水体无明显臭味,将换水深度确定为 1 m,月换水量为 10.3 万 m^3。经计算,天鹅湖植被需水量为 6.7 万 m^3,青年坝植被需水量为 1.2 万 m^3。

十五里河为贯穿合肥市城区重要河流,为了保证水体自净能力,抑制藻类大规模生长，河流应保证一定流速。针对十五里河及支流许小河采用最低流速法对河流生态需水量进行计算，冬季取 0.02 m/s，夏季取 0.025 m/s。

十五里河湿地由于无水质目标，且湿地具有一定净化水质作用，故仅计算蒸渗需水量与湿地植被需水量。十五里河流域需水量计算值见表 13.3-8。

表 13.3-8　十五里河流域需水量计算值　　单位：万 m^3

月份	1	2	3	4	5	6	7	8	9	10	11	12	合计
天鹅湖蒸渗量	3.48	3.69	5.11	6.20	7.71	7.38	8.57	8.35	6.94	5.91	4.57	4.00	71.91
天鹅湖月换水量	100.50	100.50	100.50	100.50	100.50	100.50	100.50	100.50	100.50	100.50	100.50	100.50	1 206.00
天鹅湖植被需水量	0.56	0.56	0.56	0.56	0.56	0.56	0.56	0.56	0.56	0.56	0.56	0.56	6.72
青年坝蒸渗量	0.53	0.56	0.78	0.95	1.19	1.13	1.32	1.28	1.07	0.90	0.70	0.61	11.02
青年坝月换水量	10.30	10.30	10.30	10.30	10.30	10.30	10.30	10.30	10.30	10.30	10.30	10.30	123.60
青年坝植被需水量	0.10	0.10	0.10	0.10	0.10	0.10	0.10	0.10	0.10	0.10	0.10	0.10	1.20
十五里河段 1 净补水量	228.02	195.23	257.48	245.60	257.48	245.60	257.48	257.48	245.60	257.48	217.09	228.02	2 892.56
许小河总需水量	133.92	120.96	167.40	162.00	167.40	162.00	167.40	167.40	162.00	167.40	129.60	133.92	1 841.40
十五里河段 2 净补水量	0.00	0.00	0.00	0.00	0.00	0.00	0.00	0.00	0.00	0.00	0.00	0.00	0.00
骆岗公园需水量	3.72	3.36	0.00	0.00	0.00	0.00	0.00	0.00	0.00	0.00	3.60	3.72	14.40
十五里河湿地总需水量	2.61	2.77	3.83	4.64	5.77	5.52	6.41	6.25	5.20	4.43	3.43	3.00	53.86
生态需水总量	483.74	438.03	546.06	530.85	551.01	533.09	552.64	552.22	532.27	547.58	470.45	484.73	6 222.67

根据《十五里河河流健康评价报告》《许小河河流健康评价报告》中 2021—2022 年水质监测数据，对河流污染物稀释需水量进行计算。根据计算结果，补水量可满足十五里河、许小河污染物稀释要求。十五里河、许小河污染物稀释需水量计算值见表 13.3-9。

表 13.3-9　十五里河、许小河污染物稀释需水量计算值

河流名称	月份	最差水质指标	污染物浓度/(mg/L)	补水水量/万 m³
十五里河（Ⅲ类）	3	氨氮	2.96	339.43
	7	氨氮	2.97	341.16
	8	氨氮	1.15	25.98
	10	总磷	0.24	34.64
	11	氨氮	1.91	157.59
	总计			898.80
许小河（Ⅳ类）	2	氨氮	3.17	27.39
	3	氨氮	4.32	46.25
	5	氨氮	3.11	26.40
	6	氨氮	2.55	17.22
	7	氨氮	2.49	16.24
	总计			133.50

13.3.6　塘西河流域生态需水量计算

塘西河流域水体包括南艳湖、塘西河及方兴湖（塘西河湿地）。其中，南艳湖为塘西河上游水体，塘西河经方兴湖（塘西河湿地）汇入巢湖。

南艳湖水质目标为Ⅳ类，根据水质监测数据，南艳湖冬季、初雨季节水质氨氮、总磷超标较为严重，故将 6—8 月、12 月至次年 1 月换水深度确定为 1.5 m，月换水量为 100.5 万 m³；其余月份为 1.0 m，月换水量为 67.0 万 m³。方兴湖（塘西河湿地）目前无水质要求，且湿地具有一定水质净化作用，可将换水深度确定为 1.0 m，月换水量为 180 万 m³。经计算，南艳湖植被需水量为 6.7 万 m³，方兴湖植被需水量为 18 万 m³。塘西河流域需水量计算值见表 13.3-10。

表 13.3-10　塘西河流域需水量计算值　　单位：万 m³

月份	1	2	3	4	5	6	7	8	9	10	11	12	合计
南艳湖蒸渗量	3.48	3.69	5.11	6.20	7.71	7.38	8.57	8.35	6.94	5.91	4.57	4.00	71.91
南艳湖换水量	100.50	67.00	67.00	67.00	67.00	100.50	100.50	100.50	67.00	67.00	67.00	100.50	971.50
南艳湖植物需水量	0.56	0.56	0.56	0.56	0.56	0.56	0.56	0.56	0.56	0.56	0.56	0.56	6.72
方兴湖净补水量	90.34	124.40	128.22	131.15	135.22	100.82	104.02	103.43	133.15	130.38	126.78	91.75	1 399.66
生态需水总量	194.88	195.65	200.89	204.91	210.49	209.26	213.65	212.84	207.65	203.85	198.91	196.81	2 449.79

根据《塘西河河流健康评价报告》中2021—2022年水质监测数据，对河流污染物稀释需水量进行计算。根据计算结果，补水量可满足塘西河污染物稀释要求。塘西河污染物稀释需水量计算值见表13.3-11。

表13.3-11　塘西河污染物稀释需水量计算值

河流名称	月份	最差水质指标	污染物浓度/(mg/L)	补水水量/万 m^3
塘西河 (Ⅳ类)	1	氨氮	1.98	16.60
	2	氨氮	2.11	21.10
	7	氨氮	1.82	11.07
	9	COD	31.00	1.73
	10	氨氮	1.52	0.69
	11	总磷	0.32	3.46
	12	氨氮	2.31	28.02
	总计			82.67

13.3.7　零星水体生态需水量计算

片区内零星水体包括桃花潭、幸福坝以及大蜀山分干渠湿地坑塘。桃花潭、幸福坝为小型城市景观坑塘水体，无水质目标要求，计算其需水量主要考虑满足景观娱乐需求，保证水质不恶化，换水深度1 m。大蜀山分干渠湿地坑塘水面较小，仅计算蒸渗量及植被需水量。经计算，零星水体生态需水量为417.54万 m^3。零星水体需水量计算值见表13.3-12。

表13.3-12　零星水体需水量计算值　　单位：万 m^3

月份	1	2	3	4	5	6	7	8	9	10	11	12
桃花潭	11.57	11.61	11.84	12.02	12.27	12.21	12.41	12.37	12.14	11.97	11.75	11.66
幸福坝	12.62	12.66	12.91	13.11	13.38	13.32	13.53	13.50	13.24	13.06	12.82	12.72
大蜀山分干渠小坑塘	7.99	8.14	9.12	9.88	10.93	10.70	11.53	11.37	10.40	9.68	8.75	8.36
总计	32.18	32.41	33.87	35.01	36.58	36.23	37.47	37.24	35.78	34.71	33.32	32.74

13.3.8　片区河湖湿地生态需水量计算

片区河湖湿地生态需水量计算值见表13.3-13。

表 13.3-13　片区河湖湿地生态需水量计算值　　单位：万 m^3

项目	1	2	3	4	5	6	7	8	9	10	11	12	合计
一、派河流域													
蜀西湖+岳小河	55.84	56.11	57.91	59.30	61.21	60.79	62.30	62.02	60.23	58.93	57.23	56.50	708.37
柏堰湖+斑鸠堰河	67.41	67.64	69.22	70.44	72.13	71.75	73.08	72.84	71.27	70.12	68.62	67.99	842.51
翡翠湖+王建沟	103.65	70.90	72.57	73.86	75.64	75.25	76.65	76.39	74.73	106.52	104.94	104.27	1 015.37
二、塘西河流域													
南艳湖+塘西河+塘西河湿地(方兴湖)	194.88	195.65	200.89	204.91	210.49	209.26	213.65	212.84	207.65	203.85	198.91	196.81	2 449.79
三、十五里河流域													
天鹅湖+十五里河+青年坝+许小河+十五里河湿地	483.74	438.03	546.06	530.85	551.01	533.09	552.64	552.22	532.27	547.58	470.45	484.73	6 222.67
四、零星水体													
桃花潭	11.57	11.61	11.84	12.02	12.27	12.21	12.41	12.37	12.14	11.97	11.75	11.66	417.54
幸福坝	12.62	12.66	12.91	13.11	13.38	13.32	13.53	13.50	13.24	13.06	12.82	12.72	
大蜀山分干渠小坑塘	7.99	8.14	9.12	9.88	10.93	10.70	11.53	11.37	10.40	9.68	8.75	8.36	
合计													11 656.25

13.4　补水工程设计方案

13.4.1　水源分析

13.4.1.1　南淝河水

南淝河是巢湖的一级支流，从该项目区东北部穿过，流域总面积 1 464 km^2。董铺、大房郢两座大型水库分别位于南淝河主源和其支流四里河上，控制面积分别为 207.5 km^2 和 184 km^2。由于南淝河入巢湖口缺乏节制闸工程，因此涂路桥下游以下至施口段河道水位基本上随巢湖水位涨落。

董铺、大房郢两座水库的开发任务都是以合肥市城市防洪为主，结合城市供水等综合利用。两库除拦蓄当地径流外，还可引用淠河灌区水充库，以解决当地径流不足时合肥市的城市供水问题。由于南淝河的水质较差，因此两座水库也承担着南淝河的水体交换任务。两库主要承担着合肥市的城市供水任务，干旱年份时水库尚需从淠河灌区引水补源，水资源总量不能满足该项目补水要求。

综上所述，南淝河（包括董铺、大房郢两座水库）不能作为该生态环境补水项目的水源地。

13.4.1.2　巢湖水

巢湖湖面面积 780 km^2，巢湖闸以上汇水面积 9 153 km^2，主要支流有杭埠河、丰乐河和南淝河等呈放射状注入巢湖。巢湖原设计正常蓄水位为 8.0 m。近年来，其正常蓄水位有抬高趋势，一般为 8.5~9.0 m。巢湖虽有长江水补源，水量丰沛，保证率较高，但目前巢湖水质不稳定、水质一般为Ⅳ类，尚不能满足要求。

13.4.1.3　淠河灌区水

淠河灌区位于本项目区西北部地区，设计灌溉面积为 616 万亩，同时还担负着六安市和合肥市的部分城市供水任务。淠河灌区以淠河上游的佛子岭、磨子潭、白莲崖、响洪甸大型水库为水源。渠首工程位于水库下游的六安市横排头，横排头枢纽的设计引水流量为 300 m^3/s。

使用淠河灌区水，一是要解决水权问题，大蜀山分干渠现状已基本无农田灌溉需求，灌溉面积较原设计灌溉面积减少了约 25 万亩，需将减少的农业灌溉用水转换为生态环境用水；二是灌区补水需考虑季节分配因素，合肥城市河湖生态活水项目计划全年补水，采用灌区水量不满足此限制因素。因此，总体上看，淠河灌区水也不适宜作为此次生态环境补水项目的水源地。

13.4.1.4　派河水

派河亦为巢湖的一级支流，流域面积 585 km^2。由于派河入巢湖口已建设派河口枢纽工程，其水位较稳定。为解决沿淮、淮北地区水资源不足的问题，实施引江济淮工程调引江水到淮河蚌埠闸上，以达到缓解沿淮、淮北地区的缺水形势和改善生态环境。派河为引江济淮工程输水线路之一，经过治理，水质较好，派河下游国控断面近年来水质稳定在Ⅲ类。工程计划于派河支流岳小河河口建设提水泵站，经岳小河、管涵，将派河水引至坝坎枢纽，经大蜀山分干渠下游段补充至天鹅湖、蜀西湖、翡翠湖、南艳湖、十五里河、塘西河等河湖库。此方案提水扬程较短，且利用已有大蜀山分干渠补水线路，经济性和可行性较高。

13.4.1.5　城市中水

根据近年合肥市污水处理厂再生水利用统计表，治理范围内有十五里河污水处理厂中水回用工程向许小河景观补水 1 200 万 m^3 左右，塘西河再生水厂向塘西河景观补水 820 万 m^3 左右，共计 2 020 万 m^3。结合《合肥市再生水利用配置试点实施方案》，考虑污水处理厂中水处理量增加、处理工艺提升，预计治理范围内中水景观补水量将达到 3 000 万 m^3，其中预计十五里河污水处理厂中水回用工程向许小河景观补水 1 600 万 m^3，塘西河再生水厂向塘西河景观补水 1 400 万 m^3。

因派河属于引江济淮工程线路，岳小河、斑鸠堰河、王建沟等派河水系一般情况下无法使用中水进行生态活水。

13.4.1.6　地下水

合肥市境域内地层上部,被第四纪松散沉积物覆盖,裂隙和空隙均不发育,储水空间极差,降水多形成地表径流排走,因而含水微弱。因此,地下水不具备补源条件。

13.4.2　补水规模分析

13.4.2.1　调节计算规则

该项目计划补水河库湖为天鹅湖、青年坝、骆岗公园、许小河、十五里河湿地、十五里河、南艳湖、方兴湖、蜀西湖、岳小河、柏堰湾、桃花潭、斑鸠堰河、翡翠湖、幸福坝、王建沟。为补充河库湖蒸发渗漏损失,保证库湖每月集中换水深度以及十五里河、许小河流速需水量,采用典型年日尺度进行库湖调节计算,计算需补水量。

(1)对于有汛限水位要求的库湖,汛期前应将其各库湖水位控制在汛限水位以下,以满足其防洪调度要求,并于汛末将库湖水位补充至正常蓄水位。

(2)为保证库湖水质,每月需满足库湖换水量。根据泵站和管道检修以及补水机制要求,南艳湖、方兴湖、翡翠湖、幸福坝每月集中换水 15 d,一般于上半月换水;青年坝、蜀西湖、柏堰湾、桃花潭每月集中换水 10 d,一般于下半月换水。十五里河水质较不稳定,为满足流速需水量要求,天鹅湖全年补水,仅在必要时停水检修。各库湖每月换水期末,补水至正常蓄水位。

(3)在各库湖未换水期间,水位在死水位或要求的最低运行水位至正常蓄水位之间时,不引水,也不泄水,随其库湖水位自然消涨。

(4)在当地径流来水量较大、各库湖水位超过其正常蓄水位时,启用泄洪设施泄洪,控制其库湖水位不超过正常蓄水位。

(5)除蒸发渗漏需水量外,十五里河、许小河需满足流速需水量要求。

(6)骆岗公园补水量采用《合肥骆岗中央公园水生态系统规划》(2023 年 10 月)中需求的补水量,于枯水期(11 月至次年 2 月)每日由十五里河引水 1 200 m^3。

13.4.2.2　补水计算结果

根据来水和生态需水过程线,进行典型年库湖日调节计算,进行供需平衡分析见表 13.4-1~表 13.4-3)。岳小河、斑鸠堰河、王建沟河道需水量,分别出蜀西湖、柏堰湾、翡翠湖下泄水量即可满足,无须补水量。

另外,根据日调节计算结果,取各河湖库最大 10 日需补水量,得各库湖设计引水流量计算成果(见表 13.4-4)。

表 13.4-1　90%来水保证率供需平衡成果

单位：万 m^3

名称	类型	来水量				生态需水量				缺水量	弃水量
		当地地表径流	中水景观补给	上游库湖下泄	小计	蒸发渗漏	生态换水	流速需水	小计		
天鹅湖	库湖	247			247	72	804		876	663	72
青年坝	库湖	30			30	11	124		135	109	10
许小河	河流	476	1 600		2 076	12		1 285	1 297	0	
十五里河	河流	2 096	1 600	1 010	4 706	186		4 497	4 683	1 045	
十五里河湿地	湿地	2 096	1 600	1 010	4 706	54	600		654	0	
南艳湖	库湖	116			116	72	972		1 043	949	60
方兴湖	库湖	951	1 400	1 031	3 382	193	2 160		2 353	346	1 479
蜀西湖	库湖	143			143	55	612		667	576	82
柏堰湾	库湖	245			245	68	756		824	621	142
桃花潭	库湖	64			64	12	132		144	107	33
翡翠湖	库湖	193			193	71	924		995	775	77
幸福坝	库湖	41			41	13	144		157	129	21
大蜀山分干渠坑塘	坑塘	125			125	117			117	29	63
合计										5 349	

注：十五里河、十五里河湿地当地地表径流量为区间径流量，不包含天鹅湖、青年坝两座湖库的径流；方兴湖当地地表径流量亦为区间径流量，不包含南艳湖径流量，下同。

表 13.4-2　75%来水保证率供需平衡成果

单位：万 m^3

名称	类型	来水量				生态需水量				缺水量	弃水量
		当地地表径流	中水景观补给	上游库湖下泄	小计	蒸发渗漏	生态换水	流速需水	小计		
天鹅湖	库湖	290			290	72	804		876	623	76
青年坝	库湖	35			35	11	124		135	111	17
许小河	河流	559	1 600		2 159	12		1 285	1 297	0	
十五里河	河流	2 461	1 600	1 021	5 082	186		4 497	4 683	794	
十五里河湿地	湿地	2 461	1 600	1 021	5 082	54	600		654	0	
南艳湖	库湖	136			136	72	972		1 043	925	56
方兴湖	库湖	1 116	1 400	1 028	3 544	193	2 160		2 353	219	1 514
蜀西湖	库湖	168			168	55	612		667	552	83
柏堰湾	库湖	288			288	68	756		824	620	183
桃花潭	库湖	75			75	12	132		144	105	43
翡翠湖	库湖	227			227	71	924		995	786	122
幸福坝	库湖	49			49	13	144		157	130	29
大蜀山分干渠坑塘	坑塘	146			146	117			117	12	68
合计										4 877	

表 13.4-3　50%来水保证率供需平衡成果

单位：万 m^3

名称	类型	来水量				生态需水量				缺水量	弃水量
		当地地表径流	中水景观补给	上游库湖下泄	小计	蒸发渗漏	生态换水	流速需水	小计		
天鹅湖	库湖	368			368	72	804		876	553	84
青年坝	库湖	45			45	11	124		135	103	19
许小河	河流	710	1 600		2 310	12		1 285	1 297	0	
十五里河	河流	3 125	1 600	1 030	5 755	186		4 497	4 683	593	
十五里河湿地	湿地	3 125	1 600	1 030	5 755	54	600		654	0	
南艳湖	库湖	172			172	72	972		1 043	921	88
方兴湖	库湖	1 418	1 400	1 060	3 877	193	2 160		2 353	261	1 888
蜀西湖	库湖	213			213	55	612		667	546	122
柏堰湾	库湖	366			366	68	756		824	578	219
桃花潭	库湖	95			95	12	132		144	91	49
翡翠湖	库湖	288			288	71	924		995	745	143
幸福坝	库湖	62			62	13	144		157	122	34
大蜀山分干渠坑塘	坑塘	186			186	117			117	5	101
合计										4 518	

表 13.4-4　各库湖设计引水流量计算成果

名称	十五里河系统					塘西河系统			蜀西湖	斑鸠堰河系统			王建沟系统			岳小河泵站	大蜀山分干渠坑塘
	天鹅湖	青年坝	骆岗公园	十五里河	天鹅湖+青年坝+骆岗公园+十五里河	南艳湖	方兴湖	南艳湖+方兴湖		柏堰湾	桃花潭	柏堰湾+桃花潭	翡翠湖	幸福坝	翡翠湖+幸福坝		
最大 10 日需水量/万 m^3	22	10	1.2	69	91	67	36	81	51	63	11	73	65	8	73	250	8
设计引水流量/（m^3/s）	0.26	0.12	0.01	0.80	1.05	0.78	0.42	0.94	0.59	0.72	0.13	0.85	0.76	0.09	0.85	2.90	0.09

13.4.2.3 工程设计流量

岳小河泵站设计流量根据生态补水流量确定,设计引水流量为 3.0 m^3/s。

匡河—翡翠湖补水工程新建补水管道连通匡河至翡翠湖,管道设计流量按照此次计算的翡翠湖+幸福坝补水规模确定,即设计引水流量为 0.85 m^3/s。

匡河—南艳湖补水工程新建补水管道连通匡河和南艳湖,管道设计流量按照此次计算的南艳湖+方兴湖补水规模确定,即设计引水流量为 0.94 m^3/s。

翡翠湖—幸福坝水系补水工程新建补水管道连通翡翠湖至西侧幸福坝水系,按照此次计算的幸福坝补水规模确定,即设计引水流量约 0.09 m^3/s。

大蜀山分干渠、南岗支渠设计流量维持《合肥市西南部生态补水规划报告》中大蜀山分干渠黄冲进水闸—金桂路段设计流量,即 12.4~9.0 m^3/s,南岗支渠进水闸—王嘴水库段设计流量为 1.3 m^3/s。

13.4.3 补水工程

13.4.3.1 岳小河泵站

新建岳小河泵站从派河取水,泵站位于岳小河入派河口西岸派河河堤上,设计提水流量 3.0 m^3/s。

13.4.3.2 输水管道

管道起点位于岳小河右岸派河河口处,终点至位于天龙路北侧的大蜀山分干渠南岗进水闸以北河段。

输水管道线路总长约 16 km,设计流量 3 m^3/s。

参考文献

[1] 韩会玲,张剑,朱晓娟,等.面向生态环境复苏的生态流量优化计算研究[J].环境科学与技术,2024,47(增刊1):235-247.

[2] 中国工程院“21世纪中国可持续发展水资源战略研究”项目组.中国可持续发展水资源战略研究综合报告[J]. 防汛与抗旱, 2000(03):1-20.

[3] WANG Xiqin, LIU Changming, ZHANG Yuan. Water Quantity /Quality Combined Evaluation Method for River's Water Requirements of the Instream Environmental Flow in Dualistic Water Cycle: A Case Study of Liaohe River Basin[J].Acta Geographica Sinica,2006,61(11):1132-1140.

[4] 赵芬,庞爱萍,李春晖,等.黄河干流与河口湿地生态需水研究进展[J].生态学报,2021,41(15):6289-6301.

[5] TENNANT D L. Instream Flow Regimens for Fish, Wildlife, Recreation and Related Environmental Resources[J].Fisheries,1976,1(4):6-10.

[6] 徐志侠,董增川,周健康,等.生态需水计算的蒙大拿法及其应用[J].水利水电技术,2003,34(11):15-17.

[7] King J,Louw D.Instream Flow Assessments for Regulated Rivers in South Africa Using the Building Block Methodology[J].Aquatic Ecosystem Health and Management,1998,2(1):109-124.

[8] REISER D W,WESCHE T A,ESTES C.Status of Instream Flow Legislation and Practices in North America[J].Fisheries,1989,14(2):22-29.

[9] 崔真真,谭红武,杜强.流域生态需水研究综述[J].首都师范大学学报(自然科学版),2010,31(2):70-74.

[10] 崔瑛,张强,陈晓宏,等.生态需水理论与方法研究进展[J].湖泊科学, 2010,22(4):465-480.

[11] Gleick P H. Water in crisis: paths to sustainable water use[J].Ecological Applications,1993,3(8):574-579.

[12] Falkenmark M.Coping With Water Scarcity underRapid Population Growth[C]//Conference of SADC-Minsters Pretoria,1995:23-24.

[13] Feldhake C M, Danielson R E, Butler J D. Turf(37grass Evapotranspiration. Ⅱ. Responses to DeficitIrrigation)[J].Agronomy Journal,1984,76(1):85-89.

[14] 王建平,李发鹏,孙嘉. 我国生态流量管理实践探索[J].人民黄河,2018(11):78-81,87.

[15] 原文林,吴泽宁,黄强.电力市场环境下梯级水库发电优化调度的协进化粒子群算法应用研究[J].水力发电学报,2011,30(3):65-70.

[16] 吴喜军,李怀恩,董颖,等.基于基流比例法的渭河生态基流计算[J].农业工程学报,2011,27(10):154-159.

[17] 中华人民共和国水利部. 河湖生态环境需水计算规范:SL/T 712—2021[S].北京:中国水利水电出版社,2021.

[18] 徐志侠,陈敏建,董增川.河流生态需水计算方法评述[J].河海大学学报(自然科学版),2004(1):5-9.

[19] 粟晓玲,康绍忠.生态需水的概念及其计算方法[J].水科学进展,2003(6):740-744.

[20] 彭文启.生态流量五个关键问题辨析[J],中国水利,2020(15):20-25.

[21] 汤奇成. 绿洲的发展与水资源的合理利用[J].干旱区资源与环境,1995(3):107-112.

[22] 刘昌明. 中国 21 世纪水供需分析:生态水利研究[J].中国水利,1999(10):18-20.

[23] 刘静玲, 杨志峰, 肖芳, 等. 河流生态基流量整合计算模型[J].环境科学学报,2005(4):436-441.

[24] 潘扎荣,阮晓红,徐静.河道基本生态需水的年内展布计算法[J].水利学报,2013,44(1):119-126.

[25] 杜龙飞,侯泽林,李彦彬,等.城市河流生态需水量计算方法研究[J].人民黄河,2020,42(2):34-37,47.

[26] 孙明珠,张振明.永定河门头沟段河道生态需水特征研究[J].生态与农村环境学报,2024,40(6):729-737.

[27] 杨恒,董世杰,吴江,等.洞庭湖生态水位与生态需水量研究[J].人民长江,2024,55(5):90-98.

[28] 陶洁,李行,左其亭.湖泊生态需水计算方法比较及实例应用[J].南水北调与水利科技(中英文),2022,20(2):365-374.